基于效益与质量提升的
肉羊产业组织运行机制研究

◎ 常 倩 李秉龙 李 军 著

U0309953

中国农业科学技术出版社

图书在版编目（CIP）数据

基于效益与质量提升的肉羊产业组织运行机制研究／常倩，李秉龙，李军著．—北京：中国农业科学技术出版社，2018.11

ISBN 978-7-5116-3917-2

Ⅰ.①基… Ⅱ.①常…②李…③李… Ⅲ.①肉用羊-畜牧业经济-产业发展-研究 Ⅳ.①S307.33

中国版本图书馆 CIP 数据核字（2018）第 258135 号

责任编辑　贺可香
责任校对　贾海霞

出 版 者　中国农业科学技术出版社
　　　　　北京市中关村南大街 12 号　邮编：100081
电　　话　（010）82106638（编辑室）　（010）82109702（发行部）
　　　　　（010）82109709（读者服务部）
传　　真　（010）82106650
网　　址　http://www.castp.cn
经 销 者　各地新华书店
印 刷 者　北京建宏印刷有限公司
开　　本　710mm×1 000mm　1/16
印　　张　15.5
字　　数　270 千字
版　　次　2018 年 11 月第 1 版　2018 年 11 月第 1 次印刷
定　　价　56.00 元

感谢国家自然科学基金"基于市场导向的畜牧业标准化运行机理与绩效研究（71573257）"和农业农村部、财政部重大课题"国家现代肉羊产业技术体系（CARS-38）"对本项研究的支持！

摘　要

随着社会经济的快速发展，羊肉作为一种优质肉类，已成为居民肉类消费的重要组成部分。在羊肉消费需求的拉动下，中国肉羊产业发展迅速，成为农牧民增收的重要途径。但中国肉羊产业发展面临日益激烈的国际竞争、资源与环境的制约、生产效益与产品质量提升等多方压力，同时肉羊产业规模化、组织化、标准化程度低，制约了其进一步发展。在此严峻形势下，肉羊产业如何组织以提升经营效益、改善产品质量、实现肉羊产业的可持续发展，成为企业、政府以及学者所共同关注的问题。因此，在此背景下从效益与质量提升的双重维度对肉羊产业组织的运行机制进行研究，有助于为政府制定相关政策、企业制定经营决策提供参考依据。

本研究首先利用微观经济学、信息经济学、制度经济学相关理论对肉羊产业主体效益、产品质量、产业组织进行理论分析，并探讨肉羊产业组织对效益与产品质量的作用机理，从而构建研究的理论基础；其次，从肉羊产业的关键环节出发，对肉羊养殖和屠宰加工两个环节的组织形式及其对效益与质量的影响进行分析；再次研究肉羊养殖和屠宰加工两个环节的纵向协作问题，对纵向协作的基本形式、决定因素及其对效益与质量的影响、合同设计与农户参与等进行分析；接下来将肉羊产业相关辅助行业和机构纳入分析范围，研究肉羊产业的空间集聚问题；之后，采用计量模型检验产业组织对肉羊养殖效益与质量控制的影响；最后探讨肉羊产业组织运行机制如何优化以实现效益与质量的提升。

本研究主要得出如下研究结论：第一，产业组织是影响肉羊产业效益与产品质量的重要因素。产业组织可以通过影响成本和产品差异化而影响生产者效益，通过影响生产者质量控制的能力和动力而作用于产品质量。第二，肉羊养殖环节组织效率是生产要素和生产激励综合作用的结果。从家庭经营到养殖合作社，再到公司制肉羊养殖，生产成本优势降低，而差异化优势凸显。第三，肉羊屠宰加工是产品差异化与价值提升的关键环节。肉羊屠宰加工呈现从以肉羊屠宰为主，到羊肉分割分级，再到羊肉及其副产品深加工的不同发展阶段，产品差异化程度和价值逐渐提升。第四，肉羊产业纵向协作是企业对生产成本、管理成本和交易成本权衡的结果，企业产品质量和生产规模是推动紧密纵向协作的重要因素。第五，肉羊产业集聚对相关主体效益和产品质量的影响是混合的，机遇与挑战并存。

　　本研究的特色和可能的创新：第一，从效益和质量两个视角综合分析肉羊产业组织运行机制。第二，将质量的品质与安全属性区别分析，并建立生产者质量控制指标体系用以定量分析。第三，利用微观调研数据计量分析产业组织对肉羊养殖效益与质量控制的影响。

　　关键词：肉羊产业组织；运行机制；效益；质量

Abstract

With the rapid development of social economy, sheep and goat meat, as a kind of high quality meat, has become an important part of residents' meat consumption. Driven by the consumption demand, the meat sheep and goat industry in China has achieved a rapid development and become an important way for farmers and herdsmen to increase their income. However, the development of meat sheep and goat industry in China is facing various pressure, including increasingly fierce international competition, the restriction of resources and environment, and improvement of production efficiency and product quality. Meanwhile, its further development is restricted by the low level of the scale, organization and standardization. Under this severe situation, it has become the common concern of enterprises, government and scholars that how to organize the meat sheep and goat industry to achieve enhancement of the management benefit, improvement of the product quality and the sustainable development of meat sheep and goat industry. Therefore, it is helpful to provide references for the government to make relevant policies and the enterprises to make business decisions, to research the operation mechanism of meat sheep and goat industry organization from the dual dimensions of the improvement of benefit and quality under this background.

Firstly, the research made theoretical analysis on the main body benefit of meat sheep and goat industry, product quality and industrial organization, using the relevant theories of Microeconomics, Information Economics and Institutional Economics, and made discussion on the mechanism of the effect of meat sheep and goat industry organization on benefit and product quality, as the theoretical bases of the research. Secondly, starting from the key stages of the meat sheep and goat industry, it analyzed the organizational forms of breeding and processing and its impact on benefit and quality. Thirdly, the research studied the vertical cooperation between the two stages of breeding and slaughtering and processing, by analyzing the basic form and determinants of vertical coordination, its effect on benefit and quality, contract design and farmers' participation. Fourthly, the spatial agglomeration of the meat sheep and goat industry was researched, taking relevant supporting industries and institutions of the meat sheep and goat industry into consideration. Fifthly, econometric analysis was made to measure the influence of industrial organization on the benefit and quality control of sheep and goat keepers. Finally, it discussed optimization of the operation mechanism of meat sheep and goat industry organization to realize the improvement of benefit and quality.

The main conclusions of this study include: firstly, industrial organization is an important factor which affects the benefit and product quality of meat sheep and goat industry. Industrial organization can affect the producers' benefit by influencing the cost and product differentiation, and affect the product quality by influencing the ability and incentive of the producers' quality control. Secondly, The organization efficiency of breeding of meat sheep and goat is the consequence of production factor and production incentives. The advantages of production costs decrease but the advantage of diversification increases gradually from household management to cooperative breeding, and then to corporate breeding. Thirdly, slaughtering and processing of sheep and goat is the key stage of product differentiation and value promotion. The slaughter and process of sheep and goat appears the different stages, from mainly slaughtering to segmentation and grading and then to further processing of meat and its by-product, the degree of diversification and value increases gradually. Fourthly, the vertical coordination of meat sheep and goat industry is the result of the trade. Of famong production cost, management cost and transaction cost. The enterprise product quality and production scale are important factors to promote close vertical cooperation. Fifthly, the influence of the industry agglomeration on the related subjects' benefit and product quality is mixed, and opportunities and challenges coexist.

The characteristics and possible innovations of this study include: firstly, the operation mechanism of the meat sheep and goat industry is comprehensively analyzed from two perspectives: benefit and quality. Secondly, distinguished analysis was made on safety and nonsafety attributes, and the producers' quality control index system including safety and nonsafety is established for quantitative analysis. Thirdly, e-conometric analysis was made to measure the influence of industrial organization on the benefit and quality control of sheep and goat keepers, using the micro survey data.

Key Words: Meat Sheep and Goat Industry Organization; Operation Mechanism; Benefit; Quality

目　录

1 导　论

1.1　研究背景与意义

1.1.1　研究背景

（1）肉羊产业发展迅速，成为农牧民增收的重要途径

中国是一个肉羊养殖大国，自 20 世纪 80 年代末以来，中国已成为世界上绵羊和山羊饲养量、出栏量以及羊肉产量最多的国家（夏晓平等，2009），2014 年中国①羊肉产量占世界羊肉总产量的 29.56%②。改革开放以来中国肉羊产业发展迅速，2015 年羊肉产量达到 440.8 万吨，为 1980 年的 9.93 倍。2015 年年底羊存栏31 099.7 万只，较 1978 年增加了 83.00%，其中山羊 14 893.4 万只，绵羊16 206.2 万只③。肉羊产业在各主产区尤其是内蒙古、青海、新疆和西藏等畜牧产业结构调整余地很小的区域占据重要地位，肉羊产业的迅速发展为农牧民增收做出了巨大贡献。

（2）肉羊产业发展日益受到资源与环境的制约

饲草料和土地资源是肉羊产业发展的基础。长期以来对草原的过度利用造成草原生态环境恶化，载畜量下降；退牧还草工程、禁牧休牧和草畜平衡制度等重大草原生态工程和保护制度逐步实施，草原牲畜超载得以缓解，草原生态有所恢复。2015 年全国重点天然草原的平均牲畜超载率为 13.5%，较 2014 年

---

①　注：本项目主要研究我国大陆肉羊产业，因此文中数据均指我国大陆的相关数据，不包含我国香港、澳门和台湾地区；

②　数据来源：FAO 统计数据库；

③　数据来源：《中国统计年鉴》（1996，2016）

下降了 1.7%，较 10 年前下降 20.5%[①]。牧区为了实现可持续发展需要继续减少超载，缩减肉羊存栏量。在农区，虽然国家实行最严格的耕地保护制度，但随着城市化水平不断提高，耕地面积仍在不断减少，农业种植比较收益变化使得种植结构多样化，经济作物占比上升，种植业为肉羊产业提供的饲草不足，可用于肉羊养殖的土地愈发有限。农户小规模散养肉羊的场所经常在自己庭院，离生活区域近，肉羊粪便产生的恶臭气味和夏季孳生的蚊蝇等影响农户的生活环境，粪污处理不当还会污染空气、水、土地等，限制农户养殖规模。随着新《环保法》的实施，离生活区较近的农户养殖受到进一步限制。饲草料资源的稀缺性增加会推高肉羊生产成本，考验肉羊生产经营者的盈利能力；养殖用地的不足则会限制肉羊规模的扩张。总之，肉羊产业发展受到资源环境承载能力的制约。

（3）散养肉羊成本增加利润率下降，生产经营面临转型压力

在全社会人工成本和原材料价格上升等因素的推动下，肉羊生产经营所需的饲料原料、人工、水电、建材等费用呈上涨态势，肉羊生产成本也在持续升高。2014—2016 年羊肉市场不景气，羊肉价格持续走低，致使很多肉羊养殖者亏损经营，对肉羊产业产生了较大冲击。在高成本和低收益的夹击下，肉羊养殖利润率显著下降，肉羊生产主体急需转变生产经营方式，提高抵御市场风险能力。从长期和动态角度来看，我国畜牧业短期和静态时显示的成本和价格优势都将消失，畜牧业竞争力的提高，最根本的是产业内部经济主体核心竞争力的提高。而构成畜牧业核心竞争力的资本、技术、管理等要素的提高受我国畜牧业的产业组织状况影响很大，产业组织的发育程度低下将是我国畜牧业面临的最大挑战，培育产业组织是提高我国畜牧业竞争力的关键（周应恒等，2005）。

（4）食品质量安全问题凸显，消费者对羊肉质量的要求越来越高

近年来，"三聚氰胺""瘦肉精""假羊肉"等食品质量安全事件频发，食品质量安全问题突出。食品质量安全问题不仅严重危害消费者身体健康，而且也打击了消费者信心，损害了食品行业形象，降低了相关企业经济效益，提高了政府对食品市场规制的成本（周应恒等，2003；潘春玲，2004），给经济社会带来了严重危害。加上现代媒体的放大机制，消费者在选择食品时也更为谨慎。此外，伴随收入水平的提高，城乡居民对高蛋白、低脂肪、低胆固醇羊肉的消费日益增加。羊肉消费量的需求逐渐得到满足，消费者对羊肉的品质和

---

① 数据来源：《2015 年全国草原监测报告》

安全性的要求也越来越高，但由于存在信息不对称，市场上安全优质羊肉的有效供给明显不足，二者之间的矛盾日益突出。中国肉羊产业发展面临质量提升的压力。

（5）国际贸易自由化程度加深，贸易逆差显著，国内肉羊产业急需提高国际竞争力

随着国际贸易自由化程度加深，中国羊肉国际贸易逆差显著。2010—2013年中国羊肉进口量逐年增加，而羊肉出口量逐年减少。虽然 2014—2016 年受国内羊肉市场不景气的影响，中国羊肉进口量略有减少，出口量略有增加，但 2010—2016 年中国羊肉净进口增加仍非常显著。2016 年中国羊肉进口量达到 22 万吨，是 2010 年羊肉进口量的 3.86 倍；2016 年中国羊肉出口量为 0.41 万吨，仅为 2010 年的 20.09%；2016 年羊肉净进口是 2010 年羊肉净进口的 5.86 倍①。2008 年中国政府与新西兰政府签署了《中国—新西兰自由贸易协定》（以下简称《协定》），《协定》规定：自 2016 年 1 月 1 日起中国从新西兰进口羊肉将取消关税。此外，2015 年中国与澳大利亚也签署了自由贸易协定，规定从 2016 年起逐年降低从澳大利亚进口羊肉关税，至第 9 年即 2024 年 1 月 1 日前取消进口关税②。新西兰和澳大利亚均为养羊大国，也是羊肉出口大国，优越的自然条件使得两国在肉羊生产和贸易中具有较强的国际竞争力。因此，随着自贸协定的生效，中国肉羊产业急需提升效益与质量以应对贸易自由化加深带来的冲击。

（6）规模化、组织化、标准化程度低，制约肉羊产业的进一步发展

我国肉羊养殖规模普遍较小，肉羊生产分散于数量众多的小农牧户。2010 年，年出栏 100 只及以上的规模场（户）肉羊出栏数仅占总出栏数的 22.90%，而年出栏 1~29 只的小规模场（户）肉羊出栏数仍占到 51.19%；2014 年，年出栏 100 只及以上的规模场（户）数仅占总场（户）数的 2.24%③。人畜混居、畜禽混养、小规模、开放式的养殖方式既给重大疫病防治和畜产品质量安全带来巨大隐患，也给畜禽良种、动物营养等先进生产技术的推广普及带来不利影响，这些已成为制约畜牧业整体生产能力提高的主要因素之一（王明利等，2007）。小规模分散经营的肉羊养殖户组织化程度低，生产技术水平低，获得市场信息能力弱，从而在市场竞争中处于弱势地位，进而难以实现其经营效益的

①　数据来源：UN Comtrade 数据库；
②　数据来源：中国自由贸易区服务网；
③　数据来源：《2011 中国畜牧业年鉴》；《2015 中国畜牧兽医年鉴》

提升。肉羊产业链上下游之间纵向联系不紧密，组织化程度低，上下游间严重的信息不对称致使产品难以实现优质优价，限制了肉羊产品质量的提升。肉羊产业标准化对于促进肉羊良种化，改善生产设施和管理，提高疫病防控水平，减少粪污污染等具有重要意义，从而有利于提升生产效率，增加农牧民收入，并有助于从源头对肉羊产品质量进行控制。然而，由于应用成本高、相关主体认知水平低等原因也造成肉羊产业标准化进程缓慢。以上问题严重制约了肉羊产业的进一步发展。

综合来看，我国肉羊产业发展迅速，已经成为农牧民增收的重要途径。但我国肉羊产业对外面临日益激烈的国际竞争，对内面临资源与环境的双重约束，自身面临生产效益与产品质量提升的双重压力；同时肉羊产业规模化、组织化、标准化程度低，制约了其进一步发展。在此严峻形势下，肉羊产业如何组织以提升经营效益，改善产品质量，实现肉羊产业的可持续发展，成为企业、政府以及学者所共同关注的问题。目前国内外学者对畜牧业相关产业组织的理论与实证研究取得了丰硕的成果，涉及多个领域、视角及多种方法。然而，现有研究在以下几个方面仍有不足之处：首先，现有研究对生猪、奶业关注较多，对肉羊产业组织的研究较少。肉羊作为一个重要的畜种，是农牧民收入的重要来源之一，羊肉作为一种优质肉类，是居民肉类消费的重要组成部分，对其研究具有重要意义。其次，产业组织对质量影响的研究较多，将效益与质量结合起来的分析较少，而效益提升才是生产经营主体调整组织方式、提升产品质量的内在动力；现有质量方面的研究要么将质量作为一个混合整体来分析，要么分析质量安全，对于品质的关注较少，质量安全和品质具有不同的经济学属性，研究时需加以区分。以上不足的存在为本研究提供了空间，本项目将从效益与质量提升的双重维度对肉羊产业组织的运行机制进行研究，将质量的品质和安全属性均纳入分析范围。这有助于完善相关研究文献，为政府制定相关政策、企业制定经营决策提供参考依据。

1.1.2　研究意义

随着国际贸易自由化程度的加深，肉羊产业面临更为激烈的国际竞争和产业竞争，肉羊产业如何组织以提升效益和产品质量变得更为重要和紧迫。本研究从相关主体效益与产品质量两个角度对肉羊产业组织运行机制进行较为系统的研究，具有理论意义和实践意义。

（1）理论意义

基于效益与质量提升的肉羊产业组织运行机制研究将有助于丰富和完善产

业组织相关理论。本研究结合肉羊生产实践对畜牧业主要组织形式（家庭经营、合作社和公司制）的作用机制、局限性和适用性进行详细分析，有助于完善农业微观经营组织相关理论；对肉羊养殖环节与屠宰加工环节纵向协作的基本形式、决定及其对效益与质量影响机理进行梳理与分析，有助于完善纵向协作相关理论与应用；从理论与实证的角度探讨肉羊产业集聚对主体效益与质量的影响机制，以及市场冲击对肉羊产业集聚区域的影响，有助于完善产业集聚相关理论。此外，本研究尝试建立一个系统分析产业组织运行机制的研究框架，为相关研究提供一种研究思路。

（2）实践意义

基于效益与质量提升的肉羊产业组织运行机制研究将有助于指导肉羊生产经营实践活动，为政府政策制定提供借鉴与参考。本研究比较分析了不同组织形式对相关主体效益和产品质量的影响，有助于为肉羊产业链上相关生产经营主体选择适宜的产业组织形式来提升效益与质量提供理论依据与实践指导；分析了产业组织对生产者安全控制的影响，有助于为政府制定安全监管政策、确定安全监管重点提供理论依据；理论和实证分析了产业组织对肉羊养殖收入和质量控制行为的影响，有助于为政府制定肉羊产业宏观调控政策提供参考，以实现农牧民增收、产品质量和产业竞争力提升等政策目标。

1.2　相关研究综述

1.2.1　产业组织理论研究

产业组织理论目前没有一个统一的概念。Jean Tirole（1988）想避免给这一学科下一个精确的定义，因为它的边界并不明确，其始于厂商结构和行为的研究，但内容比经营战略更丰富。而张维迎（1998）认为产业组织理论是有关市场经济中企业行为和组织制度的学科。简言之，其以市场与企业为研究对象，从市场角度研究企业行为或从企业角度研究市场结构（卫志民，2003）。具体而言，产业组织理论的研究对象是同一产业内企业之间的关系，主要研究企业、产业和市场为什么以现有的一定形式组织起来，这样的组织形式和结构如何影响市场的运行与绩效（金碚，1999）。彭颖（2010）认为产业组织理论以产业内企业间的垄断与竞争及规模经济和效率这两组关系研究为核心，并逐渐扩展到对企业内部组织制度以及企业与政府之间关系的研究。除了对同一产业企业之间的关系进行研究外，产业组织理论还讨论产业链上下游企业之间的关系（宁攸凉，2012）。

产业组织理论的起源可以追溯到亚当·斯密的理论。马歇尔（1890）在《经济学原理》一书中，将组织列为第四生产要素（传统的生产三要素为土地、资本、劳动力），并分析了工业组织中劳动分工（机械的影响）、工业地区分布、大规模生产、企业管理等问题。提出了规模经济与市场竞争的矛盾，大规模生产提高企业生产效率，但是会导致垄断、扼杀竞争，即所谓的"马歇尔冲突"。但产业组织理论作为一个相对独立的研究领域则是近50~60年的事情，是随着现代大公司的出现而出现的。在这个发展过程中，产业组织理论大体经历了两个阶段：一是在20世纪70年代之前，产业经济学基本上处于案例研究和经验研究的阶段，二是在20世纪70年代之后产业经济学进入"理论期"，理论模型取代统计分析占据了主导地位（张维迎，1998）。

第一阶段研究的代表主要是以梅森、贝恩和谢勒等为代表的哈佛学派，和以阿隆·德勒克特和乔治·斯蒂格勒等为代表芝加哥学派。哈佛学派形成了著名的"结构—行为—绩效"范式（即SCP范式），按照这个范式，市场结构（市场上卖者的数量、产品差异程度、成本结构以及供给者纵向一体化的程度等）决定行为（包括价格、研究与开发、投资、广告等），行为产生市场绩效（效率、价格与边际成本的比率、产品多样性、创新率、利润与分配）（Jean Tirole，1988）。在政策主张上明确倾向于由政府干预来改变不良的市场绩效，并始终强调从形成和维护所谓有效竞争的市场结构入手（史东辉，2003）。SCP范式在产业组织研究中应用甚广，冯凯慧（2013）、吴瑛（2013）、康娟（2011）、张锋（2013）等在对羊毛、蛋鸭、肉制品加工、饲料加工等产业组织研究时均采用了该范式。芝加哥学派相信市场力量自由发挥作用的过程，是一个适者生存、劣者淘汰的所谓"生存检验"的过程。芝加哥学派的基本思想，乃是主张把价格理论模型作为分析市场的基本工具，并主要基于价格理论模型对企业行为和绩效做出预期，同时藉此设计检验其理论的经验性分析模型（史东辉，2003）。

20世纪70年代以来，交易费用理论、可竞争市场理论、信息经济学、博弈论等理论与方法引入产业组织研究，推动了产业组织理论的快速发展。产业组织理论一方面沿着SCP范式的方向发展，在研究方向上不再强调市场结构，而是突出市场行为，以分析企业策略性行为为主。研究方法上Jean Tirole等学者用博弈论的分析方法对整个产业组织理论体系进行了改造（卫志民，2003）。市场行为通常涉及跨时决策和不完全信息，动态博弈和不完全信息博弈为分析现实中企业的决策提供了很好的工具（张维迎，1998）。1988年Jean Tirole的代表作

《产业组织理论》出版，标志着产业组织理论新理论框架的完成。Jean Tirole 因其"对市场力量和监管的分析"而获得 2014 年诺贝尔经济学奖。另一方面是以科斯的交易费用理论为基础，从制度角度研究经济问题，代表人物有科斯、诺思、威廉姆森、阿尔钦等。该理论改变了只从技术角度考察企业和只从垄断竞争角度考察市场的传统观念，为企业行为的研究提供了全新的理论视角（卫志民，2003）。交易费用理论对企业的本质、企业的产权结构与治理结构、企业与市场的边界、企业纵向一体化、契约等进行了诸多有益的分析（科斯，1937；威廉姆森，1985），形成了一个较为完善的理论体系。格罗斯曼和哈特（1986）从资产所有权角度探讨了企业横向和纵向边界的决定。此外，实验经济学也对产业组织的研究产生了影响，一是对产业组织理论模型的验证，二是推动了市场交易制度的研究（卜国琴等，2005）。

1.2.2　畜牧产业组织实证研究

（1）畜牧产业组织形式

农业生产微观组织是农业生产最基本的组织制度，对国家粮食安全、农牧民收入保障等意义重大，因而长期以来一直是农业经济学最重要的研究内容之一。从世界范围来看，家庭经营是世界农业发展的共同特点。纵向上看，在人类社会各种制度下，农业家庭经营始终是农业生产的基础。横向上看，发达国家的成功范例大都是家庭经营体制。英、法、美、德、日等国家，农业有80%以上属于家庭农场（刘奇，2013）。在不同国家和地区，家庭农场的内涵和外延的标准并不统一，既存大同又有小异（周忠丽等，2014；赵佳等，2015）。世界粮农组织（FAO）将家庭农场定义为"一种组织农业、林业、渔业、牧业和水产业生产的手段，它由一个家庭管理和运营，并主要依靠包括男女劳动者在内的家庭劳力。家庭和农场连为一体，共同发展，兼具经济性、环境性、社会性和文化性功能"（Graeub，2016）。这一定义反映了当今的国际共识，即由一个家庭掌控并以该家庭的成员为主要劳力构成了家庭农场概念的核心（韩朝华，2017）。

同是家庭经营，不同国家间也存在一定差异性。一个是以欧美畜牧业为代表的生产规模大、现代化程度高的家庭农场；另一个是以日本为代表的小规模家庭经营为主的畜牧生产结构。我国畜牧生产呈现小规模分散经营特征，以家庭副业形式进行的传统畜牧养殖仍是我国当今畜牧经营的主要方式（周应恒、耿献辉，2003）。随着市场经济的发展，农业家庭经营也出现分化，即小农户也表现出较强的异质性（赵佳、姜长云，2015）。世界银行（2008）指出，一些小农户以市场为导向，一些小农户则经营糊口农业。从市场化角度来看，面对市场信号变动，部分农户会按照市场配置资源的逻辑来调整生产经营行为，而部分农户则不会，即体现为不同的"农户市场化水平"（钟真、孔祥智，2013）；从就业角度来看，农户分化为专业化和兼业化两个方向，兼业经营是小农场的生存法则（例如日本），专业化经营是大中型农场的成功之道（例如荷兰）（周忠丽、夏英，2014）。兼业农户和专业农户在生产经营目的、生产技术选择、进入市场方式、土地利用行为等多个方面存在差异性（赵佳、姜长云，2015）。

随着市场竞争的加剧，小规模分散经营不能满足现代农业对规模的要求的问题逐渐突出。姜长云（2013）、王建华、李辉（2014）、陈汉平（2015）等对农业家庭经营和农业现代化问题进行了讨论。如何将极其细小的农场规模改造为适合发展现代农业的农场规模？是我国农业现代化进程中面临的瓶颈难题（何秀荣，2009）。一个思路是农业组织形式的多元化发展。从农业发展的国际经验来看，家庭经营仍然是农业生产的主体组织，但家庭农场以外的经营主体例如公司农场、法人团体等也得到发展，美国、法国、日本等国公司农场呈现加快发展趋势（何秀荣，2009；周应恒、胡凌啸等，2015）。另一个思路是发展家庭经营基础上的现代农业（黄祖辉，2014）。例如发展生产性服务业，有一个发展良好的生产服务业做支撑时，"老弱农户+社会化服务"同样可以发展现代农业；发展农民合作组织、农业产业化经营等以解决小农户与大市场的矛盾（赵佳等，2015）；培育新型职业农民以适应现代农业经营的要求（王建华、李辉，2014）；一二三产业融合发展，延伸产业链条，拓展产业功能（陈汉平，2015）。姜长云（2013）认为要将对农户家庭经营的改造提升，同加快农业组织创新结合起来；在重视农户家庭经营的同时，加强对国内外公司式农业发展的趋势性研究。

农业生产以家庭经营为主，但农户家庭经营在应对市场方面处于不利地位，发展合作经济组织以提高农牧民组织化程度，成为改善农牧民市场交易地位、促进农牧民增收的重要途径。美国的合作社像一个商业化企业；欧洲合作社更遵循传统的合作原则，带有较浓厚的传统色彩；日本农协政府特色较明显，具有半官半民性质（陈楠、郝庆升，2012）。澳大利亚畜牧产业一体化经营是采用合作社形式，政府对合作社在信贷、税收和财政等方面给予扶持。日本是一个以家庭经营为主体的国家，与欧美相比畜牧业生产规模比较小，但是，在畜牧业生产、加工、流通与贸易的各个环节和各个品种部门以及各个地区都分别成立了为数众多的互助合作组织以及行业协会组织。这些组织为其成员提供市场信息、生产协调指导、加工技术开发、产品销售及经营之道等各种服务（周应恒等，2003）。荷兰乳业得以快速发展的原因是荷兰形成了典型的产业链组织模式"家庭牧场＋大型合作社（乳业集团公司）"，而合作社在该模式中发挥了关键性作用（潘斌，2009）。

　　从屠宰加工环节来看，集约经营是国外猪肉生产先进国家的重要发展方向，屠宰加工厂的数量持续下降，保留下来的企业规模不断扩大（Marvin L Hayenga，1999）。美国生猪屠宰加工厂呈现数量减少、规模扩大、集中度不断提高的特征（Lawrence，2010；王晶晶等，2014）。1980 年美国生猪屠宰加工厂为446 家，2003 年之后基本维持在160 家左右；年屠宰量超过 100 万头的屠宰加工厂屠宰量占行业总屠宰量的比例从 1990 年的 79.28% 增至 90.15%；4大生猪屠宰加工厂采购总量的市场份额从 1980 年的 34% 增至 2010 年的63.41%（王晶晶等，2014）。谭明杰、李秉龙（2011）对以美国、欧盟、巴西为代表的国际肉鸡产业组织形式的比较分析，也发现市场集中是其共同特征。除了市场集中，产业链上下游间通过一体化等形式建立紧密的纵向协作也是发达国家畜牧产业组织的共同特征（周应恒、耿献辉，2003；Lawrence，2010；谭明杰、李秉龙，2011）。而我国畜牧业则呈现从畜产品的生产经加工、流通到消费的产业纵向关联被切断，产业组织体系没有形成，产业化经营水平低等特征，难以应对畜牧业的国际竞争和食品消费者对安全、营养、健康需求的日益提高（周应恒、耿献辉，2003）。

　　在国际上，农业领域内的产业纵向协作研究受到了广泛的关注。现有研究根据研究目的的不同对纵向协作形式进行了多种分类。Mighell 等（1963）将纵向协作的形式分为公开市场、合同生产和纵向一体化，其中生产合同又分为市场合同（market-specification contracts）、生产管理合同（production-management contracts）和要素提供合同（resource-providing contracts）。Theuven 等（2007）将纵向协作形式分为现货交易市场、长期合作关系、销售合同、生产合同、订单农业和纵向一体化。宁攸凉（2012）认为纵向协作形式包括市场交易、口头协议、书面合同和纵向一体化。吴学兵（2014）将纵向关系归纳为市场关系、合同关系（市场合同与生产合同）、合作社、纵向一体化四种。农业产业链纵向关系研究中最关注的是农户与农业龙头企业之间的关系，在畜牧业中体现为养殖户与屠宰加工企业之间的关系。孙世民（2003）将猪肉工贸企业与养猪场间的组织模式分为产销集团模式和"公司＋养猪基地"。在农产品供应链中，多种纵向协作形式同时并存，不存在单一最优的纵向协作形式（Theuven 等，2007）。随着农业的不断发展，农业领域内的纵向协作形式也在不断发生变化，总体趋势是产业链纵向协作的密切程度越来越高。市场交易方式不断由合同、战略联盟、纵向一体化等方式取代（Bunte，1999；Martinez等，1998）。Rehber（2000）对土耳其与美国农产品加工业订单农业的对比研究发现，传统农产品体系主要依赖基于价格机制的公开市场方式完成交易，而发达先进的农产品体系主要依赖合作经济组织、短期与长期合同、纵向一体化完成交易。

随着专业化和分工的发展，分工不仅体现为产业分工，也体现为区域分工。农业地理集聚是有效实现农业分工的空间组织形态。王国刚、王明利等（2014）采用基尼系数、专业化指数、产业集中度和产业平均集聚率等指标对中国畜牧业地理集聚程度的研究表明，1980—2011年中国畜牧业地理集聚程度不断增强。谭明杰、李秉龙（2011）对以美国、欧盟、巴西为代表的肉鸡产业组织形式的比较分析发现，产业集聚特征显著。李春海、张文等（2011）认为超越传统理论的市场—企业两分法，农业产业集群有助于解决分工好处分享和交易费用增加的"两难冲突"，能够在企业制度和市场规制都不具备的条件下，提高分工水平。

具体到肉羊产业，我国肉羊产业的发展总体上面临着资源与环境的双重约束、生产成本与产品价格同时高涨、疫病防控风险与产品质量安全风险同时防范、牧区为了实现可持续发展却要缩减肉羊存栏量、世界养羊大国却满足不了国民需求的严重局面（李秉龙等，2012）。肉羊养殖规模普遍较小，肉羊生产分散于数量众多的小农牧户，但规模化程度呈上升态势（常倩等，2012）。纵向协作方面以市场交易为主，合作社、合同生产等农业产业化经营也有了初步发展。现有文献对一些地区肉羊产业组织模式进行了总结与比较分析，但是还需要进一步的深入研究。安娜等（2012）将草原牧区肉羊产业链组织模式归纳为以企业形式组成的经济组织（例如四子王旗一些以企业为依托的合作社）、以养羊合作社形式组成的经济组织（例如呼伦贝尔的牧民养羊合作社）和市场交易形式下的组织模式，并认为前面二者对于食品加工企业而言肉源的质量和数量供应都更有保障。孙淼（2012）将内蒙古牧区肉羊产业化经营模式归纳为"牧民+中间商+公司""合作社+中间商+公司""牧民+公司""基地+公司""合作社+公司""牧民+合作社+消费终端"六种模式，并从交易费用、组织有效性和产业化三个层面进行了定性比较分析。王丽娟（2013）将甘肃省肉羊产业组织模式划分为"市场+养殖户""市场+经纪人+养殖户""屠宰加工企业+养殖户"和"协会、合作社+养殖户"四种模式，并采用多元Logistic模型对养殖户产业组织模式选择的影响因素进行计量分析。闫凯

（2012）对新疆昌吉州农区肉羊产业链各环节组织形态、不同类型产业链和产业组织演变趋势进行了分析，其实证分析主要是利用调研资料的描述统计，基本反映了昌吉州农区肉羊产业组织的基本情况与特征。时悦（2011）、马苑（2016）对中国肉羊产业集聚的研究表明，我国肉羊产业在地理上表现出明显的区域集中特征。

（2）畜牧产业组织运行机制

农业生产以家庭为主要组织形式是由家庭的社会经济特性和农业的产业特点所决定的（李秉龙、薛兴利，2009）。那么在何种条件下农业会转向企业生产呢？Douglas 等（1998）在《The Nature of the Farm》中认为当农民可以控制自然的影响，将季节性和随机事件的影响成功地转移到产出时，农业就可以像其他产业一样转向工厂生产和法人企业。农业生产转向工厂化的特点之一便是人工控制生产过程的外界条件，摆脱或削弱环境作用的不良影响（道良佐，1981）。家庭经营可以化解农业生产中劳动监督难题的关键在于其易于实现剩余控制权和剩余索取权的对称配置（Milgrom 等，1992）。因而，以家庭为基本经营单位不是本质要求，注意保持人力使用上的个体性才是根本的实质性条件。故在一定条件下，非家庭式的农业生产方式也有可能存在和发展（韩朝华，2017）。周应恒等（2015）对国际农业经营主体的研究也发现经营主体呈多元化，即家庭农场以外的经营主体例如公司制农场等得到发展。技术进步是农业组织变迁关键的影响因素之一。Nathan（2006）认为，技术变化增加了公司进入农业经营的可行性，为公司提供了在农业中扩张和更有效率的生产能力。

在农业生产上下游环节的企业普遍适用层级制组织形式，因而在组织规模上普遍超过家庭农场，家庭农场在面对这些贸易伙伴时，往往处于弱势地位（Valentinov，2007），即存在主体地位不对称的问题，因而需要发展农业合作社之类的组织，提高农民组织化程度，改善主体地位，以促进产业化经营利益的合理分享（牛若峰，2006）。合作的效用主要在于资源共享或规模获取。合作社成功与否取决于效率，而具体的效率取决于合作社内部的组织管理状况和外部环境的适生程度（何秀荣，2009）。一方面，合作社具有经济与社区的双重联系，有助于降低农户的机会主义动机。因为当某个农户的机会主义行为被其他成员发现时，合作组织对其的"惩罚"不仅包括将违约成员驱逐出合作组织，降低其未来收益，还包括将其排除在村社社交之外，降低其社会收益（蒋永穆、高杰，2013）。另一方面，成员"搭便车"行为会造成合作社难以形成集体行动，既阻碍了合作社向规模化方向发展，又制约了合作社品牌的发展（肖云等，2012）。此外，实践中合作社大多面临资金、技术、管理人才短缺等问题，资金积累慢，发展受限（雷霏霏等，2013）。

国内外学者对畜牧业纵向协作进行了较为充分的研究，研究内容主要包括以下几个方面。首先，生产主体紧密纵向协作的动机。Mighell等（1963）认为纵向一体化或合同生产的动机可能包括降低风险和不确定性、降低成本、获得市场势力、获得融资、引进新技术等其中的一个或多个。降低市场交易成本是合同（纵向契约）与纵向一体化的重要动机之一（Martinez，2002）。Rehber（2000）对土耳其与美国农产品加工业订单农业的研究发现，农户参与订单农业的原因之一是降低市场风险，而整合者参与订单农业的原因之一是保障特定质量与数量的货源稳定。Reimer（2006）认为美国生猪养殖与屠宰加工环节一体化企业出现的原因是产业链主体只具有有限理性，加之环境复杂多变，主体之间签订的合同难以具备完备性。Martinez（1999）认为新技术采用、质量安全控制手段的改善、保障稳定货源与市场份额等因素，推动了鸡肉和猪肉产业纵向协作关系日趋紧密。Jang等（2008）认为生猪产业组织由市场交易向合同方式或纵向一体化方式转变的主要原因是产品质量难以被准确测量，签订合同或建立自营养猪基地能更好地保障产品质量稳定、一致性。Boger（2001）对波兰生猪产业的研究也发现养猪场户是否采用合同生产形式主要考虑质量因素。

其次，纵向协作的保障机制。刘贵富（2006，2007）将保障产业链平稳运行的机制总结为利益分配机制、风险共担机制、竞争谈判机制、信任契约机制、沟通协调机制与监督激励机制。陈志祥等（2001）提出了一个由合作机制、协调机制、激励机制和信任机制组成的供应链企业间委托代理实现机制框架。孙世民（2003）在对高端猪肉有效供给产业组织模式研究中在此基础上加上了监督机制和协商机制，来分析工贸企业与养猪场委托代理实现机制，并认为信任机制与合作机制是相互促进的。从信息经济学角度看，养殖场拥有工贸企业无法观测到的私有信息，从而工贸企业的逆向选择和养猪场的败德行为并存（孙世民，2003）。逆向选择可以采用信号理论的方法解决，道德风险则通过激励机制（Mishara，1998）。此外，孙世民（2003）认为，建立监督机制和信任机制也是克服这些问题的有效途径。

最后，纵向协作形式的决定。从交易费用角度看，企业组织的产生与发展是受市场交易费用的推力和企业组织成本的阻力这两种相反力量共同作用的结果，影响农业产业化经营组织形式的主要因素包括农产品交易费用、农产品交易特性、农产品交易的市场环境条件、主客体特性（李秉龙等，2009）。孙世民（2003）将高档猪肉组织模式演进的影响因素归纳为组织内部推动（改善猪肉质量动机、降低产品成本动机、提升核心竞争力动机、组织持续发展动机）、外部环境诱导（消费改变、市场竞争加剧、技术进步）和内外部条件制约（个体阻力、组织阻力和环境条件）等三方面。现有研究在纵向协作形式选择影响因素的实证分析以养殖户为主。例如王桂霞等（2006）、应瑞瑶等（2009）、吴学兵等（2014）等基于调研数据对肉牛、生猪养殖户纵向协作形式选择的影响因素进行了计量分析。

对于产业集聚的形成机制，林毅夫（2012）认为比较优势是产业集聚的关键。一个产业及其横向、纵向的相关产业能否在某个地区达到一定生产规模形成产业集群，是由这个产业是否符合当地的比较优势所决定的。对于符合比较优势的产业，企业在追求效率的过程中就会自发地聚集起来。新经济地理学理论认为，空间集聚水平的高低是向心力和离心力这两种对立力量相互博弈的结果。一方面，随着运输和市场信息搜寻等交易成本的下降，企业的经济活动能够较为充分地享受空间集聚带来的外部经济效应，此时区域经济的向心力高于离心力，表现为愈来愈多的企业向经济中心区位聚集；另一方面，市场拥挤和生产要素供不应求导致的成本上升等因素将使得区域经济的离心力大于向心力，表现为空间集聚水平的下降（陈旭、邱斌等，2016）。现有对于畜禽产业集聚影响因素的理论与实证分析中，对钻石模型和 GEM 模型的应用较多。钻石模型将产业集聚的影响因素分为要素条件、需求条件、关联产业和机构、企业的战略结构和竞争四方面（谭明杰等，2010）。在 GEM 模型框架下，集聚的影响因素被提炼为基础因素、市场因素和企业因素（时悦，2011；马苑 2016）。

（3）畜牧产业组织与相关主体利益、产品质量

我国肉羊小规模家庭养殖模式提高了饲料资源、农村劳动力、农闲时间的利用效率。在现行土地政策条件下，农村劳动力过剩以及农产品生产的相对低效益使农牧户饲养肉羊成为增收的重要方式，可以起到平稳收入、保证收入来源和生活水平的作用（夏晓平，2011；常倩，2013）。但是，小规模分散经营在新技术引进、应对市场变化等方面面临困难（周应恒，耿献辉，2003）。关于生产组织对质量的影响，钟真等（2012）从生产和交易两个维度构建了产业组织模式与农产品质量安全之间的逻辑关系，并利用奶业抽样数据进行了实证分析。研究发现生产模式与交易模式对食品品质和安全都有显著影响，但是在控制了其他条件的情况下，生产模式更为显著地影响了品质，交易模式更为显著地影响了安全，家庭式散养生鲜乳比园区式养殖品质低，但是安全性更高。

对于合作社，夏英（2009）认为合作社行为的双重性、良好外部效应、声誉取向均有利于农产品质量安全。一些经验研究也表明加入合作社有助于提

高农民生产效率和收益。例如，王太祥、周应恒（2012）对梨农的分析发现，与市场交易模式相比，加入"合作社+农户"模式的农户获取了较高的生产技术效率。耿献辉、周应恒（2013）对水产养殖的分析发现，加入水产专业合作组织的养殖者更倾向加入现代销售渠道，而现代销售渠道明显提高了水产养殖收益。日本发达的合作组织以及行业协会组织通过为其成员提供市场信息、生产协调指导、加工技术开发、产品销售及经营之道等各种服务，使各个经营主体的生产、经营成本大大节约，生产经营活动融入整个产业体系（周应恒等，2003）。卫龙宝、卢光明（2004）和吴学兵、乔娟（2014）认为，合作组织对农产品质量控制意义重大，加入合作社对农户记录生产档案和养殖户执行休药期影响显著。同时，合作社发展中也面临一些问题，例如成员"搭便车"行为会造成合作社难以形成集体行动（肖云等，2012），大多数合作社产权不明晰而导致合作社没有增加成本去激励成员提高农产品质量的动力（谭智心等，2012）等。

关于纵向协作与主体经济利益的关系，现有一些经验研究表明紧密的纵向协作可以改善相关主体效益。农业产业链管理或农业产业化经营能通过及时响应顾客需求来改善产业绩效（Ricks，1999）。养殖效益方面，Key等（2003）对美国养殖户的研究发现，生产合同的采用提高了农场生产率；Peplinski（2005）对波兰生猪产业的分析发现，紧密纵向协作关系的养猪场户因为获得了更多的分红而盈利更多。屠宰加工企业效益方面，韩纪琴等（2008）分析了纵向协作程度与质量管理对企业营运绩效的影响发现，屠宰加工企业通过加强质量管理以及与生猪供应商建立紧密的协作关系，能直接或间接提高其营运绩效。Mora等（2005）对意大利猪肉产业链主体纵向协作关系的实证研究发现，加强纵向协作关系能规避投机行为、保护声誉投资与分享商业机会。Marvin（2000）通过对美国生猪和牛肉的纵向协作进行分析，得出纵向协作能降低数量和质量风险。

实行纵向一体化有利也有弊，只有当利大于弊的时候，实行纵向一体化才是适当的。金碚（1999）将纵向一体化有可能产生的成本归纳为生产成本、管理费用、兼并费用三个方面，可能的获益归纳为降低交易费用、避免政府干预、增加垄断利润、消除市场垄断势力、保证投入品供应、消除外部性六个方面。Bhuyan（2001）对纵向一体化与美国农产品加工业绩效的关系的研究也表明，纵向合并程度增加有可能会导致产业绩效降低。Reimer（2006）认为通过建立自营养猪基地一方面能增强对生猪养殖环节的控制力；另一方面可能会削弱养猪场户的生产积极性，从而导致生产效率的降低。

现有纵向协作对产品质量影响相关研究有理论分析也有实证分析，主要结论是紧密的纵向关系有利于产品质量的控制与提升。理论分析方面，主要研究纵向协作在农产品质量控制方面的作用。王瑜（2008）运用交易成本经济学分析了纵向协作对农产品质量控制的作用；孙艳华等（2009）理论分析了紧密型纵向协作（如生产合同、合作社等）对农产品质量安全控制的作用机理；蒋永穆、高杰（2013）研究了不同农业经营组织结构中的农户行为与农产品质量安全。其基本研究结论是紧密型纵向协作促进农产品质量安全控制水平的提高。实证分析方面，Martinez 等（1998）认为产业链核心主体通过加强纵向协作能对畜禽生产过程进行有效管理，从而保障畜禽产品的安全生产。Bogetoft 等（2004）对丹麦猪肉产业链纵向协作与食品质量安全的关系进行分析，认为相对于松散型产业链，紧密型产业链提供的猪肉品质较高。在产品质量测量存在困难的情况下，生猪屠宰加工企业与养殖场户签订合同或建立自营养猪基地能更好地保障产品质量稳定、一致性（Jang 等，2008）。钟真等（2012）对奶业的实证分析发现奶农采用中间商模式销售的生鲜乳品质与安全性都显著低于采用非中间商模式。孙世民（2003）的研究表明产销集团模式的猪肉质量最好，"公司+基地+养猪户"模式次之，代理屠宰模式最差。汪普庆等（2009）研究发现基地农户所生产蔬菜的安全水平高于非基地农户。也有学者认为，纵向协作对农户采用清洁生产行为（周力等，2014）、养殖户执行休药期（吴学兵等，2014）、农户农药和施肥行为（刘庆博，2013）等具有显著影响。此外，吴秀敏（2007）指出，养殖户参加产业化组织并得到相关服务对其采用安全兽药的意愿有正向影响。

具体来说，紧密的纵向协作可以通过以下途径来保障产品质量。首先，可以通过制定安全合同来保证投入品的质量安全。合同包括价格、规格、检查协议，也可能包括安全和非安全供应商的隔离。一个安全合同对安全供应商具有吸引力，而对于非安全供应商则缺乏吸引力。谨慎的合同设计能够隔离安全和非安全供应商，并且改进购买食物的安全性（Starbird，2005；王素霞，2007）。其次，纵向一体化模式可以使企业掌控产业链上的每个环节，以保证原料的供应和产品质量（文娟，2009）。最后，紧密的纵向关系可以作为质量信号传递给消费者。消费者往往借助产品信号（品牌、价格、颜色、口感、香味）预测和评估产品质量（Cox，1967）。田金梅等（2013）认为产业链整合代表了企业对源头的控制程度，对产品安全和质量有暗示作用，是消费者预测猪肉安全和质量的重要线索，并通过实证研究发现产业链整合（这里特指生猪生产企业对上游产业链的控制程度）对顾客安全感知、质量感知、品尝可能性和购买可能性均具有显著的正向影响。

此外，纵向关系对质量的品质与安全属性的影响具有差异性。农产品一般具有"哑铃型"的市场结构。由于农产品初始的品质和安全同农产品的产量一起获得于农业生产过程，而后续的流通、交易过程理论上并不具有生产功能，故农产品的品质水平在不掺杂使假等情况下至少不会再增加，而因储运设备差、机会主义行为等问题引起的农产品安全水平却有可能出现显著差异（钟真，2012）。

从行业比较来看，在各种农牧业生产和加工运销产业中，奶业及肉鸡生产的一体化程度是最高的。奶业一体化程度高主要是由于牛奶鲜活易腐，挤奶一日数次，需要及时冷却、收集、储运，以保证鲜奶的质量，产加销任何环节的不协调都会影响鲜奶及其制品的质量（周应恒等，2003）。王雅洁（2012）探讨了纵向产业组织对信任品质的影响规律，并结合奶业实例进行实证分析，得出纵向一体化有助于提高乳制品质量的结论。

农业产业集群的实质是现代农业分工体系的扩展，通过推动产业横向协同、纵向整合、纵横结合等，引发农业生产方式、产业结构和增收就业等方面的变革，有助于提高农业综合效益（李春海，张文，2014）。Duranton 和 Puga（2004）将集聚的外部经济效应归纳为学习效应、共享效应和匹配效应。此外，产业集聚可以降低企业合作创新的成本（曹休宁、戴振，2009）。卫龙宝、阮建青（2009）认为产业集群通过分工将一种需要极高企业家才能的一体化生产组织形式，分解成了需要企业家才能较低的分工协作的生产组织形式，使初始才能禀赋各异的潜在企业家可以通过这种分工协作制进入工业化生产。但是，也有迹象表明，偏向于专业化的集群经济在农村地区犹如一把"双刃剑"。当产业集群处于成长阶段时，它能推动经济迅速增长；但是，当其处于衰退阶段时，它带来很大的就业压力（Barkley 等，1999；李春海、张文等，2011）。肉羊产业集聚有助于实现饲料集中需求、公共设施共享的规模经济效应，主体间地理集中与经常交流降低了信息收集和交易成本，主体间非正式沟通和正式培训促进了新技术和知识的创造和扩散（时悦，2011）。同时，疫病防控和环境污染防治也是肉羊产业集聚需要解决的负效应（时悦，2011；彭新宇，2007）。

质量与效益的关系方面，Antle（2000）结合成本函数模型与计量模型对美国牛肉、猪肉和肉鸡屠宰加工厂与产出、质量控制相关联的成本进行了估算。在竞争性市场结构前提下，得出产品成本与产品质量的提高成正比，苛刻食品安全质量管制将导致较高的产品成本的结论。吴学兵（2014）强调通过经济激励来保障生猪质量安全，以克服以往研究只关注质量安全或经济效益的单目标问题。高质量产品市场的均衡必然建立在生产者和消费者利益实现的基础上。效益与质量的关系也受到市场需求规模的影响。迈克尔·波特（1985）认为大的市场需求量能够缓解产品差异化优势和成本优势之间的矛盾。差异化优势会带来一定的成本增加，会降低成本优势，只有达到了一定的需求量，才能使差异化优势的增加大于成本优势的降低，此时生产经营主体才具有提高产品质量、生产差异化产品的动力，也就是通过提升产品质量以实现效益的提升需要以一定规模的需求为条件。

由于产品质量信息在市场主体间不对称，因而如何确保优质产品获得优价对于保障产品质量有效供给变得非常重要。巴泽尔（1982）对考核问题进行了分析，认为人们需要对所要交易东西的品质进行考核，以确定他所得比付出的价值更多，当考核费用很高时企业可以通过纵向一体化降低考核费用，也可以通过分享契约和质量保证等降低考核所带来的损失，或者通过"信誉""牌子名称""重复购买"等降低对考核的需要。本杰明·克莱因等（1981）考察了交易者可以使用市场（重复购买）机制实施契约的情形，并说明加价是确保契约绩效的一种手段，契约绩效的必要和充分条件是存在足以高出残值生产成本的价格，以至于不履行契约的企业就会失去一系列未来销售的租金贴现流量，而这大于不履行契约的财富增加，这就需要企业提供可信的质量保证。Carriquiry 等（2007）构建了重复购买模型，说明企业声誉是企业投资高质量产品和质量保证体系的关键因素。

1.2.3　国内外研究现状评价

综上所述，随着世界畜牧业的快速发展以及竞争的日益加剧，国内外学者对畜牧业相关产业组织的理论与实证研究取得了丰硕的成果，研究涉及的领域、视角和方法多种多样，这为本研究的顺利开展提供了可借鉴的理论与方法。理论方面，除了产业组织理论，交易费用理论、信息经济学等多种理论也被用于分析产业组织问题，分析角度更加多元化，这些理论及其应用为本研究提供了理论基础和应用借鉴。内容方面，首先畜牧产业组织相关研究说明产业组织对畜牧业发展意义重大，本研究所要研究的产业组织运行机制是一个非常重要的问题；其次对产业组织与效益、质量的关系相关研究梳理发现，产业组织形式对主体经济效益和产品质量具有显著影响，而且实现效益和质量的提升也是经营主体转变产业组织方式的主要动机之一，因此本研究从效益与质量提升的视角对肉羊产业组织运行机制进行研究的思路是正确的，也是意义重大的；最后，现有研究对畜牧产业组织形式、产业组织运行机制、产业组织对主体效益与质量影响等问题的研究与探讨为本研究提供了可借鉴思路，现有研究中对肉羊产业组织的归纳与比较分析，也为本研究提供了研究基础。

然而，现有研究仍存在一些不足之处，这也为本项目提供了研究空间。首先，现有对畜牧业经济的研究多集中于生猪、奶业、肉鸡等产业，对于肉羊产业经济的研究相对滞后。生猪等产业组织方面研究较为深入，而肉羊产业组织方面研究多是对产业组织形式的归纳与简单比较，缺乏较为深入的研究。其次，虽然目前学者对于产业组织的效应、产业组织对于产品质量的影响有了一些研究，但缺乏产业组织对于产品质量和经营效益影响的系统研究；对于食品质量提升也较多从政府监管的角度进行，从产业自身组织角度对质量与效益的研究较少。但政府对质量监管是从产业链外部施压，迫使产业链主体按照食品质量标准来进行生产，而这些标准往往是以对人体无害的最低标准。产业链主体通过产业内部组织激励提升产品质量才是高质量产品供给的最重要途径。再次，目前对于质量方面的研究积累了不少文献资料，也对质量提升路径进行了较多探讨，而对生产经营主体提升质量的效益变化分析很少，但是效益才是经营主体的最终目的，效益提升才是生产经营主体主动提升产品质量的内在动力，也是质量提升得以实现的必要条件，而现实中很多产品难以实现"优质优价"是生产经营主体提升产品质量过程中面临的最大问题，因此急需对该方面进行研究。最后，现有质量方面的研究要么将质量作为一个混合整体来分析，要么分析质量安全，对于品质的关注较少。安全性是食品质量的一个重要属性，现有研究也给予较多关注，但对食品质量的品质属性关注较少。质量的安全与品质经济学属性不同，有效配置机制也不同，质量的安全属性具有公共物品的属性，需要政府予以干预，而品质属性具有私人物品的属性，可以由市场机制配置，因此二者应该分别加以分析。目前也有一些学者从品质和安全等方面将质量的属性细化对乳业质量进行了研究，但是在其他畜牧业方面的应用还很不足，因此本研究将质量的品质和安全属性均纳入肉羊产业质量的分析中。

1.3 研究目标与研究内容

1.3.1 研究目标

（1）总目标

本研究的总目标是从效益与质量提升的视角研究出肉羊产业组织的运行机

制，即肉羊产业组织的构成要素、功能及其相互关系，以及这些要素发挥功能的作用原理与方式。

（2）分目标

第一，归纳总结出肉羊产业组织的基本特征；

第二，阐释肉羊产业关键环节、环节间以及空间组织形成机理与运行机制；

第三，分析肉羊产业组织对相关主体效益和产品质量的影响；

第四，探讨如何完善肉羊产业组织以提升相关主体效益与产品质量。

1.3.2　主要研究内容

基于以上研究目标，提出本项目的研究框架如图 1-1 所示，灰色部分是研究的核心内容。基本思路是从肉羊产业的关键环节出发，首先对肉羊养殖和屠宰加工两个环节的组织形式进行分析；其次考虑两个环节间如何有效衔接，即纵向协作问题；接下来将肉羊产业相关辅助行业和机构纳入分析范围，考虑肉羊产业在空间上的组织问题，即研究肉羊产业集聚问题；之后计量分析产业组织对肉羊养殖效益与质量控制的影响；最后，在上述研究基础上探讨提升肉羊产业组织效益与质量的运行机制优化。具体的研究内容与安排如下：

（1）理论分析与逻辑框架

在具体的实证研究之前，首先对肉羊产业组织及其效益与质量进行理论分析，搭建研究的逻辑框架，为整个研究提供理论基础。该部分安排在研究的第二部分，首先界定研究所涉及的几个基本概念的内涵与外延，包括肉羊、产业组织、运行机制、效益和质量；其次，对肉羊产业效益与产品质量及其相互关系和肉羊产业组织进行理论分析；再次，探讨肉羊产业组织对效益与质量的作用机理；最后，构建肉羊产业组织总体运行机制，并对其内涵进行解析。

（2）中国肉羊产业发展历史、现状与组织特征

对肉羊产业发展的过去、现在和未来趋势进行系统分析，为整个研究提供认识基础，有助于对肉羊产业组织的理解和把握。该部分安排在研究的第三部分，首先对不同历史阶段中国肉羊产业发展情况和相应阶段肉羊产业组织形式进行梳理分析；其次，从羊肉消费、羊肉及肉羊生产、羊肉产品价格、羊肉及活羊国际贸易等几个方面对肉羊产业发展现状进行总结；最后，在上述分析基础上，归纳肉羊产业组织的基本特征与发展趋势。

（3）肉羊产业主体组织形式及其效益与质量

肉羊产业包括饲料生产、品种繁育、肉羊养殖、屠宰加工、流通消费等多个环节与过程，本研究选择肉羊养殖和屠宰加工两个关键环节主体组织进行具

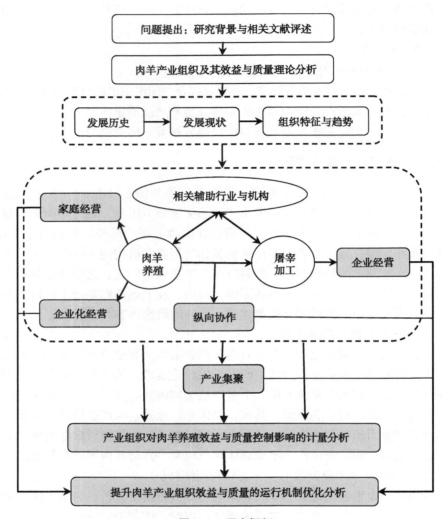

图 1-1　研究框架

体分析。肉羊家庭经营是目前肉羊生产最主要的组织方式，而以合作社、公司等形式存在的肉羊企业化经营也有了一定的发展。为平衡各部分内容，研究将肉羊家庭经营和企业化经营分别安排在第四部分和第五部分。肉羊家庭经营方面，研究对肉羊家庭经营的优势、分化和问题进行分析，说明肉羊家庭经营广泛存在的经济合理性和不同类型农户肉羊经营行为的差异性，探讨肉羊家庭经营提升效益与质量面临的局限条件。对于肉羊养殖合作社，本研究在对其概念、作用机制和可能面临问题进行定性分析的基础上，选择典型案例进行具体分析。对于公司制肉羊养殖，本研究在对其概念、形成和理论分析基础上，提出待检验假说，之后选择典型案例进行检验。

肉羊屠宰加工是肉羊产业的核心环节之一，也是肉羊产业效益与质量提升的关键环节，对肉羊屠宰加工环节主体组织的具体分析安排在第六部分。该部分首先对肉羊屠宰加工主要组织形式及其影响因素进行分析；其次，总结肉羊屠宰加工发展不同阶段及其特征，并利用典型案例进行验证；最后，结合在新三板挂牌的几家企业的公开数据资料对肉羊屠宰加工的效益与质量进行分析。

（4）肉羊产业纵向协作形式及其效益与质量

肉羊养殖以家庭经营为主，而肉羊屠宰加工则以企业经营为主，二者如何有效衔接对于保障和提升相关主体效益和产品质量至关重要。该部分安排在第七部分，首先对纵向协作的基本形式及其运行机制进行分析；其次，对不同协作形式对效益与质量的影响和纵向协作形式的决定进行理论分析，并提出待检验假说；最后，利用典型案例资料检验研究假说，并对实践中生产合同对质量、主体利益、合约履行的保障机制进行分析。

（5）肉羊产业集聚特征及其效益与质量

产业集聚是一种空间组织形态，肉羊产业的地理集中对相关主体效益与产品质量具有重要影响。该部分安排在第八部分，首先利用宏观统计资料，采用集中度指数等衡量集聚程度的指标，对肉羊存栏、出栏、羊肉产量、饲料生产的集聚情况和肉羊产业专业化特征进行分析；其次，在界定肉羊产业集聚概念的基础上，理论分析肉羊产业集聚对效益与质量的影响机制。最后，利用调研资料和典型案例，对肉羊产业集聚对相关主体效益和产品质量以及市场冲击的影响进行具体分析。

（6）计量检验产业组织对肉羊养殖效益与质量控制影响

该部分安排在第九部分，利用肉羊产业集聚区域内肉羊养殖户的微观调研数据，采用计量模型检验产业组织对肉羊养殖效益与质量控制的影响。计量分析均按照研究假说提出、肉羊养殖效益（肉羊质量控制）的衡量、统计检验、变量设定与模型选择、模型回归结果分析的逻辑展开。为了更全面具体地理解肉羊养殖效益和质量控制，从经营效益、生产特征、生产效率、资金和收益感知五个方面来衡量肉羊养殖效益，从品质和安全两个角度建立涉及多环节的指标体系来衡量肉羊生产质量控制。

（7）提升肉羊产业组织效益与质量的运行机制优化

该部分安排在第十部分，该部分在对上述研究的基本结论进行总结的基础上，从肉羊产业主体组织、纵向协作和产业集聚三个角度来探讨如何提升肉羊产业组织效益与产品质量，即运行机制的优化问题。

1.4 研究方法

本研究所使用的主要研究方法包括案例研究法、统计分析法与调查问卷法和计量分析法，具体应用内容与方式如下。

（1）案例研究法

企业经营是肉羊屠宰加工最主要的组织形式，也成为肉羊养殖重要的组织形式之一。本研究在涉及相关企业的实证研究中主要采用了案例研究方法。主要原因包括以下两点：第一，与肉羊家庭经营相比，企业经营具有显著的异质性，典型案例分析有助于我们发现问题和剖析问题背后的原因，以及了解企业决策的动因，这是难以用大样本统计说明的；第二，由于企业间异质性较大，要获得一个企业充足的资料以进行分析需要耗费较多的人力和时间，这也使得典型案例分析比大样本分析在操作中更为经济可行。但是案例研究方法容易受到研究者主观性的影响，且研究结论的适用范围容易受到限制，因此本研究在相关假说检验时，选择不同类型的典型案例进行比较分析，以期归纳出适用性更强的一般性规律。

案例研究法主要用于以下内容的研究：关于肉羊养殖合作社的运行、取得成效和面临问题，选择以大众顺巴美肉羊育种专业合作社为例进行具体分析；关于公司制肉羊养殖研究假说的检验，选择内蒙古赛诺草原羊业有限公司、内蒙古巴美养殖开发有限公司和内蒙古草原宏宝食品股份有限公司作为典型案例进行分析；对肉羊屠宰加工发展不同阶段进行分析以内蒙古草原鑫河食品有限公司为例；选择典型案例对肉羊产业纵向协作形式决定相关假说进行检验，选择的典型案例包括内蒙古蒙都羊业食品股份有限公司、内蒙古小尾羊牧业科技股份有限公司、蒙羊牧业股份有限公司和内蒙古巴美养殖开发有限公司，以蒙羊"羊联体"为例对合同设计与农户参与进行分析；选择内蒙古巴彦淖尔市作为典型案例分析肉羊产业集聚对于相关主体效益与产品质量的影响。案例相关资料主要来源于相关企业与政府网站及其他公开资料、现有文献中关于相关企业和地区的研究、对合作社和企业以及政府等相关主体的实地调查、对相关负责人的访谈录音整理。

（2）统计分析与调查问卷法

统计分析法在所有研究内容的分析过程中都有体现，在以下几个研究内容的分析中作为主要的研究方法。

第一，对于肉羊产业发展现状和肉羊养殖规模化程度的分析。对各地区肉羊生产规模化程度采用出栏规模化程度与场户规模化程度两个指标来衡量，前者反映了出栏状况，但不能反映场户内部结构，后者可以弥补这一缺点，在一定程度上反映场户规模结构。本研究中对该规模场户的界定参考《中国畜牧业年鉴》的界定，即年出栏 100 只羊及以上的场户为规模场户。具体表达式为：

$$出栏规模化程度 = \frac{某地区一定规模以上场户出栏数}{某地区总出栏数}$$

$$场户规模化程度 = \frac{某地区一定规模以上场户数}{某地区总场户数}$$

所用数据主要来源于历年《中国统计年鉴》《中国畜牧兽医年鉴》《全国农产品成本收益资料汇编》、中国畜牧业信息网和 UN Comtrade 统计数据库。

第二，分类统计分析肉羊家庭经营的分化情况及其生产经营行为的差异性。所用数据主要来源于 2015 年肉羊产业经济研究团队对内蒙古巴彦淖尔市肉羊养殖户的抽样调查。

第三，在对肉羊产业集聚特征的分析中，根据数据的可获得性和研究目的，选择行业集中度指数（CR_n）与区位商来测度肉羊产业集聚程度。CR 指数是衡量产业集中度简便易行的常用方法，其含义是产业中前 n 家企业销售额、产量水平、资产额等指标在整个产业中所占比重。本研究参考时悦（2011）的研究采用前 1、4、8、10 个省份肉羊存栏量、出栏量，羊肉产量和饲料产量占全国总量的比重。公式如下：

$$CR_n = \frac{\sum_{i=1}^{n} X_i}{\sum_{i=1}^{N} X_i}$$

区位商指数是由哈盖特（Haggett）提出的用来判断地方专业化程度的一个指数，也可用于判断产业集聚的程度，其含义是某地区某产业产值占该地区总产值份额与该产业在全国总产值中所占份额之比，表达为：

$$LQ_{ij} = \frac{O_{ij}/O_j}{O_i/O}$$

其中，O_{ij} 为 j 地区 i 产业的产值，O_j 为 j 地区的总产值，O_i 是全国 i 产业的总产值，O 是全国所有产业的总产值。如果 $LQ_{ij} > 1$，则说明 j 地区 i 产业专业化程度或集中度较高。

所用数据来源于历年《中国统计年鉴》《中国农业年鉴》《中国畜牧兽医年鉴》。

第四，对产业组织与肉羊养殖效益、产业组织与质量控制的交叉统计采用均值差异 t 检验的统计方法进行分析。检验的零假设是两组的均值相等，如果统计检验显著地拒绝零假设，则说明不同产业组织形式间肉羊养殖效益（或质量控制）的差异在统计上显著。数据来源于实地调研。

对于肉羊养殖户的数据资料采集，选择调查问卷法。主要原因包括以下两点：第一，肉羊养殖户的社会背景具有较多相同或相似的因素，同质性较强，使得调查问卷法具有较强的适用性；第二，调查问卷法所获得的数据便于定量处理与分析，可以为本研究相关统计分析和计量分析提供所需要的数据资料。

在调研样本选择和问卷设计时遵循以下原则：第一，样本典型性和调查经济性。选择肉羊产业组织形式较为丰富的肉羊主产区域，对不同产业组织形式的肉羊养殖户进行抽样调查。为此，2015 年肉羊产业经济研究团队对内蒙古巴彦淖尔市肉羊养殖户进行了抽样调查。第二，便于计量与统计分析。问卷主要采用封闭式问题：一方面，其数据资料有助于计量与统计分析；另一方面，调研对象更容易回答，可以节约调研时间，提高调研对象的配合度。第三，问卷的可操作性。结合相关研究和实地调研发现，肉羊养殖户受教育程度较低，且年龄较大，因而自行填写问卷的难度较大，因此调研时采用一对一访谈的形式，主要由调研人员填写问卷。

（3）计量分析法

计量分析法主要用于产业组织对肉羊养殖效益与质量控制影响的实证分析。

在产业组织对肉羊养殖效益影响的模型中，被解释变量选择人均养羊纯收入，解释变量包括产业组织变量和控制变量。产业组织变量包括是否场区式养殖、是否加入合作社、是否与企业签订合同三个变量。由于被解释变量人均养羊纯收入是连续变量，选择一般线性回归模型进行拟合。

在产业组织对肉羊质量控制影响的模型中，被解释变量质量控制指标定义为是否达到相应标准，解释变量包括产业组织变量和其他影响肉羊养殖户质量控制的因素。考虑到质量控制指标均为 0，1 二元变量，故采用二元 Logit 模型进行拟合。二元 Logit 回归模型的基本形式是：

$$p_i = F\left(\alpha + \sum_{j=1}^{n}\beta_j x_j\right) = \frac{1}{1 + e^{-\left(\alpha + \sum_{j=1}^{n}\beta_j x_j\right)}} \tag{1}$$

（1）式中，p_i 为第 i 个养殖户质量控制达到相关要求的概率，α 为常数项，β_j 是第 j 个解释变量的回归系数，n 是解释变量的个数。x_j 是第 j 个解释变量，涉及前面假说中提到的产业组织变量和其他影响养殖户质量控制的因素。对（1）式进行对数变换，得到二元 Logit 回归模型的线性表达式：

$$\mathrm{Ln}\left(\frac{p_i}{1-p_i}\right) = \alpha + \sum_{j=1}^{n}\beta_j x_j \tag{2}$$

计量模型拟合皆采用 Stata11.1 软件，所用数据均来自于 2015 年肉羊产业经济研究团队对内蒙古巴彦淖尔市肉羊养殖户的抽样调查。

1.5 创新说明

本研究可能的创新主要体现在以下三个方面。

第一，从效益和质量提升两个视角综合分析肉羊产业组织运行机制。成本和产品差异性是影响生产者效益的两个关键因素。短期内生产者可以通过降低成本提升效益，但是从长期来看，产品差异化对于提升生产者效益变得更为重要。质量作为产品的核心属性，也是企业产品差异化的基础，因而提升产品质量成为生产者提高效益的一个重要途径。而质量提升往往伴随着成本上升，只有质量提升的效益大于其带来的成本上升时，生产者才具有提升质量的内在动力。由此可见，效益与质量是紧密相关的两个方面。产业组织可以通过影响成本和产品差异化而影响生产者效益，通过影响生产者质量控制的能力和动力而作用于产品质量。从肉羊家庭经营到肉羊养殖合作社，再到公司制肉羊养殖，肉羊生产的成本优势降低，而差异化优势凸显，生产者质量控制的能力和动力也随之提高。肉羊屠宰加工也呈现产品差异化程度和价值逐渐提升的趋势。企业降低成本、提升质量的需求也成为推动企业紧密纵向协作和空间聚集的重要因素。

第二，将质量品质与安全属性区别分析，并建立生产者质量控制指标体系用以定量分析。质量是一个综合指标，羊肉品质属于"显性"指标，即人们通过观察、品尝可以大致判断羊肉的品质状况；而羊肉安全属于"隐性"指标，在一般情况下人们不能通过感官判断羊肉是否安全。羊肉的安全属性和品质属性具有不同的经济学含义，因而规制机制也有所不同。羊肉品质具有搜寻品和经验品特性，品质控制可以通过市场机制来实现；羊肉安全则主要表现为信任品属性，因而安全控制容易出现市场失灵，需要政府发挥主导作用。因此，综合考虑品质和安全属性，并加以区别分析是非常重要的。很多农产品的质量检测受成本过高、技术不足等因素影响，难以提供准确的定量数据，从而制约了相关实证研究，但生产过程中生产者的质量控制行为却是可以观察到的。因此，本文参考肉羊生产流程和肉羊标准化养殖示范场验收评分标准，建立涉及多环节的质量控制指标体系，为相关定量研究提供一种可操作的方法。

第三，利用微观调研数据计量分析产业组织对肉羊养殖效益与质量控制的影响。在对不同肉羊产业组织形式进行理论分析、案例分析的基础上，本研究利用肉羊产业集聚区域内肉羊养殖户的微观调研数据，采用计量模型拟合产业组织对肉羊养殖效益与质量控制的影响。均值差异 t 检验发现，加入合作社和与公司签订合同的肉羊养殖户在养殖效益和质量控制的多个指标上显著优于未参与者，场区式养殖的品质控制和安全控制均优于庭院式养殖。而计量结果显示，与公司签订合同对肉羊养殖人均纯收入具有显著的正向影响；主体组织对生产者质量控制的影响是混合的，相对于庭院式养殖，场区式养殖在品质控制方面做得更好，但在安全控制方面却做得相对较差；加入合作社和与公司签订合同对品质控制和安全控制均具有显著的促进作用。这些结果对于肉羊产业组织实践具有明确的指导意义。

2　理论分析与逻辑框架

　　本研究从效益与质量提升的双维视角研究肉羊产业组织运行机制。在具体的实证分析之前，本部分首先对研究所涉及的几个基本概念的内涵与外延进行界定，利用微观经济学、信息经济学、制度经济学相关理论对肉羊产业主体效益、产品质量、产业组织进行理论分析，并探讨产业组织对效益与产品质量的作用机理，阐释肉羊产业的总体运行机制，为整个研究奠定理论基础。

2.1　基本概念界定

　　（1）肉羊

　　肉羊是指以获得羊肉为主要目的而饲养的羊，包括山羊和绵羊。主要区别于以获得羊绒或羊毛为目的而饲养的绒毛用羊，和获得羊奶为目的而饲养的奶山羊和奶绵羊。这三种羊因生产目的不同，实际生产经营也存在差异。经过长期自然选择和人工选育，形成了一批产肉、泌乳或绒毛生产性能较为突出的专用绵羊和山羊品种。某些绵羊和山羊品种在两种或两种以上性能方面均表现良好。一般而言，淘汰的绒毛用羊和奶用羊也经屠宰加工为羊肉而被居民消费。因此，本研究在宏观分析时将我国生产的所有绵羊和山羊都作为肉羊统计在内，而在微观分析时选取以获得羊肉为目的，主要饲养肉用品种的养羊场（户）为调研样本。

　　（2）产业组织

　　马歇尔（1890）在《经济学原理》一书中，将组织作为能够强化知识作用的第四种生产要素（传统的生产三要素为土地、资本、劳动力）。其内容包括①企业内部组织；②同一产业中各种企业间的组织；③不同产业间的组织形态及政府组织等。目前研究中的产业组织多指上述第二个内容，即同一产业内企业间的组织或者市场关系。也有学者将产业链上下游主体间纵向关系也作为产业组织的研究内容，例如，孔祥智等（2010）将产业组织模式定义为产业链上各主体之间通过某种联结机制组合在一起形成的具有特定产业形态和功能的经营方式。其组织方式可以是同一类主体之间的横向组合，也可以是上下游主体之间的纵向联合，还可以是"横纵结合"（钟真等，2012）。本研究中肉羊产业组织指肉羊产业链各环节组织形式及环节间的组织。具体而言，包括肉羊养殖、屠宰加工等各环节主体组织形式、产业链上下游环节间的纵向协作形式和基于地理布局的空间组织形式（即产业集聚程度）。

（3）运行机制

《辞海》中对运行的释义是周而复始地运转。对于机制有四种释义，分别是：①机器的构造和工作原理；②有机体的构造、功能和相互关系；③指某些自然现象的物理、化学规律；④泛指一个工作系统的组织或部分之间相互作用的过程和方式。运行机制可以理解为影响一个系统运行的各因素的结构、功能及其相互关系，以及这些因素发挥功能的作用原理和运行方式（刘增金，2015）。简单来说，运行机制就是运转的原理。本研究中所涉及的运行机制特指肉羊产业组织的构成要素、功能及其相互关系，以及这些要素发挥功能的作用原理与方式。

（4）效益

主体经济利益是主体（包括企业、农户等）在拥有一定量信息的基础上，在一定时空条件下，以一定经济权利为依据，通过社会经济活动获取的能用以满足主体需要的一定量物质资料、劳务、信息、闲暇和环境及其获取过程（余政，1999）。对于生产者与中间商而言，主体经济利益主要集中为经济利润；对于消费者而言，主体经济利益集中体现为商品效用（宁攸凉，2012）。对于微观经济个体来说，效益是其通过有目的的经济活动所获得经济效益；对于某个产业来说，效益体现为整个产业链提供产品的效率。肉羊产业组织的效益一方面体现在相关主体的经济效益，具体表现在生产者的经济利润，消费者的商品效用；另一方面也体现在肉羊产业组织的效率，即是否能有效率地提供相应数量和质量的产品，即离社会最优数量和质量水平的差距有多远，是否还存在帕累托改进的空间。本研究对于效益的分析以肉羊产业相关主体的经济效益为主。

（5）质量

质量是用户对相关产品与服务满足程度的度量。食品质量是指食品满足消费者明确的或者隐含的需要的特性（李秉龙等，2009）。食品质量是多种属性的组合，包括安全属性、营养属性、价值属性、包装属性和过程属性（Caswell 等，1998）。按照是否可能对人体健康产生危害，可以将食品质量的属性分为安全属性和非安全（或品质）属性（Antle，2000；钟真等，2012），钟真等（2012）将其称为"全面质量安全观"。本研究沿用这种观点，将品质和安全两个属性都纳入研究范围。肉羊产业包括生产、加工、流通、消费等多个环节和过程，各环节产品不同，产品质量表现也有所差异。肉羊产业质量提升体现为产品品质提升和安全性提高，生产活动中质量控制水平改善，企业和农户生产优质安全产品能力提高，提供的产品质量达到提供者所声称水平等多个方面。

2.2　肉羊产业效益与产品质量的理论分析

2.2.1　生产者效益的理论分析

本研究对肉羊产业主体效益的分析以生产者效益为主要研究内容，首先考虑同质产品生产者的效益，其次考虑产品差异性对生产者效益的影响。本研究的基本观点是成本和产品差异性是影响生产者效益的两个关键因素。

（1）同质产品生产的效益分析

这里分析的基本前提假设一个是完全竞争市场，生产者生产的产品是同质的，单个生产者的产量占社会总产量的比重很小，无法左右市场价格，即生产者是市场价格的"接受者"；另一个是生产者以利润最大化为行为目标。

生产者的利润（Π）为收入（R）与成本之差（C）。其中，收入为价格（P）与产量（Q）的乘积，在完全竞争市场条件下，生产者面临的产品价格为常数，为区别于变量记为 P_0；成本包括固定成本（FC）和可变成本（VC），在短期内固定成本不变，而可变成本是产量的函数。因而，生产者利润的表达式为：

$$\Pi = P_0 \times Q - FC - VC(Q)$$

利润最大化的条件是 Π 关于 Q 的一阶导数等于 0，即 $MR = P_0 = MC$；二阶导数小于 0，即 MC 从下方穿过 MR。如图 2-1 所示，当 $MR = P_0$，MC 为 MC_0 时，均衡点为 E_0，生产者利润最大化产量为 Q_0^*。图 2-1 中纵轴、边际收益和边际成本围成的图形面积代表了利润和固定成本之和。在完全竞争市场条件下，单个生产者无法改变边际收益曲线，其提升效益的主要方式便是降低成本。体现在图上，就是边际成本曲线从 MC_0 向右移到 MC_1，均衡点从 E_0 移到 E_1，生产者利润最大化的产量从 Q_0^* 增加到 Q_1^*，利润和固定成本之和从纵轴、

MR 和 MC_0 围成的面积增加到纵轴、MR 和 MC_1 围成的面积，短期内固定成本不变，生产者利润增加。但是从长期来看，竞争性市场中生产者的经济利润都为零，因为正的经济利润会吸引新的生产者加入，由此带来产量扩大，产品价格下降和投入品价格上升，从而降低经济利润。

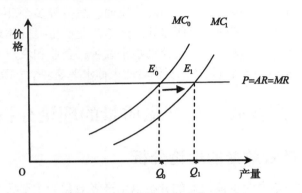

图 2-1　同质产品生产者效益

　　对于肉羊产业而言，肉羊养殖和肉羊屠宰加工是肉羊产业最为关键的两个环节。肉羊养殖环节以规模小、群体大的肉羊家庭经营为主，每个养殖者在产品销售时基本上都是随行就市，属于价格接受者，接近于完全竞争市场。肉羊屠宰加工环节以中小企业为主，集中度较低，单个企业对于市场价格的影响较小，在普通羊肉市场上基本上属于价格接受者。虽然利润最大化最初是用来分析企业生产的，但是目前家庭养殖肉羊也主要是为了出售以获得收入，因此假定其肉羊生产以利润最大化为目的也是合理的。因此，在同质产品生产时，肉羊养殖和肉羊屠宰加工的生产经营者提升效益的主要方式便是尽可能地降低成本。同质产品的市场竞争主要体现为价格竞争，当市场上大部分生产者都这么做的时候，市场竞争会使市场价格下降，生产者要提升效益便需要进一步降低成本。随着新生产者的加入和市场供给的增加，生产者为了获得或保持一定的市场份额，同质产品间价格竞争会变得更为激烈，生产者降低成本的压力也更大。

　　（2）异质产品生产的效益分析

　　接下来考虑产品差异性对生产者效益的影响。首先考虑一种极端情况，即生产者生产的产品与市场上其他产品完全不同。这时生产者相当于一个垄断者一样行动，其面临的需求曲线是一条向右下方倾斜的曲线，因而不再是一个价格接受者。价格是产量的函数，这时，生产者的利润表示为：

$$\Pi = P(Q) \times Q - FC - VC(Q)$$

利润最大化的条件同样是 Π 关于 Q 的一阶导数等于 0，二阶导数小于 0。即 $MC = MR = P + Q \dfrac{\mathrm{d}P}{\mathrm{d}Q} = P(1 + 1/\varepsilon)$，其中 ε 是产品的需求价格弹性，通常为负数。可以看出，与生产同质产品的生产者利润最大化时边际成本等于产品价格不同，生产差异化产品的生产者利润最大化时的产品价格高于边际成本（图2-2）。受竞争压力的影响同质产品生产长期经济利润为零，而差异化产品生产者却可以实现正的经济利润。

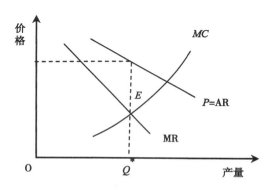

图2-2 异质产品生产者效益

这里对完全异质或完全无替代性的产品进行分析是为了帮助我们理解产品差异性对生产者效益的影响。在实际生产中，企业所生产的产品往往与同行业其他企业生产的产品具有不同程度的替代性，即存在部分差异化。产品差异化可以从以下几个方面促进生产者效益的提升：第一，降低可替代程度，缓解市场竞争，获得不同程度的垄断力量；第二，作为一种进入壁垒，抑制潜在进入者进入，获得更多利润；第三，满足特定消费群体的偏好，增强消费者对产品的忠诚度，降低消费者的价格敏感度。与低差异化产品相比，高差异化产品的买方偏好强，需求价格弹性小，因而涨价诱因较强，而降价诱因较弱（图2-3）（盛文军等，2001）。与价格竞争相比，产品差异化是企业长期竞争优势的源泉（闫逢柱，2011）。

综合上述分析，本研究认为成本和产品差异性是影响生产者效益的两个关键因素。短期内，生产者可以通过降低成本，提升效益。但是从长期来看生产同质产品的经济利润为零，产品差异化对于提升生产者效益变得更为重要。因而，提升主体效益的主要路径有两条：一个是降低成本；另一个是产品差异化。

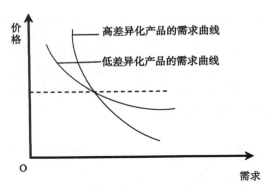

图 2-3　产品差异化与消费者需求

注：资料来源于盛文军等（2001）

2.2.2　产品质量的理论分析

（1）肉羊产业链与产品质量

肉羊产业的主要产品是羊肉。羊肉产品质量形成与价值实现具有以下特征：首先，羊肉产品质量形成与价值实现不是同时的。羊肉产品的质量形成于生产、加工、流通和消费整个产业链各个环节，而其质量效益要到消费环节才得以实现。羊肉产品的质量很大程度上取决于初始产品即活羊的质量，因此要提高羊肉产品的质量，首先要在肉羊生产这个初始环节增加投入，而这些投入最终获得回报需要等到消费环节，消费者实现羊肉消费的效用才可以实现。其次，肉羊产业链各环节对羊肉产品的品质和安全属性的影响存在差异性。相对于品质属性，其安全属性在储运、屠宰加工、再加工等过程中，因设备、环境、卫生等条件差异和各种成分添加等面临更大的风险。最后，随着加工程度的深化，产品质量的概念变得更为丰富，消费者对产品质量的评价也受到更多因素的影响。在肉羊生产环节，产品质量主要体现在肉羊的品种、年龄、外观、健康程度、屠宰率等。屠宰环节，产品质量主要体现为羊肉外观、营养、兽药残留情况等。在精深加工环节，羊肉产品的质量除了羊肉本身的质量，还包括包装等。流通环节，消费者在超市、农贸市场等场所购买羊肉时，其对羊肉质量的评价还会受到超市、农贸市场卫生条件以及促销员推荐等影响。户外消费方面，消费者到餐饮企业消费羊肉，其对羊肉质量的评价会受到更多因素的影响，包括羊肉餐饮的烹调手艺、餐饮场所的硬件条件、卫生环境、人员服务以及提供的附加服务等一系列因素。户内消费方面，家庭成员对羊肉质量的评价，除了羊肉本身质量外，还受到羊肉烹饪技术和个人偏好的影响。从生产环节到消费环节，肉羊及羊肉产品更接近于市场营销角度的产品，即产品是实体和服务的综合体（吴健安，2000）。

（2）信息不对称与产品质量

对称信息是市场的追求，而不对称信息是市场的常态。食品质量具有搜寻品、经验品和信任品三种特性。其中，搜寻品属性可以由市场机制得以保证，而经验品和信任品会造成畜产食品市场主体之间的信息不对称，使得畜产食品市场决策与交易主体的防御成本和信息成本增加，具有机会主义行为的激励，从而导致食品市场的低效率（王秀清等，2002；王可山等，2006）。

由于生产者生产产品并不是为了自己消费，而是为了出售以获得收益，因此其最关注的是经济效益，而非产品质量，只有当高质量的产品可以带来更高的效益时，才能激励生产者去提升产品质量。然而，肉羊产业主体之间对于产品质量的信息不对称使这个问题变得更为复杂。信息不对称使得生产者具有机会主义动机，隐藏其不良的质量控制行为，以次充好以降低生产成本。消费者因为无法准确判断市场上羊肉的质量，从而出现"逆向选择"，根据市场上羊肉质量的平均水平给出一个平均支付价格。对于优质羊肉的生产商来说，由于消费者根据鲜肉的外观来判断肉品的质量，而此时质量改进很难或者不能被消费者所识别出来（Grunert 等，2004），难以获得消费者认可和高支付意愿，使其生产优质羊肉所投入的高成本无法得到回报。这样有可能会导致一个最坏的结果，就是高质量产品退出市场，市场上充满了次品，却没有优品的立足之地，就是阿克洛夫（1970）所说的"柠檬市场"，信息不对称会导致市场低效率。

由于信息不对称是质量安全问题的根源，利用市场机制解决食品质量安全问题的关键是克服供给者的机会主义倾向，解决消费者信息缺失的问题（周应恒等，2003）。食品的搜寻品特性可以由市场机制进行调节，经验品特性可以通过声誉机制解决，而以食品安全与营养为核心的信任品则需要政府或其他可以信任的组织介入（王秀清等，2002）。政府介入一方面体现在制定生产标准规范、加强市场秩序管理等以限制供给者的机会主义行为；另一方面体现在严格质量认证体系以降低食品质量安全信息获取成本（周应恒等，2003）。企业可以利用以下两种方式促进质量信息的传递：一是通过品牌、食用质量和健康、方便程度、过程特征等方面使肉品差异化。其中，过程特征包括是否有机生产、动物福利如何、产品是否以"自然方式"生产（例如，没有使用先进技术）等方面（Grunert 等，2004）。品牌形成私人物品，而政府的分级标准体系则形成公共物品。二是通过合同、战略联盟和纵向一体化等途径促进食品产业链各环节之间的纵向信息交流与协调（王秀清等，2002）。

2.2.3 主体效益与产品质量关系的理论分析

肉羊产业相关主体的经济效益体现为生产者的经济利润和消费者的商品效用。商品效用是指消费者从消费该商品所获得的满意程度。消费者是羊肉产品的最终消费者，也是产品质量的最终鉴定者，其对羊肉的消费是在其预算约束下，对羊肉价格、数量和质量三者权衡的结果。羊肉质量对于羊肉消费者来说是直接需求，因此羊肉质量对于羊肉消费者来说是至关重要的。而对于肉羊产业的其他环节主体（包括生产、加工和流通主体，后面统称为生产者）来说，其对肉羊及其产品质量的需求是从消费者需求引申出来的引致需求，而非直接需求。生产者对肉羊及其产品质量控制与管理等方面进行投资是为了在产品销售时获得更高的售价，从而实现其利润最大化目标。由此可以看出，生产者和消费者对于羊肉质量的态度是有所差异的。相对于其他属性，产品质量属性对于消费者来说是最为核心的，也是其最为关注的。而对于生产者来说，产品质量属性对其来说不是最重要的，经济利润才是其进行经济活动的最终目标，是其关注的焦点，只有产品质量会影响生产者的经济利润时，才会被纳入考虑范围。因此，在生产环节，产品质量是内化在生产者经营效益中的，只有产品质量提升可以带来经营效益提升时，才能激励生产者提升产品质量。

生产者在选择生产多少数量产品的同时，也选择了所生产产品的质量。在"经济人"假设条件下，与产品数量一样，企业选择产品质量也是为了实现利润最大化。质量的实现与产出数量一样需要成本，更高的质量往往要求更大的投入（钟真等，2013）。质量的收益体现为产品的销售收益。企业质量供给的利润等于质量收益与质量成本的差额。企业利润最大化的条件为质量边际收益等于质量边际成本，该质量水平是企业的最优选择（图2-4）。当质量水平低于 q_1 时，消费者对产品的需求较小，对其支付意愿很低，使得质量收益小于质量成本，企业处于亏损状态；当质量水平高于 q_2 时，企业生产该质量产品的成本迅速上升，高于质量收益，企业同样会亏损；对于企业来说，存在一个可供选择的质量区间即 $q_1 \sim q_2$，在该区间企业可以实现盈利，其中 q^* 是使企业利润最大化的质量水平。质量明显影响着食品生产者的收益，企业改进质量是否会增加收益，取决于改进质量的边际成本与边际收益。相对于质量边际成本不变与递增的生产技术，质量边际成本递减的生产技术会极大地促进企业提升产品质量。

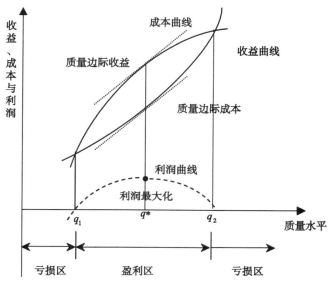

图 2-4　产品质量与企业利润最大化

资料来源：钟真，雷丰善等（2013）

2.3　肉羊产业组织的理论分析

2.3.1　肉羊产业主体组织

生产者在进行生产经营之前，首先要决定以什么样的形式组织生产，其次才是生产技术、产品结构、产品质量、数量等。与产品、价格、数量等其他经营决策一样，组织形式选择也是在约束条件下实现目标函数最大化或者最小化的行为过程。在约束条件不变或者基本稳定的情况下，生产者最终会选择效率最高的组织方式，因为若存在效率改进的空间，生产者便可以通过改变组织方式实现帕累托改进。或者从另一个角度来说，激烈的市场竞争会淘汰效率低下的组织，只有高效率的生产组织可以生存下来。生产组织形式是生产主体在约束条件下通过组织选择实现目标函数的结果，因此生产组织形式的演变也是生产者对约束条件变化的回应。当约束条件的变动使得生产主体获得调整组织方式以改进目标函数的机会时，生产主体便会主动对生产组织方式进行调整。此外，激烈的市场竞争也会促使生产主体调整组织方式以改善效率，因为低效的组织在市场竞争中无法与高效率的组织相抗衡，从而会慢慢走向消亡。George（1958）在分析规模经济时所提出的生存技术（Survivor technique）或生存法则（Survivor principle）在这里也是适用的①。

以血亲关系为基础的家庭和以契约关系为基础的企业是两种基本的生产组织形式。在工业生产领域，工厂化、企业生产无论在数量还是效率方面均占据绝对优势，而农业生产组织呈现了不同的特点，家庭经营是世界农业发展的共同特点。农业生产以家庭为主要组织形式是由家庭的社会经济特性和农业的产业特点所决定的（李秉龙、薛兴利，2009）。家庭最佳利益共同体的特性决定了家庭经营的动力是内生性的，且创造力全部用于生产性的努力，而不用于分配性的努力；家庭成员在性别、年龄、体力、技能上的差别有利于劳动分工和劳动力及劳动时间的最佳组合。农产品是一个活的生命体，这一自身属性决定了农产品不可能像工业产品一样统一、集中生产；生产过程的整体性决定了无法衡量某一单独时期内劳动的质与量；农业生产的特点决定了其生产作业大都须由同一劳动者连续完成（刘奇，2013）。

农业生产是自然再生产与经济再生产的结合，由于受到动植物自然生长规律的限制，农业生产主要由农民采用家庭经营的方式组织的，那么在何种条件下农业可以转向企业生产呢？Douglas 等（1998）在《The Nature of the Farm》中认为当农民可以控制自然的影响，将季节性和随机事件的影响成功地转移到产出时，这种转变就会出现，未来家庭生产将集中于农业中最具生物特性的生产阶段。同时，收割、牲畜等技术进步也会对农业生产组织选择产生影响。农业生产转向工厂化的特点之一便是人工控制生产过程的外界条件，摆脱或削弱环境作用的不良影响（道良佐，1981）。关于农业生产组织的决定因素，颜玉怀等（2003）认为生产组织是由生产力水平和土地所有制决定而形成的经济实体。不同的技术条件下适宜的经营规模是不同的，即由生产技术决定的最低生产成本对应的规模。在生产技术不发生改变的条件下，即使生产要素的所有权不同，有效率的实际生产也往往是由相同的微观主体组织的。在现代工厂化养殖技术出现之前，就算是规模较大的畜禽养殖场，也往往是将畜禽分为若干较小的规模租赁给农户，或者雇人来管理。由于生产过程难以进行标准化和监督，因而大多采用产品契约的方式，而非生产过程契约。

---

① 这就类似于自然选择中的优胜劣汰，不同规模的企业在市场中竞争，更有效率的企业会生存下来

肉羊屠宰加工环节则更多地体现出工业生产的特征，工厂化、企业化生产是其主要组织形式。屠宰加工最初也是以个人或者家庭的形式来组织的。随着畜牧业经济的发展和社会分工分业，屠宰加工对资本和技术的要求越来越高，从而由家庭生产逐渐转向企业化生产，而相关政策法规等也加速了这一进程，例如定点屠宰制度的建立与实施，结束了屠夫的工作。屠宰加工流水线设备与技术的发明与普及，工厂化屠宰加工的生产效率优势迅速显现，家庭生产逐渐退出，企业生产迅速扩张。虽然我国没有建立全国肉羊定点屠宰制度，但是部分省份和地区为规范羊屠宰加工行业，加强监督管理，制定实施了地方肉羊定点屠宰制度，加速了个人商业屠宰的退出。

2.3.2　肉羊产业纵向协作

纵向协作是指在某种产品的生产和营销垂直系统内协调各相继阶段的所有联系方式。企业内部与外部均有环节间协作，内部协作体现为企业内的管理行为，外部协作体现为企业之间价格、市场以及其他关系。纵向一体化即是环节间内部协作的另一种说法。交易费用经济学对纵向协作做出了卓有成效的解释。交易费用经济学以交易为基本分析单位，其对行为主体做出了两个基本假定。其一假定行为主体是有限理性的，因此包揽无遗的缔约活动是不可能的，对经济组织而言，能进行适应性调整、做出连续性决策的组织模式将促进交换。其二假定行为具有机会主义倾向，对契约而言，对未来做出种种许诺的契约是天真的，而对于经济组织而言，需要它在交易过程中即时地或详尽地对交易做出某种保证。交易费用经济学确定了交易的三个维度以刻画各种不同的交易，分别是交易发生的频率、不确定性和资产专用性①（威廉姆森，1988）。假定成本节约是组织商业交易的准则，包括生产支出的节约和交易费用的节约。为了节约交易费用，不同属性的交易匹配不同的规制结构（表2-1）（威廉姆森，1979）。交易费用经济学认为当资产专用性程度不断提高时，就需要追加对契约的保障（威廉姆森，1988）。威廉姆森（1971）认为，一体化的优势在于能协调利益（常用命令解决分歧）和能运用有效的（适应性的和连续性的）决策程序，从而提高"供应可靠性"。

---

① 资产专用性是指在不牺牲生产价值的条件下，资产可用于不同用途和由不同使用者利用的程度

表 2-1　规制结构与商业交易的匹配

		投资特点		
		非专用	混合	特质
频率	数次	市场规制	三方规制 （新古典缔约活动）	
	经常	（古典缔约活动）	双边规制	统一规制
			（关系性缔约活动）	

资料来源：奥利弗·威廉姆森（1979）的文章《交易费用经济学：契约关系的规制》

　　农业产业链中纵向协作研究的核心内容是农户与农业龙头企业之间的关系，前者主要从事农业生产，而后者具有工业生产的特点，前者以家庭经营为主，而后者是法人企业形式，二者之间的衔接效率对农业产业竞争力的提升至关重要。在肉羊产业中体现为养殖户与屠宰加工企业之间的关系。肉羊养殖环节与肉羊屠宰加工环节的连接方式可以理解为，这两个环节之间的交易如何组织的问题，其遵循的基本经济原则是交易如何组织以最小化组织成本。具体来说，是通过市场交易，或通过某种合同设计，还是直接纳入一个企业内进行交易，取决于这个过程中的成本相对大小。具体到某个交易如何组织，或某个具体的企业与某个具体的养殖户之间如何组织，其受到交易频率、交易和生产过程中的不确定性与资产专用性程度等交易特征的影响，也受到企业与养殖户主体特征、技术条件、市场环境条件等因素的影响。

　　随着居民收入水平提高和食品消费结构改善，消费者对羊肉产品的品质和安全提出了更高的要求，肉羊屠宰加工企业随之需要对肉羊养殖户生产过程中饲料饲喂、生产管理、疫病防疫、病死羊处理等方面进行直接或间接的控制，甚至对肉羊生产过程进行专用性资产投资。而屠宰加工企业与养殖户之间存在信息不对称，对肉羊质量进行充分考核的成本又太高，为事前抵制养殖户的机会主义行为，屠宰加工企业可以通过谨慎的合同设计加强与养殖户的纵向协作，以降低活羊供应数量和质量的不确定性。当屠宰加工企业对肉羊质量的要求很高（或专用性很强），而肉羊养殖户的生产无法满足其要求或者监督激励肉羊养殖户的成本太高时，屠宰加工企业也可能自己建立养殖基地，将肉羊养殖环节纳入企业经营范围，即实现纵向一体化。在实践中，往往多种纵向协作形式共同存在，各有其需要的条件和适合的土壤。

　　加强纵向协作是屠宰加工企业事前抵制养殖户机会主义行为的一个重要途径。事后养殖户和屠宰加工企业均有机会主义动机，当活羊市场价格上涨高于合同价格时，养殖户有违约转卖给其他企业的动机；当活羊市场价格下跌远低于合同价格时，屠宰加工企业有违约拒绝收购、降级收购或以其他方式减少收购数量或降低收购价格的动机。对于介于市场交易与纵向一体化之间广泛存在着的一系列制度安排来说，其核心问题是如何维持契约的稳定性。克莱恩和莱弗勒（1981）认为在长期交易过程中，市场力量对于保证商品契约的履行起到了很重要的作用。紧密的纵向组织可以通过重复博弈和信任等非正式关系增强声誉机制的约束力（蒋永穆等，2013）。专用性投资是维持契约稳定性的另一个重要措施，这种思想来自威廉姆森。周立群等（2002）认为通过专用性投资和市场在确保契约履行过程中的作用，龙头企业和农户之间的商品契约可以是相当稳定的。

2.3.3 肉羊产业集聚

对于规模经济的讨论由来已久，1776年亚当·斯密便在其著作《国富论》中提出了分工和专业化理论。在什么条件下才能最大限度地从分工中获得生产的经济性，显而易见专业机械或者专业技能的效率只是其经济使用的一个条件；另一个条件就是需要足够的工作才能令机械和技能得到充分使用，也就是需要一定规模的生产。1890年马歇尔在其著作《经济学原理》中提出大规模生产的经济性，认为规模生产的优势，在制造业上表现得最为明显，其主要优势在于其技术、机械和原料上的经济。马歇尔将由一种货物生产规模的扩大所产生的经济分为两类：第一类依赖于某种工业一般发展的经济；第二类则是依赖于从事该工业的个别企业的资源、组织和经营效率的经济，前者被称为外部经济，后者则为内部经济。外部经济（也就是现在所说的集聚经济）往往是因为许多性质相似的小企业集中到某一特定的区域（就是通常所说的工业地区分布）而得到的（马歇尔，1890）。

中国肉羊生产和肉羊屠宰加工在地理分布上均呈现显著的集聚特征，且集中区域存在很大程度的重合。肉羊运输难度大、成本高是肉羊屠宰加工企业临近养殖区域选址的一个重要原因。肉羊产业集聚有助于实现饲料集中需求、公共设施共享的规模经济效应，主体间地理集中与经常交流降低了信息收集和交易成本，主体间非正式沟通和正式培训促进了新技术和知识的创造和扩散（时悦，2011）。肉羊产业集聚不仅是同类主体的集中，也吸引了肉羊屠宰加工、饲料生产，以及相关科研机构等其他相关辅助部门与行业的集中，这为肉羊产业组织程度的提高创造了有利条件。同一环节内可以形成行业协会、合作社等稳定的组织，也可以通过正式或非正式交流共享信息和知识。上下游环节间可以通过对产品或要素建立正式或非正式契约，甚至一体化等方式加强纵向协作。企业、政府和科研院所可以进行联合创新。而产业集聚区域企业之间激烈的市场竞争也为企业创新和产品差异化提供了激励。这些对于效益与质量提升具有正效应。与此同时，疫病防控和环境污染防治也是肉羊产业集聚需要解决的负效应（时悦，2011；彭新宇，2007）。

2.4 肉羊产业组织影响效益与质量的机理分析

2.4.1 肉羊产业组织对效益的作用机理分析

由前面的分析可知，成本和产品差异性是影响生产者效益的两个关键因素，因而降低成本和产品差异化便是生产者提升效益的主要路径。因此，接下来分析产业组织对效益的作用机理也从这两个角度展开，逻辑框架如图 2-5 所示。成本主要包括三个方面：其一，交易成本，主要包括搜寻、谈判、协商、签约、合约执行的监督等活动所产生的成本；其二，生产成本；其三，运输成本（闫逢柱，2011）。产品差异可以是物质上的（如产品的质量、式样、规格、颜色、包装等），也可以是观念上的（如广告所造成的消费者主观上认为的差别）（金碚，1999）。苏东水（2005）将产品差异化归纳为产品主体差异化、品牌差异化、价格差异化、渠道差异化、促销差异化和服务差异化六个方面。

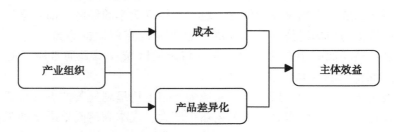

图 2-5 产业组织影响效益的逻辑框架

（1）主体组织形式与效益

在肉羊养殖环节，家庭经营可以充分利用机会成本较低或机会成本为零的农副产品、劳动力、农闲时间等传统生产要素，家庭的社会经济属性使得生产过程几乎不用监督，从而生产成本较低。但是家庭经营缺乏资金、技术、管理等现代生产要素，难以实现产品差异化，因而家庭经营生产的产品往往同质性较强，价格竞争激烈。建立在家庭互助基础上的肉羊养殖合作社，有助于突破单个家庭的资源约束，可以实现生产和交易的规模经济和初步的产品差异化，但是仍面临社员资源条件的制约，难以实现更进一步的产品差异化。肉羊养殖公司的资源利用方式更为开放，实行产品差异化的能力更强，不仅能实现产品主体差异化，还可以通过品牌、渠道、服务等使自己的产品与市场上同类产品区别开来，但是公司制肉羊养殖面临更高的生产和监督成本。总体来看从肉羊家庭经营到肉羊养殖合作社、再到公司制肉羊养殖，肉羊养殖的成本优势降低，而差异化优势逐渐凸显。

在肉羊屠宰加工环节，小型屠宰加工企业生产设备较为简单，生产成本较低，但是所生产的产品多为羊胴体及其粗分割产品。大中型企业有实力对羊肉进行更精细的分割和分级，对羊肉及其副产品进行深加工，在产品主体差异化的基础上，通过品牌培育与推广、营销渠道建设等方式实现品牌、价格、渠道等多方面的差异化。一般情况下企业生产差异化产品会带来生产成本的上升，理论上使企业利润最大化的产品差异化程度应满足差异化边际收益等于差异化边际成本。

（2）肉羊产业纵向协作与效益

肉羊养殖与屠宰加工环节之间的纵向协作有市场交易、合同生产和纵向一体化等多种形式。与市场交易相比，肉羊屠宰加工企业通过生产合同与肉羊养殖主体建立长期稳定的合作关系，或者直接将肉羊养殖纳入企业生产范围实现纵向一体化，可以降低交易成本。此外，在羊源供不应求时，紧密的纵向协作还有助于保障羊源，从而提高企业固定资产的利用效率。但是企业养羊面临更高的生产成本。产品差异化的核心是产品主体差异化，在紧密的纵向协作情况下，肉羊屠宰加工企业可以按照差异化产品的需求，控制肉羊养殖的设施环境、饲喂饲料、疫病防疫等具体生产过程和关键投入，从而实施产品主体差异化的能力更强，为品牌差异化和价格差异化奠定基础。

（3）肉羊产业集聚与效益

肉羊产业集聚不仅是同类主体的集中，也吸引了肉羊屠宰、加工、饲料生产，以及相关科研机构等其他相关辅助部门与行业的集中。相关主体在地理上的集中有助于降低交易成本和运输成本。产业集聚区域资源和知识共享，可以促进技术扩散和生产效率提高。此外，产业集聚区域企业之间激烈的市场竞争也为企业创新和产品差异化提供了激励。但是，肉羊产业集聚也会带来相关生产要素稀缺性增加，拉高要素价格，从而促使生产成本上升。

2.4.2 肉羊产业组织对产品质量的作用机理分析

提升产品质量是企业产品差异化的一个重要方式。由于羊肉的质量特征是消费者购买羊肉最主要的目的，也是其效用最主要的来源，可以说质量是羊肉最关键的特征，因而羊肉及其产品质量是企业产品差异化的基础。

质量控制是生产者为生产达到一定质量标准的产品，对其要素投入和生产管理等过程进行的规范和约束。由于农产品质量包括品质属性和安全属性，因此，假定农产品质量（Q）是农产品品质属性（q）和安全属性（s）的组合。农产品品质属性是一系列品质控制（q_i）的结果，即 $q = F(q_1, q_2 \cdots q_i \cdots)$；而农产品安全属性是一系列安全控制（$s_i$）的结果，即 $s = G(s_1, s_2 \cdots s_i \cdots)$。假定 $\frac{\partial q}{\partial q_i} > 0$，$\frac{\partial s}{\partial s_i} > 0$，即良好的质量控制行为有助于生产出质量更高的农产品。换句话说，在更好的质量控制条件下，生产者生产高质量农产品的概率更高。因此，可以通过研究生产者质量控制行为间接探讨肉羊产业组织对肉羊及其产品质量的影响。

生产者的质量控制行为一方面取决于其质量控制的能力，即生产者所掌握的资源，因为对产品生产原料、生产技术、设施设备等进行良好质量控制需要更多的要素投入；另一方面取决于其质量控制的动力，因为产品质量是内化在生产者经营效益中的，只有产品质量提升可以带来经营效益提升时，生产者才有内在动力实施更好的质量控制以提升产品质量。因此，产业组织对产品质量的作用机理分析也从这两个方面展开，本研究认为产业组织可以通过提高生产者质量控制的能力或者增强质量控制的动力，从而改善质量控制行为，进而提升产品质量。逻辑框架如图 2-6 所示。

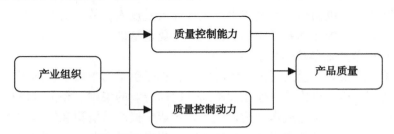

图 2-6　产业组织影响质量的逻辑框架

（1）主体组织形式与产品质量

肉羊养殖环节，肉羊家庭经营所掌握的资源有限，实施良好质量控制的能力受限。肉羊家庭经营难以实现品牌化运营，且生产规模较小，声誉机制对其影响较小，因而在没有外部激励时实施良好质量控制的动力较小。肉羊养殖合作社的统一服务有助于改善社员的质量控制能力，合作社成员间的监督则有助于增强社员的质量控制动力，因此肉羊养殖合作社质量控制的能力和动力都比肉羊家庭经营更强。肉羊养殖公司可以掌握更多的资金、技术、人力资本等资源，从而使质量控制能力更强，公司可以实现品牌化运营，且生产规模一般较大，从而使质量控制的动力更强。肉羊屠宰加工环节，相对于小型屠宰场，大中型屠宰加工企业一方面体现出更强的质量控制能力，其经济实力较强，因而可以对生产原料进行更好的控制，在生产中投入更好的技术设备，雇佣更专业的技术人员，进行更多产品研发等；另一方面也具有更强的质量控制激励，因为大中型企业更容易通过品牌化运营和企业声誉，将自己的产品差异化，使得消费者更容易通过企业或产品品牌将其产品识别出来，从而实现优质优价。

（2）肉羊纵向协作与产品质量

在不同的纵向协作形式中，肉羊屠宰加工主体对肉羊养殖环节的产品和生产过程的约束能力不同，从而对产品质量的控制能力也有所不同。随着纵向协作紧密程度的增加，肉羊屠宰加工企业不仅可以对肉羊的品种、数量、大小等做出要求，还可以对肉羊养殖过程以及关键生产要素的使用提出具体要求，提供技术服务等，甚至可以提供关键生产要素，将肉羊生产的投入纳入控制范围。在紧密的纵向协作关系中，肉羊屠宰加工企业可以通过提供服务与要素改善肉羊养殖主体的质量控制能力，通过给予回收价格优惠、提出要求和监督管理等增强肉羊养殖主体的质量控制动力，从而提升产品质量。

（3）肉羊产业集聚与产品质量

肉羊产业集聚过程中，知识与技术集中于特定区域，相关辅助机构逐渐完善，这为肉羊养殖和屠宰加工主体提供了更好的外部环境，相关主体获得知识、技术、外部服务变得更为便利，从而质量控制能力得以提高。此外，肉羊产业集聚可以通过以下两个方面增强肉羊养殖者和屠宰加工企业质量控制的动力：一是产业集聚区域更为激烈的市场竞争促使生产经营者差异化产品质量以缓解竞争压力，提高客户忠诚度；二是肉羊屠宰加工企业与肉羊养殖者在地理上临近也降低了肉羊屠宰加工企业对合作养殖者监督和管理成本，为其建立紧密的纵向协作关系奠定了基础。

2.5　肉羊产业组织运行机制

根据前面的定义，本研究中运行机制特指肉羊产业组织的构成要素、功能及其相互关系，以及这些要素发挥功能的作用原理与方式。肉羊产业组织的运行机制可以分为两个层次。第一个层次是属于中观层面，即从肉羊产业组织的各组成部分来看肉羊产业组织的运行机制，包括肉羊主体组织、肉羊产业纵向协作和肉羊产业集聚的运行机制；第二个层次微观层面，即不同的主体组织形式，例如肉羊家庭经营、合作社、公司制等微观组织内部的运行机制，不同的纵向协作形式，例如市场交易、生产合同以及纵向一体化的具体运行机制等。对肉羊产业组织运行机制的内涵，本研究做出以下三个方面的解析。

2.5.1　肉羊产业组织的构成要素及其相互关系

基于前面对肉羊产业组织的定义，本研究将肉羊产业组织的构成要素分为基于关键环节的主体组织、基于上下游环节的纵向组织和基于地理布局的空间组织（体现为产业集聚）。从主体组织形式到纵向协作，再到产业集聚，体现为从微观到宏观、从单个主体到多个主体、从简单到复杂的逻辑关系。

构成肉羊产业组织的三种组织不是独立的，而是相互联系的。在关键环节组织方面，肉羊养殖以家庭经营为主，而屠宰加工以企业经营为主，二者有效生产规模差异较大，因而二者的有效衔接面临市场交易时地位悬殊等问题。肉羊家庭经营规模化、标准化程度低、质量控制能力差异较大，也是屠宰加工企业与养殖户签订合同或自建养殖基地以加强纵向协作的原因之一。肉羊产业集聚程度较高区域相关主体在地理上临近，为肉羊养殖合作社的发展提供了有利条件，也为上下游主体间建立紧密的协作关系提供了便利。在屠宰加工企业选择合同养殖者时，会优先选择特定养殖组织形式，例如，肉羊养殖合作社、养殖企业或者规模较大的养殖户。

2.5.2　肉羊产业组织的功能及其相互关系

由于本研究从效益与质量两个角度研究肉羊产业组织，因此肉羊产业组织的功能也从肉羊产业主体效益与产品质量两个角度展开。主体效益和产品质量具有紧密的联系。一方面，生产不同质量产品的成本和收益不同，产品质量也是生产者基于利润最大化的经济目标所做出的选择；另一方面，效益也会对产品质量控制的能力和动力产生影响。考虑两种情形：当质量控制能力是制约产品质量提升的关键因素时，效益增加有助于改善生产者的要素约束条件，促进产品质量改善；当质量控制动力是制约产品质量提升的关键因素时，主体效益降低则为生产者通过产品差异化以提升经营效益提供了外部压力。

2.5.3 肉羊产业组织构成要素发挥功能的作用原理与方式

根据前面的分析，肉羊产业组织可以通过影响成本和产品差异化作用于生产者效益，可以通过影响质量控制的能力和动力影响产品质量。为了达到效益和质量目标，各类生产经营主体可以构建不同的肉羊组织形式，并建立自认为是合适的经济协作关系。

肉羊产业组织总体运行机制如图 2-7 所示。

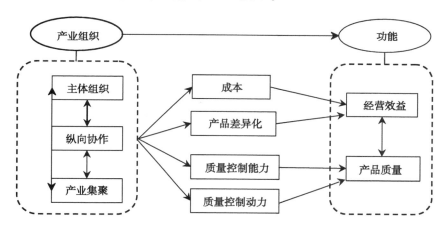

图 2-7 肉羊产业组织总体运行机制

2.6 小结

本部分在界定基本概念，和对肉羊产业效益与产品质量、肉羊产业组织进行理论分析的基础上，探讨了肉羊产业组织对效益与质量的影响机理和肉羊产业组织运行机制，得出如下主要结论。

（1）成本和产品差异性是影响生产者效益的两个关键因素。短期内生产者可以通过降低成本提升效益，但是从长期来看产品差异化对于生产者效益提升变得更为重要。

（2）羊肉产品质量形成与价值实现的特征。羊肉产品质量形成与价值实现不是同时的；肉羊产业链各环节对羊肉产品的品质和安全属性的影响存在差异性；随着加工程度的深化，产品质量的概念变得更为丰富。信息不对称是质量安全问题的根源，利用市场机制解决食品质量安全问题的关键是解决消费者信息缺失的问题。

（3）主体效益与产品质量的关系。对于消费者来说，产品质量属性是最核心的，但对于生产者来说，产品质量是内化在生产者经营效益中的，只有产品质量提升可以带来经营效益提升时，生产者才有提升产品质量的动力。

（4）肉羊产业组织。肉羊产业各环节生产特性不同，组织形式也存在显著差异，肉羊养殖环节自然特性使得其以家庭经营为主，而在肉羊屠宰加工环节，企业化生产则体现了绝对优势。肉羊养殖与屠宰加工环节间存在多种协作形式，具体协作形式取决于其协作成本的相对大小。肉羊产业集聚可以促进成本降低、收益增加、技术进步、分工和专业化等，但面临疫病风险和粪污防治方面的挑战。

（5）肉羊产业组织对效益与质量的作用机理。本研究认为肉羊产业组织可以通过作用于成本和产品差异化而影响生产者效益。对于产品质量，肉羊产业组织可以通过改善生产主体质量控制能力或者增强质量控制动力来促进生产主体改进质量控制行为，从而提升产品质量。

3 中国肉羊产业发展历史、现状与组织特征

中国养羊历史悠久，对我国肉羊产业发展历史及不同时期的生产组织形式进行梳理，将有助于更好地认识我国肉羊产业组织。肉羊产业不同于其他产业，有其自身的特征。因此，在对肉羊产业组织运行机制进行深入研究之前，系统认识肉羊产业发展现状和组织特征，有助于理解肉羊产业组织的具体运行机制。因此，本部分对肉羊产业发展历史、现状和组织特征进行总结，为下一步研究奠定基础。

3.1 中国肉羊产业发展历史

3.1.1 原始畜牧业

（1）原始畜牧业的产生与发展

随着经验积累和生产工具改进，原始人类逐渐将一些狩猎所得但暂时吃不完的活野兽或小动物圈养起来，以备捕捉不到野兽时食用。圈养过程中部分野兽的性情逐渐温顺，进而驯化为家畜。原始人类驯养野生动物的初始目的仅是为了贮存生活资料，但当从驯养野生动物发展到繁殖、饲养以获得更多动物产品时，便逐渐形成了畜牧业，并成为人类最早的生产部门。猪、狗、羊、牛、马、鸡六畜是中国新石器时代最早驯化的主要家畜种类，至今都有 4 000 多年的饲养历史。其中，羊的驯化饲养较早，河南新郑裴李岗遗址和山西临潼姜寨遗址的陶器中羊的形象说明我国北方饲养家羊的历史有可能早到 7 000 年前。南方养羊的历史可能晚于北方，但在新石器时代晚期，江南已经比较普遍养羊（安岚，1988；乔娟等，2010）。

（2）原始社会的生产组织

原始社会的生产组织是建立在血缘关系基础上的集体组织，其对内实行公有关系，集体成员共同劳动、公平分配、合作繁衍抚育后代；对外实行非公有关系，体现出排他性（丁洪，1995）。集体组织的生产方式既可以通过生产分工合作提高生产效率，也可能因为"搭便车"行为而产生效率低下，最终的生产效果取决于二者作用的相对强弱。这种集体组织在低生产率时代，解决了单个个体难以在自然界与野兽抗衡以获取满足其生存所需食物的问题。但随着生产力提高，生产剩余增加，合作的重要性降低，"搭便车"激励增加，这种集体所有的组织形式也由于生产效率的降低而逐渐退出历史的舞台，分解为一个个更小更核心的血亲组织。此外，生产技术条件和生产结构的转变也带来了这些集体组织生产生活组织方式的转变，例如由于男性劳动力在畜牧业方面更有优势，畜牧业的发展也是母系氏族向父系氏族转变的重要原因之一，由此游牧部族往往比农业部族转变得更快一些（王承权，1981）。

3.1.2 古代养羊业

（1）古代养羊业的发展

在奴隶社会，由于大批奴隶参加畜牧业生产、劳动工具改进和生产经验积累，我国畜牧业有很大的发展。商朝人饲养羊的主要目的是食用，也用于祭祀和殉葬。西周牧羊时，每一群羊已多达 300 只，重视羊的繁育增殖，无故不杀羊。春秋战国时期，封建生产关系确立，农民生产积极性大大提高。羊在春秋战国时期是肉食的主要来源之一，出现了以贩卖羊、宰羊为业之人，羊肉已成为商品出售。秦汉时期，西北地区是主要的养羊区，但随着商品经济的发展，中原农区甚至江南各地都普遍养羊。魏晋南北朝时期，北方养羊业依旧发达，南方养羊业也成为农民的重要副业。唐代养羊数量和质量都有了较大发展，已经培育出许多优良品种。宋王朝南渡以后，北方居民大量南迁，把生长于黄河流域的绵羊也带到江南。经过长期风土驯化，终于培育出耐湿热的著名品种——湖羊（安岚，1988；1989）。宋代民间牧羊业在南北各地都比较普遍，尤其在北方最为发达，陕西每年都有数万只羊卖到京师。河北还有专门雇人牧羊的记载（张显运，2007）。明清时期，养羊技术进一步提高，人们已懂得催肥商品羊、控制配种期和养羊积肥等（安岚，1989）。总体来看，由于北方适合肉羊放牧的自然资源条件，中国养羊业历来以北方为盛，且为主业，随着商品经济的发展，南方养羊业有了一定发展，但基本上是种植业的副业。此外，战乱与朝代兴替也带来了畜牧业的周期性变动（安岚，1989；李军等，2012）。

（2）古代社会肉羊生产与流通组织

在父系氏族社会后期，随着生产力发展，私有制开始出现，使得牲畜及其产品从公有转为奴隶主贵族私有以及农民家庭所有，从而导致原始社会逐渐解体，并进入奴隶社会时代。在奴隶生产关系中，不同于妻子、儿女等家庭成员，奴隶作为一种资产或者生产资料为奴隶主所有，奴隶主为实现生产的最大化，在尽量发挥奴隶劳动的价值和保存奴隶可持续生产体力之间进行权衡，而奴隶在劳动以获取生活资料和偷懒以节约体力之间进行权衡，为使奴隶努力工作，奴隶主往往需要进行监督从而带来监督成本。在战乱年代，奴隶主为奴隶提供了安全与生活保障。但随着社会稳定与发展，由于生产的产品都属于奴隶主，奴隶缺乏生产积极性，从而其努力程度仅停留在应付奴隶主监督以获得生活资料的水平上，较低的生产效率不能满足社会发展的需要时奴隶制也走向了灭亡。

进入封建社会以后，以个体家庭为单位成为社会范围内普遍的生产经营形式，但由于封建生产方式的统治，多数农牧民的家庭经营并不是完全占有生产资料，耕地和饲养的家畜大部分不属于自己。农牧民和地主之间除了单纯的租佃关系之外，还保留着宗法式的主仆关系。总的来说，这时的畜牧业家庭经营是自给自足式的（李秉龙等，2009；乔娟等，2010）。根据肉羊养殖主体的不同可以分为官营养羊和私营养羊。唐宋时代，同州（今陕西省大荔县一带）境内已设有大规模的皇室牧场，亦即历史上著名的沙苑监，一直到明朝末年才告废止，它是综合性的种畜繁殖场。在我国有组织制度的牧场中，沙苑监的历史最为长久，主要为盛唐和北宋的皇室提供肉用家畜，同时也可为祭祀、俸禄、赠送等提供牲畜（谢成侠，1985）。

官营养羊的组织与效果。官营养羊的管理一般采用行政手段，设立一定的官职，制定奖惩制度。例如宋朝在京师开封设立牧羊业的管理机构，仅负责放牧的士兵就达1 126人，宋真宗时，"牛羊司每年栈羊三万三千口"（张显运，2008），牧羊规模不可谓不大。也正是因为养殖规模较大，宋政府可以对羊群实现栈养（即按羊的大小、重量、肥瘦、用途等分圈饲养），这对羊群的管理和疫病防控都具有重要意义。官营养羊具有资源充分的优势，但在管理中也出现了一些问题。有时管理人员的责任心不强，工作疏忽，导致羊群走失；部分地方官营牧羊管理不善，羊"侵民田，妨种艺"，严重危害了民间的农业生产。故政府制定了按照羊群走失的数量对有关管理和放牧人员的处罚措施加强监督，一定程度上减少了羊群死损（张显运，2008），但是监督成本上升，且仅是负向的严苛惩罚并不能激励牧羊者尽其所能照管羊群。上林苑原是秦汉时代开辟的皇家禁地，后逐渐成为一个综合性生产的皇家牧场。上林苑内所需劳动力，在永乐时代原是录用在京的效顺人（归顺的蒙古族）充役，以后调来民户一千，按照移民办法，连家属同来，并自备牛具种子，在苑内荒闲土地耕种，并喂养牲口，而且规定每两丁养羊一只，每五丁养牛一头，牲口均编号造册，每年除留种取用不缺外，牛孳生犊一头，羊孳生羔两只归公外，有余皆由民户自用，羊毛除种羊依时剪取交公外，孳生羊毛归民收用（谢成侠，1985）。上林苑的管理方式采用与农户的合作，由于具体的生产过程较难监督，因此采取固定租方式，农户上交固定的产品，剩余的归农户，这样农户就有激励投入努力，从而也提高了生产效率，在这种方式中虽然羊场是官营的，但是实际生产是以农户家庭经营为基础的。此外，也出现过其他欲将官牧与私牧结合的方式，例如，明朝出现了民间替官方养羊的情况，但这种强迫式的养羊方式，使百姓愈发困苦，只能背井离乡，纷纷逃亡（李军等，2012），由于未能将农户的利益与政府的利益统一起来，从而造成经营的混乱，生产效率低于单纯官营和私营，最终以失败告终。

官营养羊为良种羊的培育做出了重要贡献，虽然也是以肉羊养殖为主，良种培育只是辅助性工作，但是政府掌握更多的种质资源，除了当地的肉羊品种外，还有来自其他民族、地方或国家的肉羊品种。加上政府草地、饲料充足，拥有专职的饲养人员，投入品种培育的人力、物力、财力均是农牧户不可企及的，从而也大大提高了肉羊良种选育的速度与效率。历史上许多著名的肉羊良种选育便是在官营牧场中实现的。我国首屈一指的肥尾羊——同羊，便是唐宋时代位于同州（今陕西省大荔县一带）的皇室牧场培育出的良种（谢成侠，1985）。然而当时的肉羊良种繁育也只是为了实现本牧场的优质肉羊生产与皇室官府肉羊的供给，并未形成将良种推广到民间或者将良种出售等良种流通市场，因此优良品种选育成功对整个社会肉羊良种化以及生产效率提高的作用是非常有限的。虽然通过农牧户长期经验选育和官府效率更高的选育，形成了一些重要的优良品种，但是由于育种的专业化程度和技术水平较低，育种的效率远远达不到商品化生产的要求，因此，并没有出现独立的商品化育种组织。

肉羊屠宰、流通和销售也有了一定发展。①肉羊屠宰与贩卖的专业化。羊在春秋战国时期是肉食的主要来源之一，羊肉已作为商品出售（安岚，1988）。由于牧羊业的发达和羊肉市场需求量大，宋代出现了不少以贩羊、屠羊为生的商人和屠夫（张显运，2007）。这说明当时专职肉羊屠宰或流通便可养家糊口，当时肉羊与羊肉的商品化已经有了一定的发展。②肉羊流通频繁，方式多样。唐代羊在政府和民间流通频繁（贾志刚，2001）。宋朝时，除了地方上贡和官方饲养，宋政府还向周边国家大量购买。唐朝与吐蕃交往增多，西藏的蛮羊和吐蕃羊也运往内地。宋朝时陕西每年都有数万只羊卖到京师（张显运，2007），也说明了羊的跨区流通规模之大。③羊肉及其加工品的流通。宋朝时羊肉以三种方式出售：一是小商贩们通过肩挑和推车等方式带着羊肉走街串巷，销售方式灵活；二是通过专门的肉市，摆摊设点，有了固定的销售地点；三是通过餐饮行业，将羊肉烹饪为各式菜品提供给食客，羊肉充斥着整个东京市场和为数众多的酒店，销量庞大（张显运，2007）。

3.1.3 近代养羊业

（1）近代养羊业的发展

近代是中国多灾多难的一个时期，从1840年第一次鸦片战争开始，中国经历了大小无数次战争。我国畜牧业遭到严重摧残，英、美、德等列强通过低价收购羊毛、羊绒、皮张等畜产品，对中国青海、西藏以及甘肃、宁夏、四川西北部等地区的畜牧业以及农牧民实行残酷的掠夺（乔娟等，2010）。随着我国羊毛对外贸易的发展，我国近代养羊业亦获得较快发展，表现在养羊数量增加和国外优良品种的引进上。1912年全国养羊4 021万只，而1935年达5 928万只，增长了47.41%；这一时期我国也从国外引进了一定数量的优良绵羊、山羊品种，包括美利奴羊、考力代羊、兰布莱羊、萨能奶山羊等。1937年后，由于日本全面侵略我国和随后爆发的大规模内战，我国养羊业发展受到很大影响，1949年全国养羊仅5 021万只，较1935年减少15.30%。战争被认为是导致我国近代畜牧业停滞或衰退最重要的因素（李群，2003）。

（2）近代社会肉羊生产组织

近代我国畜牧业的组织方面，牧区多数牧民仍过着逐水草而居的游牧生活，农区畜牧业仍仅作为农民的家庭副业而存在。牧区牲畜主要被封建王公贵族、上层僧侣、各大小牧主等占有。西藏地区，三大领主的牲畜主要通过牧租和雇工两种方式饲养，但往往租金很高，雇工报酬很低（李群，2003）。在农区，畜牧业是作为种植业的辅助行业，可以充分利用农副产品，更重要的是为农业生产提供大量有机肥料（李群，2003）。由此可见家庭经营仍是肉羊养殖的主要形式，在肉羊养殖技术没有发生重大变化时，即便是王公贵族占有规模较大的肉羊，也主要是通过租佃的方式由农牧民家庭经营。

在近代，畜牧企业也有了初步发展，以奶牛业为典型代表。也有从事养羊的企业，如1904年，陕西高宪祖等人，集资20万元设立的"牧羊公社"。这些新型畜牧企业在发展畜牧生产的同时，还积极引进西方先进的畜禽品种及农牧场管理经验，传播先进的生产技术，改良、推广优良畜禽品种（李群，2003）。现代企业的产生是生产经营组织发展的重要标志，它突破了血亲组织生产经营中面临的资金、土地、劳动力、技术等要素制约，也缓解了政府行政命令式生产中劳动激励不足带来的低效率，以利润最大化为目的，以商品化为途径组织生产经营。

3.1.4 现代养羊业

（1）现代养羊业的发展

1949 年新中国成立以来，中国肉羊产业整体上取得了较快发展（图 3-1），但各阶段特征有所不同。1949—1957 年，受长期战乱严重摧残的肉羊产业经短暂恢复后，取得了较快发展。1949 年羊存栏仅 4 235 万只，较历史最高水平减少 32.3%（许雪高等，2011）。1957 年羊存栏达到 9 858 万只，比 1949 年增长 132.77%，年均增长率达 11.14%。1958—1977 年，肉羊产业处于曲折徘徊阶段。1977 年羊存栏 16 136 万只，比 1958 年增长 68.65%，年均增长率仅为 2.79%。1978—1984 年处于调整改革阶段（李顺，2010），肉羊生产波动较大。1984 年羊存栏 15 840 万只，较 1978 年减少 8.27%；羊出栏量增加较

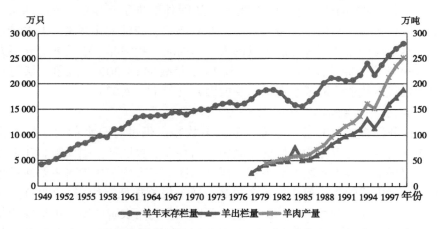

图 3-1　1949—1999 年中国羊年末存栏量、出栏量和羊肉产量变动趋势图
注：数据来源于《新中国五十年农业统计资料》。

快，1984 年羊出栏 7 620.5 万只，比 1978 年增加了 93.77%；羊肉产量也有所增加，1984 年羊肉产量为 58.6 万吨，较 1980 年增加了 33.26%。1985—1999 年为肉羊产业快速发展阶段，羊存栏量、出栏量和羊肉产量都实现了较快增

长。1999 年羊存栏量、出栏量和羊肉产量分别为 27 925.8 万只、18 820.4 万只和 251.3 万吨，较 1985 年分别增长了 79.14%、270.44% 和 323.78%，年均增长率分别为 4.25%、9.81% 和 10.87%。与此同时，肉羊出栏率从 1978 年的 16.25% 稳步增长到 1999 年的 69.96%。这一方面是由于养羊业的主导方向从毛用转向肉毛兼用直至肉用为主的发展趋势；另一方面是肉羊养殖技术进步和生产效率提高的结果。

（2）现代肉羊生产组织

1949 年以来，我国农业组织形式大致经历了三个阶段：1949—1958 年的农业合作化阶段，1958—1985 年的人民公社，和 1978 年以来家庭联产承包责任制阶段。其中，1978—1985 年人民公社和家庭联产承包责任制两种组织形式并存（张晓宁等，2010）。新中国成立初期，农区和牧区分别经历了土地改革和民主革命。土地改革后的农区实行农民的土地所有制（乔娟等，2010），牧区确立了"草原公有，自由放牧"制度（李金亚，2014），废除了封建特权和封建剥削制度，解放了生产力，使得肉羊生产得以恢复和发展。后来进行了全面的社会主义改造，农区和半农半牧区经由互助组到初级社再到高级社，农村土地从个体农民所有转变为社会主义集体所有。牧区社会主义改造采取了公私合营牧场、加入合作社和国有牧场三种形式（乔娟等，2010）。在农民的土地私有制基础上，农民进行生产互助，既发挥了农民的生产积极性，又可以突破家庭的资源约束，对于提高生产效率具有积极作用（张晓宁等，2010）。但是到高级社农民私有的土地等生产资料都转为集体所有，后在高级社基础上组建了人民公社，1958 年仅几个月的时间就在全国实现了人民公社化（乔娟等，2010）。人民公社制度降低了国家与农民的交易成本，但是人民公社制度下劳动剩余与劳动投入弱相关（张晓宁等，2010），加上没有退出权的激励，严重挫伤了农民的生产积极性。林毅夫（2008）认为 1959—1961 年的中国农业生产滑坡主要是由于 1958 年秋天开始农民退社的自由被剥夺。而后中国又经历十年"文化大革命"。这些使得 1958—1977 年肉羊产业发展非常缓慢。

1978 年中共十一届三中全会以后，家庭联产承包责任制开始试点和推广，1983 年实施包干到户的生产队占总数的 98%，1985 年人民公社化阶段结束（张晓宁等，2010）。草原地区从 20 世纪 80 年代开始家庭承包责任制改革，大致可以分为三个阶段：一是 20 世纪 80 年代初至 80 年代末，将所有牲畜承包到户，牧场分片使用；二是 20 世纪 80 年代末到 90 年代中期，草牧场有偿使用联产承包；三是 20 世纪 90 年代中后期至 2000 年左右，草牧场彻底承包到户（李金亚，2014）。土地和草地的家庭承包责任制有助于发挥农牧民的生产积极性，草原的家庭承包制还有助于化解"公地悲剧"，促进牧民对草原的保护性使用，缓解草原退化。此外，1985 年以来流通体制的改革也打破了畜产品的国家独营局面，城乡集贸市场兴起。1992 年，农村改革全面向市场经济转轨（李顺，2010）。在市场作用下，1990—2000 年羊毛价格和羊肉价格之比由 2 倍下降到 0.55 倍左右（薛建良等，2012）。在家庭承包经营制度的产权基础上，在市场配置资源机制的作用下，1985 年以来肉羊产业发展迅速。

3.2 肉羊产业发展现状

3.2.1 居民羊肉消费特征

（1）城乡居民羊肉消费量呈上升趋势，消费方式逐渐多样化

从中国城乡居民家庭羊肉消费来看，1995—2015 年中国城乡居民家庭人均户内羊肉消费量均显著上升（图 3-2）。具体来看，1995—2015 年中国城镇和农村居民家庭人均户内羊肉消费量分别从 1995 年的 0.97 千克和 0.35 千克，增加到 2015 年的 1.50 千克和 0.90 千克，分别增长了 54.64% 和 157.14%。随着收入增加、城市化水平提高、生活节奏加快以及餐饮业的快速发展，居民对于羊肉的消费方式逐渐多样化，在外就餐已成为我国居民特别是城镇居民现代生活方式的一个重要组成部分（夏晓平，2011）。根据丁丽娜（2014）的调研统计，中国城镇和农村居民户外羊肉消费比例分别达 39.87% 和 25.98%。闵师、白军飞等（2014）的调查显示城市家庭牛羊肉在外消费比例平均为 36%。如果将户外消费考虑在内，居民羊肉消费量上升趋势会更明显。

（2）居民羊肉消费量呈现显著的城乡差异，但差距呈缩小态势

由图 3-2 可以看出城镇居民羊肉消费量显著高于农村居民。为进一步了解城镇居民和农村居民羊肉消费量差异的变动趋势，绘制了城乡居民人均羊肉消费量的差额和比值的变动趋势图（图 3-3）。从绝对量来看，1995—2015 年城乡居民人均羊肉消费量的差额基本稳定在 0.5 千克左右；从相对量来看，1995—2015 年城乡居民人均羊肉消费量的比值从 2.77 显著下降至 1.67。当然，这是基于国家统计局对于户内消费统计做出的分析，现有研究表明户外羊肉消费已成为城乡居民羊肉消费的重要组成部分，且城镇居民户外羊肉消费的比例要高于农村居民。利用 2015 年居民羊肉消费的统计数据和丁丽娜（2014）对户外羊肉消费占比的调研数据，对 2015 年城乡居民包含户内和户外的羊肉消费总量进行粗略估计，即按城乡居民户外羊肉消费占比分别为

40%和26%估算，2015 年城乡居民人均羊肉总消费量分别为 2.5 千克和 1.2 千克，城乡比为 2.06，与 1995 年的 2.77 相比，仍有所降低。

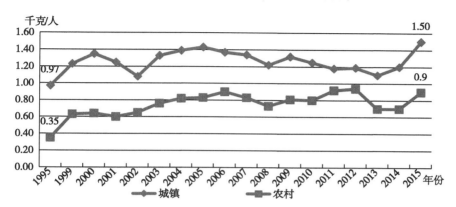

图 3-2　1995—2015 中国城乡居民家庭平均每人羊肉消费量变动趋势

注：数据来源于《中国统计年鉴》（1996，2000—2016）。

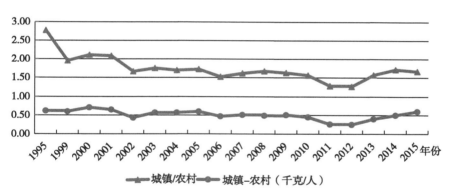

图 3-3　1995—2015 中国居民家庭人均羊肉消费城乡差异变动趋势

注：数据来源于《中国统计年鉴》（1996，2000—2016）。

（3）城乡居民羊肉消费呈现显著的区域差异，但差距逐渐缩小

城乡居民羊肉消费的区域差异显著。具体来说，东北地区与西部地区城镇居民人均牛羊肉的消费量和占猪牛羊肉消费总量的比重均远高于东部地区和中部地区的居民（图 3-4）；西部地区农村居民人均羊肉消费量和占家庭肉类消费的比重均远高于东部、中部及东北地区农村居民（图 3-5）。这主要是由于西部和东北地区处于我国牛羊肉主产区，产区居民消费牛羊肉偏多；且西部地区人口中穆斯林人口较多，受宗教信仰因素影响，其主要消费牛羊肉。从不同

省份居民家庭羊肉消费来看，居民羊肉消费存在显著的省际差异。2015年居民家庭人均羊肉消费量最多的是新疆，达到13.2千克，最少的是江西，仅为0.2千克。2015年居民家庭人均羊肉消费量排名前10的省区分别是新疆维吾尔自治区（13.2千克）、内蒙古自治区（8.6千克）、青海（6.9千克）、西藏自治区（5.8千克）、宁夏回族自治区（5.4千克）、北京（3.0千克）、天津（3.0千克）、甘肃（2.4千克）、河北（1.3千克）和辽宁（1.3千克）①。居民羊肉消费的区域差异主要由宗教信仰、消费习惯、收入水平等因素决定。

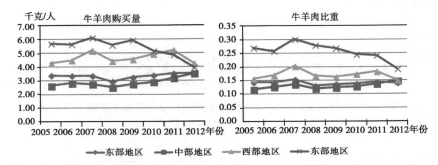

**图 3-4　2005—2012 年各区域城镇居民家庭人均牛羊肉购买量
与占猪牛羊肉总量的比重变动趋势**

注：数据来源于《中国统计年鉴》（2006—2013）。

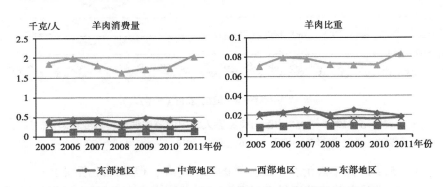

**图 3-5　2005—2011 年各区域农村居民家庭人均羊肉消费量与
占肉类总量的比重变动趋势**

注：数据来源于《中国统计年鉴》（2006—2012）。

---

① 数据来源：《中国统计年鉴（2016）》

（4）居民羊肉消费在不同收入群体间存在差异，随着收入水平的提高，城镇居民羊肉购买量呈先增加后减少的倒"U"形结构

收入水平是影响居民消费的重要因素，收入差距是导致城乡居民人均羊肉消费量显著差异的关键因素之一。2015 年城乡居民人均可支配收入分别为 3.12 万元和 1.14 万元，前者是后者的 2.73 倍①。表 3-1 统计了 1995—2012 年城镇居民不同收入组人均羊肉购买量。从不同年份比较来看，1995—2012 年除最高收入组以外，其余收入组城镇居民人均羊肉购买量均出现不同程度的增加。比较不同收入组发现城镇居民人均羊肉购买量先随着收入增加而增加，但当收入增加到一定程度后，羊肉消费则呈下降趋势，2002—2012 年最高收入组人均羊肉购买量均低于高收入组，部分年份高收入组的羊肉购买量与中等偏上收入组持平或低于后者。可能的原因是，一方面，随着收入水平的提高，最高收入组和高收入组对于羊肉量的需要逐渐得到满足，从而转向对于高品质羊肉的消费需求，同时对于健康营养更为关注，从而注重多种食材合理搭配和食品消费结构优化，增加水产品、蔬菜、水果、奶类、粗粮等食物的消费，而适度减少肉类在食品消费中的比重；另一方面，最高收入组和高收入组在外就餐很可能多于其他收入组，从而也会减少基于户内消费的羊肉购买。

表 3-1　1995—2012 年城镇居民不同收入组人均羊肉购买量

（单位：千克/人）

年份	全国	最低收入户（10%）	低收入户（10%）	中等偏下户（20%）	中等收入户（20%）	中等偏上户（20%）	高收入户（10%）	最高收入户（10%）
1995	0.97	0.66	0.86	0.85	0.95	1.11	1.15	1.4
1999	1.23	0.77	0.95	1.13	1.31	1.41	1.48	1.59
2000	1.35	0.81	1.05	1.23	1.35	1.59	1.59	1.98
2001	1.92	1.43	1.65	1.91	1.97	2.13	2.06	2.23
2002	1.08	0.65	0.82	1.08	1.26	1.38	1.32	1.21
2003	1.33	0.86	1.05	1.27	1.43	1.57	1.59	1.34
2004	1.39	0.93	1.17	1.41	1.5	1.62	1.52	1.3
2005	1.43	0.98	1.08	1.39	1.55	1.67	1.67	1.53
2006	1.37	0.89	1.08	1.4	1.49	1.59	1.58	1.36
2007	1.34	0.94	1.09	1.3	1.47	1.55	1.46	1.42

① 注：数据来源于《中国统计年鉴（2016）》

（续表）

年份	全国	最低收入户（10%）	低收入户（10%）	中等偏下户（20%）	中等收入户（20%）	中等偏上户（20%）	高收入户（10%）	最高收入户（10%）
2008	1.22	0.85	0.91	1.12	1.39	1.45	1.38	1.29
2009	1.32	0.89	1.02	1.23	1.51	1.56	1.53	1.42
2010	1.25	0.88	1.03	1.21	1.38	1.43	1.38	1.35
2011	1.18	0.9	0.86	1.1	1.31	1.37	1.4	1.3
2012	1.19	0.89	0.87	1.19	1.26	1.34	1.44	1.3

注：数据来源于《中国统计年鉴》（1996—2013）；2014年及以后的《中国统计年鉴》没有该项统计，故这里只统计到2013年的年鉴，即2012年的数据

（5）居民羊肉购买渠道、羊肉需求呈现便捷化、多元化趋势，注重羊肉的品质与安全

随着互联网技术的普及，网购逐渐成为居民重要的购物方式之一。随着京东、天猫等电商平台和顺丰等冷链物流的发展，在农贸批发市场、大型商超和餐饮等传统肉类购买渠道之外，羊肉产品电子商务也有了一定发展。蒙都、蒙羊、小尾羊、恒都等企业均推出电商销售服务，通过网络直接销售羊肉及其制品，居民羊肉购买渠道呈现多元化趋势。半成品、成品甚至直接户外消费在我国居民食品消费中变得更为重要（李瑾，2010）。随着生活节奏加快，居民就餐方式越来越多元化，对于羊肉的需求也呈现便捷化、专业化、多样化，对于方便烹饪、节约时间的半成品和熟食制品以及休闲小食品等专用性羊肉及其制品的需要增加。此外，城乡居民在购买羊肉时对于羊肉的质量安全关注程度较高（丁丽娜，2014；叶云，2015）。为买到质量安全保障程度更高的羊肉产品，消费者除了自己的经验之外，主要是通过质量安全认证和品牌来判断羊肉的质量（叶云，2015）。

3.2.2 羊肉及肉羊生产特征

（1）羊肉产量、肉羊存栏量和出栏量均呈增长态势

中国是一个肉羊养殖大国，2014年中国羊肉产量占世界羊肉总产量的29.56%[①]。2000—2015年中国肉羊存栏量、出栏量和羊肉产量均呈增长态势，中国肉羊和羊肉供给能力增强。具体来看，2000—2015年中国肉羊年年底只

---

① 数据来源：FAO统计数据库

数（即年年底存栏量）稳中有升，基本稳定在 3 亿只左右，从 2.8 亿只增加到 3.11 亿只，年均增长 0.71%。2000—2015 年中国肉羊出栏量在波动中上升，从 2.05 亿只增长到 2.95 亿只，年均增长 2.46%。其中，2004 年肉羊出栏猛增而 2005 年降低主要是由 2003 年开始实施的退牧还草工程所致。2000—2015 年中国羊肉产量呈迅速增长态势，从 264.1 万吨增长至 440.8 万吨，年均增长率达 3.47%（图 3-6）。

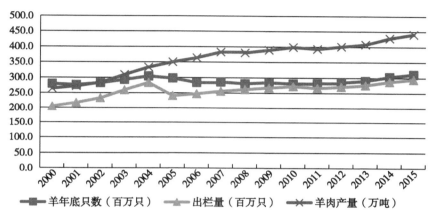

图 3-6　2000—2015 年中国肉羊出栏量、羊年年底只数和羊肉产量变动趋势图

注：羊年年底只数和羊肉产量来源于《中国统计年鉴》（2001—2016）；肉羊出栏量来源于《中国畜牧业年鉴》（2001—2013）和《中国畜牧兽医年鉴》（2014—2016）

（2）随着肉羊产业的发展，政府出台了多项宏观调控政策

随着肉羊产业的发展，政府出台了一系列生态保护政策和促进肉羊产业发展的产业政策，对肉羊产业发展产生了重要影响。这些政策主要包括以草原家庭承包制为主要内容的草原产权制度，以扶持龙头企业、合作社为主要内容的肉羊产业组织政策，以种公羊和牧草良种补贴、畜牧业机械购置补贴、基础设施建设补助、生产资料综合补贴为主要内容的肉羊生产补贴政策，以禁牧补助、草畜平衡奖励为主要内容的草原生态补奖政策，以重大疫病防控政策、农技推广政策为主要内容的肉羊产业公共服务政策。这些政策对肉羊产业发展中市场机制难以充分发挥作用或无法解决的带有一定社会性的问题进行干预，通过完善相关政策措施，推动产业可持续发展（李金亚，2014）。生态政策的实施，短期限制了草原肉羊生产发展，增加了牧民的生产成本，但长期草原植被恢复对肉羊产业的可持续发展具有重要意义。肉羊产业组织政策有助于促进肉羊产业龙头企业和合作社发展，促进农牧户与市场的有效对接，促进肉羊产业

化经营。肉羊生产补贴有助于改进肉羊生产设施，提升肉羊生产技术和生产效率。肉羊产业公共服务政策增加了存在市场失灵的公共物品供给。此外，政府还制定了《肉牛肉羊优势区域发展规划（2003—2007）》《全国肉羊优势区域布局规划（2008—2015）》《全国草食畜牧业发展规划（2016—2020年）》等规划，从宏观和长期两个维度促进肉羊产业的发展。

（3）肉羊生产效率提高，散养肉羊成本利润率下降

2000—2015年肉羊出栏率从2000年73.31%提高到2014年的98.99%，2015年略降为97.22%。由图3-6中羊肉产量增速明显快于肉羊出栏量增速可以看出，肉羊单体胴体重增加显著。肉羊出栏率提高和肉羊胴体重增加显示了肉羊生产效率的提高。2004—2015年①散养肉羊成本利润率呈下降趋势，2004年全国散养肉羊成本利润率平均为35.19%，逐渐降低到2013年15.54%，2014年小反刍兽疫爆发后羊肉市场不景气，全国散养肉羊成本利润率降至3.59%，2015年更是降为-6.59%，养羊开始赔钱（图3-7）。在此严峻的形势下，肉羊产业如何组织以提升竞争力、保障主体经济利益成为影响肉羊产业可持续发展的重要因素。

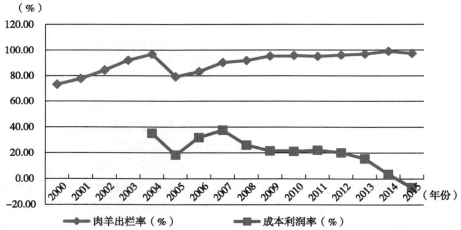

图3-7　2000—2015年中国肉羊出栏率与散养肉羊成本利润率变动趋势图

注：肉羊出栏率为肉羊当年出栏量占上年年底肉羊存栏量的百分比，其中，肉羊出栏量来源于《中国畜牧业年鉴》（2001—2013）和《中国畜牧兽医年鉴》（2014—2016），年年底羊存栏量来源于《中国统计年鉴》（2000—2016）；散养肉羊成本利润率来源于《全国农产品成本收益资料汇编》（2005—2016）

---

① 由于我国2004年开始取消了牧业税，所以之前的不具可比性。

3.2.3 羊肉产品价格特征

2000—2014 年我国羊肉价格一路上涨（图 3-8）。其中，2000—2006 年，羊肉价格上涨较为缓慢，带骨羊肉价格从 2000 年 1 月的 14.62 元/千克增长到 2006 年 12 月 19.57 元/千克，增长了 33.86%。2007—2014 年年初，羊肉价格迅速上涨，带骨羊肉价格一路飙升至 2014 年 2 月的 67.43 元/千克的历史最高点，较 2006 年 12 月增长了 2.45 倍。2013 年年底到 2014 年上半年，新疆、甘肃、内蒙古、宁夏等省区接连暴发小反刍兽疫，对中国肉羊产业造成了较大冲击（常情等，2015）。2014 年下半年羊肉价格同比增幅放缓，2014 年年底之后羊肉价格持续下跌，一直跌至 2017 年 6 月的 54.30 元/千克。2017 年 7 月之后羊肉价格有所回升，2017 年 10 月升至 57.27 元/千克，同比上涨 5.44%。总体来看，2000 年以来羊肉价格上涨趋势和幅度明显。

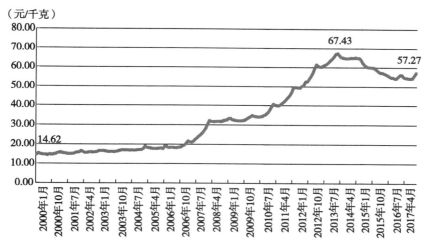

图 3-8　2000 年 1 月至 2017 年 10 月中国带骨羊肉集贸市场价格走势图

注：数据来源于中国畜牧业信息网、农业农村部网站

3.2.4　中国羊肉及活羊国际贸易特征

在羊肉国际贸易方面，中国羊肉国际竞争力较差，贸易逆差不断扩大。1994 年及以前中国羊肉出口大于进口，从 1995 年开始中国一直为羊肉净进口国，且贸易逆差不断扩大。1995 年羊肉进口量仅为 0.16 万吨，2014 年增至 28.29 万吨，2014 年之后国内羊肉市场不景气，羊肉进口量有所减少。2001

年之后羊肉出口量增加明显，2007 之后又逐渐减少，总体变化不大。2016 年羊肉进口量为 22.01 万吨，出口量为 0.41 万吨，羊肉净进口 21.60 万吨（图 3-9）。在羊肉进出口结构方面，中国羊肉进口以冷冻的其他带骨绵羊肉为主，2016 年其占羊肉总进口量的 93.84%；羊肉出口以山羊肉为主，2016 年出口的山羊肉占羊肉总出口量的 62.66%（表 3-2）。羊肉进口来源国主要是澳大利亚和新西兰。

在活羊国际贸易方面，中国属于活羊净出口国。由表 3-3 中 2000—2013 年中国活羊进出口数量情况可以看出，中国活羊进出口数量年度间变化较大，总体上进出口数量均呈先增加后减少的态势。在活羊进出口结构方面，中国活羊进口以种用绵羊和种用山羊为主，其目的在于引进国外优秀种羊进行品种选育和改良；活羊出口多为非种用绵羊和山羊。活羊进口来源国也主要是澳大利亚和新西兰。

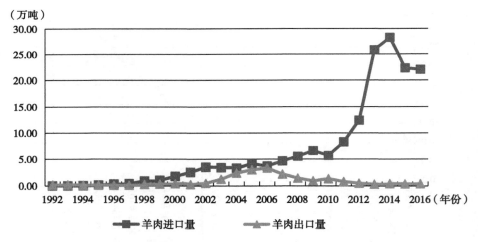

图 3-9　1992—2016 年中国羊肉进口与出口量变动趋势图

注：数据来源于 UN Comtrade 统计数据库

表 3-2　2016 年中国羊肉进出口产品结构统计表

进口			出口		
产品	数量（吨）	占比（%）	产品	数量（吨）	占比（%）
冷冻的羔羊胴体和半胴体	135.81	0.06	冷冻的其他绵羊胴体和半胴体	85.17	2.10
鲜或冷藏的其他带骨绵羊肉	27.82	0.01	冷冻的其他带骨绵羊肉	716.10	17.64

（续表）

进口			出口		
产品	数量 （吨）	占比 （%）	产品	数量 （吨）	占比 （%）
鲜或冷藏的其他去骨绵羊肉	0.65	0.00	冷冻的其他去骨绵羊肉	714.67	17.60
冷冻的其他绵羊胴体和半胴体	7 853.80	3.57	鲜、冷藏和冷冻的山羊肉	2 544.31	62.66
冷冻的其他带骨绵羊肉	206 500.13	93.84			
冷冻的其他去骨绵羊肉	5 395.44	2.45			
鲜、冷藏和冷冻的山羊肉	149.30	0.07			
合计	220 062.94	100.00		4 060.24	100.00

注：数据来源于 UN Comtrade 统计数据库

表 3-3　2000—2013 年中国活羊进出口数量统计表

年份	2000	2001	2002	2003	2004	2005	2006	2007	2010	2011	2012	2013
进口数（只）	2 713	1 366	4 173	11 279	2 950	1 813	157	62	1 279	2	132	3 457
出口数（只）	15 790	13 037	5 879	7 268	153 906	82 305	87 080	17 340	21 559	19 302	13 267	9 023

注：数据来源于 UN Comtrade 统计数据库

3.3　肉羊产业组织特征

随着居民羊肉消费从数量需求逐渐转向质量需求，羊肉及肉羊生产特征也逐渐由数量扩张转向质量提升。由于羊肉质量具有经验品和信任品属性，在生产者和消费者之间存在信息不对称，使得在羊肉质量有效供给方面存在困难之处。为适应居民羊肉消费需求的转变和羊肉市场供求关系的变化，肉羊产业组织也相应地发生了一些变化。

3.3.1　肉羊产业各环节组织形式多元化

（1）肉羊养殖以家庭经营为主，肉羊养殖合作社和公司制养殖也有了一定发展

目前中国肉羊养殖仍以家庭式散养为主，养殖规模仍普遍较小。但随着新养殖模式的出现与发展，肉羊养殖的规模化、标准化程度逐渐提高。除了传统的庭院式养殖，专业化标准化肉羊养殖小区的养殖模式也在肉羊主产区逐渐普及，肉羊养殖合作社和公司制肉羊养殖也有了一定程度的发展。巴美养殖、小

尾羊、蒙都、蒙羊、草原宏宝、富川等多家公司已经参与到肉羊养殖环节。其中，内蒙古巴美养殖开发有限公司建设的工厂化养殖场占地 32 万 m²，年设计出栏 10 万只肉羊。山西怀仁县建设养殖小区 596 个，1 万只以上养殖园区 42 个，养殖专业合作社 406 家，500 只以上的养殖大户 620 户，棚圈面积达 117 万 m²（叶云，2015）。牧区也通过草场流转扩大了牲畜养殖规模（高翠玲，2014）。

（2）肉羊育种由以政府和科研单位为主，逐步转向企业、政府和科研单位多主体联合

从国内外绵羊、山羊品种形成的历史来看，绵羊、山羊品种主要通过本品种选育和杂交育种两种方法形成（姚军，2005）。广大肉羊养殖户对育种的贡献主要体现在本品种选育。由于杂交育种资金投入大、育种周期长、技术要求高、不确定性强，且由于存在质量信息不对称，培育成功的品种在市场上较难实现优质优价，长期以来利用杂交育种等方法培育新品种的主体主要是政府和科研单位。但政府与科研单位缺乏有效激励，致使育种效率低，且新品种推广阻力较大。近些年来企业参与品种培育积极性有所提高，且企业主导型比政府主导型和科研单位主导型更具有稳定、可持续发展的特征（耿宁等，2014）。例如云南石林生态农业有限公司、内蒙古赛诺草原羊业有限公司参与到肉羊育种中来，并成功培育了产肉性能突出的努比黑山羊和杜蒙杂交羊。其实践经验表明，在新品种推广过程中，建立有效机制使肉羊养殖户更多地参与进来具有重要意义。以上两个公司都与肉羊养殖户建立了紧密的纵向协作关系，成功实现了企业效益与农户效益的提升（叶云，2015）。由于中国地域广阔，区域间自然环境差异很大，各地区适宜喂养的肉羊品种不尽相同，因而存在对优良肉羊品种培育的需求较大，同时新品种推广区域与范围又受到限制的问题。

（3）饲料生产技术水平提高，饲料工业有了一定发展

肉羊饲料由粗饲料和精饲料构成。粗饲料主要包括牧草、苜蓿、小麦玉米秸秆等，精饲料主要是玉米、豆粕、豆饼等。随着青贮饲料技术的研发与推广，青贮玉米、青贮番茄皮等青贮饲料在肉羊养殖中逐渐普及，改善了饲料适口性，提高了饲料转化率。随着肉羊产业化经营的推进，肉羊饲养从传统"有什么喂什么"正逐步转向"肉羊需要什么喂什么"。这个过程催生了肉羊饲料工业的发展，针对肉羊的添加剂预混合饲料、浓缩饲料和配合饲料的工业化生产发展迅速。在某些肉羊主产区已经出现满足肉羊不同生长阶段营养需求的全混合日粮。粗饲料和玉米依然由广大农牧户生产完成，肉羊养殖户获得粗饲料和玉米的方式有自给自足式，也有从其他农牧户或个体贩子手中购买。工

业饲料对生产技术、资本等要求更高，由企业生产完成。目前肉羊饲料生产行业发展较快，但是整体水平还较低，尚不能满足广大肉羊养殖场户对肉羊饲料的需求。在肉羊养殖需求的拉动下，随着肉羊饲料研究的深入，饲料生产行业会有更进一步的发展。

（4）肉羊屠宰加工以中小型企业为主，先进屠宰加工生产技术也有了一定程度的应用

肉羊屠宰加工环节整体以中小型企业为主，大型企业数量较少。据中国农业科学院农产品加工研究所对全国 80 家肉羊屠宰加工企业的抽样调查，总资产在 1 亿元以上的大型企业占 3%，总资产为 5 000 万~1 亿元的中大型企业占 5%，总资产为 3 000 万~5 000 万元的中型企业占 23%，总资产为 1 000 万~3 000 万元的中小型企业占 31%，总资产 1 000 万元以下的小型企业占 38%①。此外，一些大中型企业从国外引进技术先进的生产设备，生产条件和卫生环境达到了国际领先水平，部分企业已经通过了 HACCP 等质量管理体系认证，产品质量提高。

3.3.2　肉羊产业规模化、标准化、品牌化

（1）肉羊养殖规模化程度提高，呈现显著的区域差异

中国肉羊养殖规模特征从纵向历史变动与横向省际差异两个角度分析。表3-4 和表 3-5 分别是 2003 年以来全国不同规模肉羊养殖场户数与出栏数及其占比。表中数据显示中国肉羊养殖规模呈现以下特征：①中国肉羊养殖规模整体较小，小规模散养仍占据绝对优势。2015 年年出栏 1~29 只的最小规模养羊户数量占比 87.27%，年出栏 100 只及以上的规模场户数量占比仅为 2.97%。2010 年年出栏 1~29 只的养羊户出栏量占 51.19%，年出栏 100 只及以上的规模场户出栏量占 22.90%。②2003—2015 年中国肉羊养殖规模扩大趋势显著。从不同规模肉羊养殖场户数来看，2003—2015 年，年出栏 1~29 只的肉羊养殖场户绝对数量和相对占比都显著减少；年出栏 30~99 只的肉羊养殖场户数量基本稳定，但占比显著增加；年出栏 100~499 只、年出栏 500~999 只和年出栏 1 000 只以上 3 种规模肉羊养殖场户数量和占比都显著增加，其中，年出栏 1 000 只以上的规模养殖场户虽然数量少，但是增长非常迅速，2015 年该数量较 2003 年增加 4.75 倍。从不同规模肉羊养殖场户出栏数来看，2003—2010 年，年出栏 1~29 只和年出栏 30~99 只两种规模的肉羊养殖场户出栏数都略有

---

① 数据来源：《全国肉羊产业发展调研报告 2015》

增长，而占比皆略有下降；年出栏 100~499 只、年出栏 500~999 只和年出栏 1 000 只以上 3 种规模的肉羊养殖场户出栏量和占比都显著增加，其中，年出栏 1 000 只以上的规模养殖场户出栏量增长最快，2010 年该规模养殖场户出栏数较 2003 年增加 2.21 倍。

表 3-4　2003—2015 年全国不同规模肉羊养殖场户数与占比统计表

年份	年出栏 1~29 只		年出栏 30~99 只		年出栏 100~499 只		年出栏 500~999 只		年出栏 1 000 只以上	
	场户数（个）	占比（%）	场户数（个）	占比（%）	场户数（个）	占比（%）	场户数（个）	占比（%）	场户数（个）	占比（%）
2003	26 806 414	93.72	1 625 529	5.68	158 662	0.55	11 404	0.04	1 792	0.01
2004	—	—	1 570 866	—	184 492	—	8 218	—	1 203	—
2005	—	—	1 637 343	—	221 071	—	13 655	—	2 255	—
2006	—	—	1 680 097	—	270 973	—	25 437	—	—	—
2007	23 934 411	92.82	1 599 597	6.20	233 473	0.91	16 847	0.07	2 468	0.01
2008	21 195 332	92.25	1 527 559	6.65	237 306	1.03	13 692	0.06	2 432	0.01
2009	19 707 146	91.11	1 663 203	7.69	242 517	1.12	14 949	0.07	2 799	0.01
2010	19 795 206	91.37	1 602 030	7.39	246 336	1.14	17 358	0.08	3 655	0.02
2011	18 878 348	90.72	1 644 945	7.90	259 262	1.25	21 993	0.11	4 760	0.02
2012	17 558 328	89.68	1 707 053	8.72	284 351	1.45	24 108	0.12	5 994	0.03
2013	16 236 523	88.76	1 701 797	9.30	317 495	1.74	29 275	0.16	8 139	0.04
2014	15 186 912	87.94	1 695 457	9.82	342 889	1.99	34 900	0.20	9 648	0.06
2015	14 534 918	87.27	1 624 592	9.75	449 446	2.70	35 658	0.21	10 300	0.06

注：数据来源于《中国畜牧业年鉴》（2004—2013）和《中国畜牧兽医年鉴》（2014—2016）；"-"表示没有该项统计；2003 年规模统计标准为年出栏 1~30 只、31~100 只、101~500 只、501~1 000 只和 1 000 只以上，2002 年及以前统计标准差别更大，故在此只列出 2003 年及以后的数据

表 3-5　2003—2010 年全国不同规模肉羊场户出栏数与占比统计表

年份	年出栏 1~29 只		年出栏 30~99 只		年出栏 100~499 只		年出栏 500~999 只		年出栏 1 000 只以上	
	出栏数（万只）	占比（%）	出栏数（万只）	占比（%）	出栏数（万只）	占比（%）	出栏数（万只）	占比（%）	出栏数（万只）	占比（%）
2003	16 437.18	56.30	8 224.05	28.17	3 497.03	11.98	731.75	2.51	306.99	1.05
2004	—	—	7 962.66	—	3 739.24	—	546.35	—	247.61	—
2005	—	—	8 845.57	—	4 323.19	—	815.21	—	329.30	—
2006	—	—	8 278.01	—	4 203.95	—	1 587.80	—	—	—

年份	年出栏 1~29 只		年出栏 30~99 只		年出栏 100~499 只		年出栏 500~999 只		年出栏 1 000 只以上	
	出栏数（万只）	占比（%）	出栏数（万只）	占比（%）	出栏数（万只）	占比（%）	出栏数（万只）	占比（%）	出栏数（万只）	占比（%）
2007	20 923.53	58.73	8 553.59	24.01	4 480.01	12.58	1 256.40	3.53	411.10	1.15
2008	18 390.26	55.39	8 411.73	25.34	5 049.66	15.21	892.67	2.69	455.91	1.37
2009	17 277.32	51.71	9 114.98	27.28	5 287.62	15.82	1 049.55	3.14	684.71	2.05
2010	17 713.20	51.19	8 965.20	25.91	5 730.60	16.56	1 207.50	3.49	985.20	2.85

注：数据来源于《中国畜牧业年鉴》（2004—2011）；"-"表示没有该项统计；2003年规模统计标准为年出栏 1~30 只、31~100 只、101~500 只、501~1 000 只和 1 000 只以上，2002 年及以前统计标准差别更大，2012 年及以后的《中国畜牧业年鉴》没有统计不同饲养规模肉羊出栏数，故在此只列出 2003—2010 年的数据

　　为便于比较各地区肉羊养殖规模情况，构建出栏规模化程度与场户规模化程度两个指标来衡量肉羊生产规模化程度。前者反映了不同规模肉羊养殖场（户）出栏结构，但不能反映不同规模肉羊养殖场（户）的数量结构，后者可以弥补这一缺点，在一定程度上反映场户规模结构。具体表达式如下：

$$出栏规模化程度 = \frac{某地区一定规模以上场户出栏数}{某地区总出栏数}$$

$$场户规模化程度 = \frac{某地区一定规模以上场户数}{某地区总场户数}$$

　　对规模场户的界定参考《中国畜牧业年鉴》的界定，即年出栏 100 只羊及以上的场户为规模场户。本研究计算了 2007—2015 年全国与各省份肉羊生产规模化程度（表 3-6）。表中数据显示中国肉羊生产规模化程度存在显著的区域差异。2015 年场户规模化程度最高的是天津，达到 16.30%，最低的是西藏 0%；2010 年出栏规模化程度最高的是北京，达到 52.08%，最低的是陕西，仅为 3.88%。2015 年场户规模化程度高于全国平均水平（2.97%）的省份包括北京、天津、河北、山西、内蒙古自治区（以下简称内蒙古）、辽宁、吉林、黑龙江、广东、青海、宁夏回族自治区（以下简称宁夏）和新疆维吾尔自治区（以下简称新疆）；2010 年出栏规模化程度高于全国平均水平（22.90%）的省份包括北京、天津、山西、内蒙古自治区（以下简称内蒙古）、辽宁、吉林、黑龙江、江西、青海、宁夏和新疆。规模化程度较高的地区主要包括两类，一类是经济较为发达的地区，例如北京和天津等；另一类是肉羊生产集聚程度较高的地区，例如河北和内蒙古等省份。2007—2015 年各省份肉羊养殖场户规模程度

均有所提高。2007—2010 年肉羊出栏规模化程度除天津和青海明显下降、内蒙古和广东略有下降以外,其他省份肉羊出栏规模化程度皆有不同程度的提高。

表 3-6　2007—2015 年全国与各省份肉羊生产规模化程度

地区	场户规模化程度（%）			出栏规模化程度（%）	
	2007 年	2010 年	2015 年	2007 年	2010 年
全国	0.98	1.23	2.97	17.26	22.90
北京	9.17	8.30	14.01	51.07	52.08
天津	10.06	7.74	16.30	40.58	29.83
河北	0.80	1.37	3.70	13.72	20.82
山西	1.35	2.63	9.69	15.72	32.66
内蒙古	5.56	5.10	13.99	42.45	40.40
辽宁	3.59	2.95	5.27	24.69	26.36
吉林	2.74	4.05	5.69	23.03	32.50
黑龙江	3.62	6.75	7.54	28.07	39.23
上海	0.03	0.14	0.57	10.04	14.45
江苏	0.11	0.22	0.99	3.55	7.92
浙江	0.36	0.61	1.73	11.84	19.88
安徽	0.23	0.45	2.01	4.84	12.19
福建	0.49	0.84	1.70	14.18	16.69
江西	0.89	1.30	1.64	14.61	24.29
山东	0.65	1.16	2.66	12.04	20.91
河南	0.30	0.36	0.99	7.52	9.01
湖北	0.92	0.75	2.50	13.52	21.70
湖南	0.68	1.03	1.93	11.33	21.98
广东	1.37	1.63	4.06	22.35	20.77
广西	0.31	0.52	1.46	5.72	8.64
海南	0.18	0.33	0.91	5.87	6.39
重庆	0.71	0.53	1.08	8.93	12.13
四川	0.13	0.27	0.58	4.68	10.08
贵州	0.13	0.25	0.52	3.00	7.96
云南	0.22	0.43	0.65	5.62	6.61
西藏	1.50	0.00	0.00	11.06	—

（续表）

地区	场户规模化程度（%）			出栏规模化程度（%）	
	2007 年	2010 年	2015 年	2007 年	2010 年
陕西	0.11	0.17	1.23	1.87	3.88
甘肃	0.46	1.13	2.38	8.28	19.53
青海	3.48	2.49	8.04	49.60	27.73
宁夏	1.22	0.40	5.49	25.99	34.92
新疆	3.13	3.01	4.55	29.44	32.07

注：数据来源于《中国畜牧业年鉴》（2008，2011）和《中国畜牧兽医年鉴 2016》；2012 年及以后的《中国畜牧业年鉴》没有统计不同饲养规模肉羊出栏数，故肉羊出栏规模化程度只列出截至 2010 年的数据；广西是广西壮族自治区的简称。下同

（2）肉羊产业标准化在探索中前进

在肉羊规模经营发展的基础上，肉羊产业标准化也有了一定程度的发展。目前，各地在实践中因地制宜地探索出一些肉羊标准化的实施模式。例如，湖北省十堰市"12345"标准化养羊模式、四川省简阳市山羊产业"六化"发展模式、陕西省麟游县"闫怀杰户营模式"、内蒙古巴彦淖尔市肉羊全产业链发展模式、贵州省晴隆县"晴隆模式"等①，肉羊产业标准化对于各地提升羊肉产品质量，提高生产经营效益起到了重要作用。在这个过程中，肉羊产业相关标准也逐步制定与完善，在品种、饲养、生产管理、加工、分级分割、质量安全、生产环境等方面制定了国家标准和行业标准。在实践生产中，部分企业根据自身生产经营需要也制定了企业标准（耿宁，2015）。相关标准的出台对于促进肉羊产业标准化发展具有重要意义。

（3）肉羊产业品牌化逐步发展

随着肉羊产业的发展和消费者对羊肉品质与安全关注程度的提高，品牌成为消费者判断羊肉质量的一个重要标志。一些大型企业纷纷创建与维护自己的品牌形象以提高市场竞争力。各地尤其是肉羊生产优势区域涌现出一些消费者耳熟能详的羊肉企业品牌，如小肥羊、草原兴发、小尾羊、蒙都、涝河桥、大庄园等。除了企业品牌，政府也通过无公害农产品、绿色食品、有机农产品和农产品地理标志等公共品牌的认证与管理促进安全优质农产品的发展。2015

① 这些模式的具体内容参见耿宁（2015）的博士论文《基于质量与效益提升的肉羊产业标准化研究》

年获得绿色食品认证的羊肉产品有 56 个，产量达到 2.36 万吨①。截至 2014 年年底，获得农业农村部、国家工商总局商标局和国家质量监督检验检疫总局三部门审核认证的羊和羊肉地理标志认证共 151 个，其中 2/3 以上是羊品种品牌（董谦，2015）。肉羊产业品牌化发展对于提升羊肉产品质量，提高肉羊产业和企业的竞争力具有重要意义。

3.3.3　肉羊产业纵向协作紧密化

随着肉羊产业的发展，为满足消费者不断升级的消费需求，稳定羊源质量和数量，很多肉羊屠宰加工企业加强了与上游肉羊养殖环节的纵向协作。例如伊赫塔拉、羊羊牧业等企业通过与牧户签订采购协议，建立长期合作关系；蒙都、草原鑫河等企业通过建立标准化养殖基地，让农户入驻的方式，与农户合作养殖肉羊；草原宏宝等公司通过建设养殖基地、雇工养殖的方式实现一体化经营。部分饲料生产企业也为了保障饲料销售渠道而延伸到肉羊养殖环节，例如富川饲料公司。优质安全羊肉的生产涉及品种、饲料、养殖、屠宰、加工、储运等整个肉羊产业链所有环节，肉羊产业的竞争逐渐从企业之间的竞争转化为产业链之间的竞争。紧密的纵向协作是肉羊产业提升产业竞争力与国际竞争力的必然要求。

3.3.4　肉羊产业区域分布集聚化

随着社会经济的发展，我国肉羊产业在地理上表现出明显的区域集中特征（时悦，2011；马苑，2016）。农业农村部《肉羊优势区域布局规划（2008—2015）》中按照"资源优势、产业发展基础"等标准划分出我国肉羊生产四大优势区域。肉羊生产逐渐向肉羊生产优势区域集聚，2015 年中原、中东部农牧交错带、西北和西南四大肉羊优势区肉羊年底存栏量和羊肉产量占全国总量的比重分别为 88.14% 和 92.35%②。随着肉羊生产的集聚，肉羊饲料生产、肉羊屠宰加工、种羊繁育等相关行业也向肉羊生产集聚区域集中。我国大中型

---

① 　注：数据来源于中国绿色食品发展中心（http://www.greenfood.agri.cn）；

② 　注：数据来源于《中国统计年鉴 2016》；基于数据统计的完整性借鉴夏晓平（2011）的做法将原四大区域所覆盖的范围作了相应调整。中原肉羊优势区包括河北、山东、河南、湖北、江苏、安徽，中东部农牧交错带肉羊优势区包括山西、内蒙古、辽宁、吉林、黑龙江，西北肉羊优势区新疆、甘肃、陕西、宁夏，西南肉羊优势区包括四川、重庆、云南、湖南、贵州

屠宰加工企业主要集中在内蒙古（8家）、山东（3家）、宁夏（2家）、新疆（1家）等肉羊主产区（耿宁，2015）。

3.4 小结

本部分在对中国肉羊产业发展历史回顾的基础上，对目前肉羊产业的发展现状和组织特征进行了总结，主要结论包括以下几点。

（1）中国肉羊产业经由原始畜牧业、古代养羊业、近代养羊业发展到现代养羊业

每个历史时期都形成了与当时历史环境、技术条件相适应的生产组织形式。生产组织形式主要包括：家庭经营、集体经营和政府经营三种形式，每种经营方式各有其优劣势，适用于不同的条件。但从历史角度来看，家庭经营是最主要的组织形式，体现了强大的生命力。

（2）肉羊产业发展现状

羊肉消费方面，城乡居民羊肉消费量均呈上升趋势；居民羊肉消费在城乡、不同区域、不同收入阶层之间存在差异性，但差距呈缩小态势；居民羊肉消费需求呈现便捷化、多元化趋势，更加注重羊肉质量。生产方面，羊肉产量、肉羊存栏量和出栏量均实现了较大幅度的增长，政府出台了多项宏观调控政策，肉羊生产效率提高，但散养肉羊成本利润率下降。价格方面，2000年以来羊肉价格上涨趋势和幅度显著。贸易方面，我国为羊肉净进口国，且贸易逆差不断扩大，活羊出口大于进口，但贸易量不大。

（3）肉羊产业组织特征

肉羊产业各环节组织形式呈现多元化发展趋势，养殖环节仍以家庭经营为主，合作社和公司制养殖也有了一定发展；育种逐步转向企业、政府和科研单位多主体联合；饲料工业也有了一定的发展；屠宰以中小型企业为主，先进生产技术也有了一定程度的应用。肉羊产业规模化、标准化和品牌化程度有所提高。为应对日益激烈的国内与国际竞争，肉羊产业上下游主体间加强了纵向协作。在地理分布方面，肉羊产业逐渐向优势区域集聚。

4 基于生产要素充分利用的肉羊家庭经营分析

肉羊养殖是肉羊产业最基础也是最核心的环节。以血缘和姻缘关系为基础的家庭和以契约关系为基础的企业是肉羊养殖两种基本的组织形式。对肉羊养殖而言，虽然目前也有部分企业参与到养殖环节，但家庭养殖仍然是我国肉羊养殖环节最主要的组织形式。随着肉羊产业的发展，肉羊家庭经营也出现分化，表现出越来越强的异质性。本部分对肉羊家庭经营的概念、优势、分化以及面临的问题进行梳理分析。

4.1 肉羊家庭经营的概念

农业家庭经营，指以农民家庭为相对独立的生产经营单位，以家庭劳动力为主所从事的农业生产经营活动，因此又称其为农户经营或家庭农场经营（李秉龙等2009）。借鉴农业家庭经营的概念，本研究将肉羊家庭经营定义为，以农牧民家庭为相对独立的生产经营单位，以家庭成员为主要劳动力，从事肉羊生产经营活动的组织形式。肉羊家庭经营的基本特征包括：①经营对象是肉羊；②经营主体是农牧民家庭；③治理结构主要实行家长制或户主制管理，不存在管理分层的内部治理结构；④强调以使用家庭劳动力为主，而不是以雇工经营为主。

4.2 肉羊家庭经营的优势

4.2.1 充分利用传统生产要素

生产要素是指产业生产活动所需要的基本物质条件和投入要素。对于肉羊产业来说，生产要素可以分为传统生产要素（基本要素）和现代生产要素（高级要素）两大类。传统生产要素主要包括气候条件、地理位置、劳动力和土地、水利等自然资源。现代生产要素主要包括生产技术、人力资本、现代化农业基础设施及生产经营管理等（夏晓平，2011；常倩，2013）。传统生产要素构成了肉羊生产的基础条件，肉羊家庭经营的优势之一便是可以充分利用饲草料、劳动力等传统生产要素。

（1）劳动力方面，肉羊家庭经营有助于劳动力的充分利用

一方面，家庭成员在性别、年龄、体力、技能上的差别有利于劳动分工和劳动力及劳动时间的最佳组合（刘奇，2013）；另一方面，肉羊家庭养殖可以充分利用机会成本很低甚至为零的半劳力、辅助劳动力和农闲时间，降低劳动力成本。在劳动时间被分割的相当细碎的农业活动中，一些闲散和辅助劳动力也得到了充分利用。这在严格分工的企业组织中往往难以做到，而家庭的自然分工却能较好地满足这种要求（李秉龙等，2009）。

（2）饲草料方面

在肉羊养殖成本中饲草料占较大比重，精饲料和青粗饲料费用占肉羊养殖物质与服务费用的34.82%，仅次于仔畜费用①。一方面，肉羊家庭经营可以通过种养结合的兼业经营方式，充分利用农作物秸秆等农副产品，自给部分饲料，从而提升农副产品价值，降低肉羊养殖的饲料成本；另一方面，肉羊家庭经营可以通过放牧饲养，充分利用田间地头和草原等饲草资源，放牧饲养需要投入劳动力和劳动时间，雇工经营时劳动成本较高，而在家庭经营时可以利用机会成本很低甚至为零的劳动力，从而能以很低的劳动力成本实现对饲草资源的充分利用。

（3）养殖场地方面

很多肉羊养殖户在自家庭院，建设简易圈舍便可养殖肉羊。庭院式养殖充分利用了家庭院落的土地资源进行肉羊生产，无需获得专用的养殖场地，不用为养殖场地付费，圈舍等养殖设施成本低，进入或退出肉羊养殖成本低。

4.2.2　适应肉羊养殖的产业特点

肉羊作为畜牧业的一个重要品种，具有畜牧业生产的一般特性，即自然再生产和经济再生产相交织，自然环境具有复杂多变性和不可控制性（乔娟等，2010）。肉羊的生物属性决定了肉羊生产需要尊重肉羊自身生长发育规律，在

---

① 注：数据来源于《全国农产品成本收益资料汇编2016》

劳动时间外，肉羊还需要一段时间来生长发育，因而劳动时间和生产时间具有不一致性，肉羊家庭经营中灵活的劳动力供给可以有效满足肉羊生产中对劳动力的需求。肉羊生产的劳动时间由其生长发育规律决定，呈现显著的季节性和突击性，肉羊家庭经营中直接生产者和最终收益获得者相统一，劳动力没有上下班的概念，根据肉羊生产的需要而确定劳动时间，能更好地适应肉羊生产的需要，劳动效率更高。饲草料和肉羊生产具有显著的季节性，且其依赖的自然环境复杂多变，不可控制，要求肉羊生产经营管理灵活、及时、具体，经营管理决策者和直接生产者相统一的肉羊家庭经营可以较好的实现这点。因此，肉羊家庭经营可以适应肉羊养殖的产业特点，从而体现了较强的生命力。

4.2.3　化解肉羊养殖的劳动监督难题

对劳动者进行有效激励的基础是要准确计量劳动者劳动的质和量，并与报酬相匹配。但在肉羊生产中，生产过程的整体性和劳动成果的最终决定性使得各个劳动者在每时每地的劳动支出对最终产品的有效作用程度难以计量。雇工经营时，由于劳动过程监督成本过高，雇主难以进行有效监督，容易产生因雇工偷懒而生产效率低下的问题。在肉羊家庭经营的情况下，家庭成员最佳利益共同体的特性决定了家庭经营的动力是内生的（刘奇，2013），家庭经营的管理成本最小，劳动激励多样（李秉龙等，2009），这使得肉羊家庭经营不必制定激励措施，也无需监督。肉羊是活的生命体，其产出水平与养殖者的精心照料是分不开的，尤其在肉羊繁殖环节，给母羊接生、小羔护理等工作质量直接影响羔羊成活率，对养殖效益至关重要，这方面家庭养殖体现了天然的优势，而企业养殖则要面临雇员的道德风险问题。肉羊家庭经营有助于化解肉羊养殖过程中劳动监督难题，这是家庭经营最核心的优势。

综上所述，肉羊家庭经营可以充分利用劳动力、饲草料、家庭院落等传统生产要素，从而可以用比企业更低的成本生产肉羊。同时，肉羊家庭经营可以适应肉羊生产的季节性、周期性、突击性以及其所依赖的自然环境的复杂多变性和不可控制性等产业特点。最为关键的是肉羊家庭经营有助于化解肉羊生产过程中的劳动监督难题，降低激励成本。

4.3　肉羊家庭经营的分化

随着工业化、城镇化的推进，农户家庭正在迅速分化，不同类型的家庭经营主体呈现出差异化的组织特征和行为取向，即使小农户也表现出较强的异质性（赵佳、姜长云，2015）。在肉羊产业的发展过程中，肉羊家庭经营也逐渐分化为不同类型，其肉羊生产经营行为呈现不同的特征。

4.3.1 兼业养殖与专业养殖

从就业的角度考察农户的分化，总体上可分为专业化和兼业化两个方向（赵佳、姜长云，2015）。虽然不同研究因其研究目的的不同，选择样本有所差异，但综合不同样本可以看出肉羊养殖的兼业化现象非常普遍且仍占据主体地位（表4-1）。2015年肉羊产业经济研究团队对内蒙古巴彦淖尔市肉羊养殖户的抽样调查发现，专业养羊户占38.58%，兼业养羊户占61.42%。兼业户中大部分以养羊和种植业为主要收入来源，随着农业劳动力转移和非农产业的发展，打工和非农业成为部分养羊户的主要收入来源。兼业户与专业户的肉羊生产经营行为具有不同特征。

表4-1 肉羊养殖家庭兼业情况表

数据来源	专业养羊户	以养羊为主的兼业户	以种植业为主的兼业户	以其他行业为主的兼业户	调研时间	调研地点	样本量
常倩（2013）	11.69%	46.37%	45.89%	6.05%	2012.8	内蒙古巴彦淖尔市	260
尚旭东（2013）		36.67%	22.78%	40.56%	2012	四川省简阳市	180
耿宁（2015）		77.13%	22.87%		2014.8	山西省怀仁县	188
肉羊产业经济团队（2015）	38.58%	30.96%	23.35%	7.11%	2015.6-9	内蒙古巴彦淖尔市	197

首先，养殖目的不同。对于专业养羊户来说，肉羊养殖是其全部收入来源，其养殖的肉羊大部分要向市场销售。随着其他收入比重的增加，肉羊养殖对兼业户的重要性逐渐降低。对于以养羊为主的兼业户来说，肉羊养殖仍是其最重要的收入来源。因此，与以种植业和其他行业为主的兼业户相比，专业养羊户和以养羊为主的兼业户更加重视肉羊养殖的生产效率与经营效益，其肉羊养殖目标更接近利润或收入最大化。以肉羊养殖为辅的兼业户则主要将肉羊养殖作为增加其收入的副业或为了满足自己消费，甚至逐步退出商品羊养殖。

其次，养殖效益不同。总体上专业户与以养羊为主的兼业户肉羊养殖规模大于以肉羊养殖为辅的兼业户（表4-2）。一部分养羊专业户将有限的资源全部用于肉羊养殖，扩张规模，对肉羊养殖投入更多，通过专业化经营提升生产效率，以实现肉羊生产与交易的规模经济，调研中规模最大的养羊专业户2014年出栏量达21 500只；也有一部分养羊户选择专业养羊是由于受到环境、资源、技术、资金等条件制约，没有其他选择，只能从事养羊，养殖规模最小的专业养羊户2014年出栏量仅10只。专业户需要面临专业化程度提高带来的更大自然风险和市场风险，因此对于保险等风险控制产品的需求也更为迫切。种养结合的兼业户可以将种植业的产品用于肉羊养殖，可以用更低的成本养殖肉羊。兼业有助于抵抗市场风险，稳定家庭收入。2014年在肉羊行业不景气的情况下，绝大部分养羊专业户不赚钱甚至赔钱，而兼业户养羊纯收入为正的比例显著高于专业户，综合其他收入，大部分兼业户实现了正的纯收入。以其他行业为主的兼业户绝大部分养羊规模较小，而个别养羊户凭借其他行业较高的收入，投资建立规模化肉羊养殖场，年出栏达到13 000只和4 000只，远远超过了一般养羊专业户的出栏规模。此外，与养羊为辅的兼业户相比，以养羊为主的养羊户获得了更多的政府补贴（表4-2）。

表4-2 2014年肉羊养殖专业户与兼业户肉羊养殖效益情况

	平均出栏数（只）	养羊纯收入为正的比例	家庭纯收入为正的比例	平均获得补贴（元）
养羊专业户	1 919[a]	17%	17%	24 459
以养羊为主的兼业户	1 342	51%	65%	25 029
以种植业为主的兼业户	179	77%	98%	2 549
以其他行业为主的兼业户	1 609[b]	43%	69%	20 833[c]

注：数据来源于实地调研；a. 最大为21 500只最小为10只；b. 去掉其中两个特别大的值13 000只和4 000只之后，平均值为355只；c. 去掉出栏13 000只的养羊户获得的补贴250 000元之后均值为0

最后，生产经营行为选择不同。与兼业农户相比，专业农户采用先进生产技术的动机与能力、提高组织化程度和市场地位的积极性更强（赵佳、姜长云，2014）。从调研的情况来看，专业户较兼业户在肉羊生产中雇佣更多的劳动力；经营模式更多地选择技术壁垒低、生产周期短、自然风险低、资金周转率快的肉羊集中育肥而非自繁自育；采用人工授精技术的比例也更高；专业户对休药期更为了解，从而严格或基本执行休药期的比例更高；专业户对病死羊无害化处理的成本更高，故病死羊无害化处理的比例略低于兼业户（表4-3）。此外，专业户与企业签订合同、实际加入和愿意加入养羊合作社的比例也较兼业户高（表4-4）。

表 4-3　2014 年肉羊养殖专业户与兼业户肉羊养殖生产经营情况

	平均雇佣劳动力（人）	短期育肥比例（%）	有人工授精比例（%）	比较或非常了解休药期比例（%）	严格或基本执行休药期比例（%）	病死羊全部无害化处理比例（%）
养羊专业户	0.57	78	17	64	76	47
以养羊为主的兼业户	0.53	40	6	49	71	63
以种植业为主的兼业户	0.10	2	0	36	45	60
以其他行业为主的兼业户	0.43ᵃ	36	13ᵇ	23	62	54

注：数据来源于实地调研；a. 去掉最大值 5 人之后，平均值为 0.08 人；b. 去掉出栏 13 000 只的养羊户后为 0

表 4-4　2014 年肉羊养殖专业户与兼业户合同签订、合作社加入情况

	与公司签订合同比例（%）	加入合作社比例（%）	愿意加入合作社比例（%）
养羊专业户	20	20	84
以养羊为主的兼业户	15	41	84
以种植业为主的兼业户	12	29	71
以其他行业为主的兼业户	8	31	78

注：数据来源于实地调研

4.3.2　舍饲与放牧

从饲养方式角度，肉羊养殖户饲养肉羊主要包括舍饲、半舍饲半放牧、放牧三种饲养方式。肉羊养殖最初以放牧为主，但随着肉羊产业的发展，舍饲和半舍饲逐渐占据重要地位（表 4-5）。其主要原因包括：一方面稀缺草原草坡资源的环境承载力限制了放牧肉羊规模的进一步扩大，生态环境恶化背景下政府出台草原禁牧、休牧、轮牧，部分地区封山禁牧等生态保护政策，通过舍饲补贴、舍饲技术培训等方式促进肉羊养殖逐步转向半舍饲和舍饲；另一方面，随着肉羊舍饲硬件设备、品种培育、饲料营养、饲养管理等一系列舍饲技术的研发与应用推广，舍饲增强对肉羊生长过程中环境、营养等因素的人工控制，降低自然风险，提高肉羊生产效率，可以更好地满足消费者特定需求等优势逐渐显现。

表4-5 肉羊养殖户肉羊饲养方式情况

数据来源	放牧	半舍饲半放牧	全舍饲	调研时间	调研地点	样本量
常倩（2013）	6.69%	37.55%	55.76%	2012年8月	内蒙古自治区巴彦淖尔市	268
尚旭东（2013）	11.67%	58.33%	30.00%	2012年	四川省简阳市	180
肉羊产业经济团队（2015）	1.50%	27.50%	71.00%	2015年6—9月	内蒙古自治区巴彦淖尔市	200

不同饲养方式对养殖户肉羊生产的成本收益具有重要影响。依靠天然牧草的放牧养殖，饲料成本很低，主要成本来自种羊、架子羊和饲养管理等，但是草场好坏受自然天气影响较大，肉羊营养没有保证，肉羊饲养周期长。肉羊舍饲需要建设专用圈舍，生产或购买肉羊饲料，这部分生产成本显著高于放牧饲养方式，但舍饲肉羊饲料营养可控，受自然天气影响小，总体上肉羊增重快，饲养周期短。李助南等（2002）研究发现舍饲宜昌白山羊的生理常数与放牧山羊表现一致，不同月龄体重和体尺、母羊产羔率、羔羊成活率均高于放牧山羊。王柏辉等（2017）研究发现舍饲苏尼特羊活体重、胴体重和净肉重显著高于放牧组，舍饲羊具有较高的屠宰加工优势。但黄金玉等（2015）对湘东黑山羊进行舍饲和放牧对比试验发现，饲养方式（放牧、舍饲）对山羊宰前活重和胴体重影响不显著。

饲养方式对羊肉品质也有一定的影响（毛建文等，2012）。目前学者们对肉羊舍饲和放牧进行了一些对比试验，发现饲养方式对肉羊生长发育具有一定影响，不同饲养方式羊肉品质存在一定差异。刘学良等（2013）和陈勇等（2015）对不同放牧时间滩羊的对比试验发现，在适宜放牧和补饲条件下，"放牧4h+精料"和"放牧2h+精料"两组的消化道有较好的发育，放牧时间影响血液中葡萄糖和脂肪的含量，提高了肌肉中有氧代谢酶的活性，以放牧2~8h较适宜。王柏辉等（2017）研究发现，苏尼特羊放牧组肌肉的亮度和黄度、羊肉中多不饱和脂肪酸的含量（特别是CLA、α-亚麻酸、EPA和DHA）显著高于舍饲组，且具有更高的抗氧化分解能力，而剪切力、肌肉中脂肪含量反之，整体上放牧组羊肉具有较高的营养价值。黄金玉等（2015）对湘东黑山羊进行舍饲和放牧对比试验发现，相较于舍饲羊，放牧羊肌肉中粗蛋白水平、氨基酸总量、成人必需氨基酸、鲜味氨基酸含量、肌肉中饱和脂肪酸、多不饱和脂肪酸、必需脂肪酸比例较低，而肌内脂肪含量、婴儿必需氨基酸、单不饱和脂肪酸较高，整体来看舍饲羊肉品质稍优于放牧羊，但放牧羊肌肉抗氧化能力高于补饲羊。随着集约化舍饲模式的推广普及，对适合舍饲、产肉性能好、羊肉品质高的肉羊良种的需求也愈加旺盛。赵天章等（2014）研究发现在以全混合日粮（TMR）为主要饲喂方式的集约化饲养模式下，巴美肉羊比小尾寒羊能发挥更高的生产性能并生产出品质更佳的羊肉。

4.3.3　自繁自育与短期育肥

从经营模式角度，肉羊养殖户主要分化为自繁自育户和短期育肥户（表4-6）。短期育肥指收购架子羊育肥后售出。自繁自育指利用能繁母羊和种公羊，采用本交或人工授精等方式配种，自己生产羔羊育肥后出售。也有部分养殖户（调研中有17户）只从事羔羊繁殖环节，出售断乳羔羊，并不育肥。与肉羊繁殖环节技术要求高、固定资产投资多、自然风险大、工作经验和责任心要求高、进入退出壁垒高、生产周期长不同，肉羊短期育肥技术要求低，不需要很多固定资产投资，避开了自然风险较大、经验和责任心至关重要的繁殖环节，进入或退出较为容易，而且生产周期短，通常3~4个月甚至更短时间便可出栏，资金回笼快。2014年之前，羊肉价格一路上涨，肉羊产业行情一直利好，很多从事其他行业的人转向肉羊养殖，劳动力跨区流向肉羊主产区从事肉羊养殖，这些新加入者主要从事的便是短期育肥。

表4-6　肉羊养殖户肉羊经营方式情况

数据来源	自繁自育	短期育肥	二者皆有	调研时间	调研地点	样本量
常倩（2013）	58.96%	15.24%	25.65%	2012年8月	内蒙古自治区巴彦淖尔市	269
叶云（2015）	28.72%	71.28%		2014年8月	山西省怀仁县	188
肉羊产业经济团队（2015）	40.30%	44.78%	14.93%	2015年6—9月	内蒙古自治区巴彦淖尔市	201

不同经营方式的肉羊养殖户生产经营行为和效益差异较大（表4-7）。自繁自育户年龄较短期育肥户和二者皆有的混合户大，出栏规模明显小于后者，一方面，是由于肉羊繁殖需要更多的劳动力；另一方面，由于短期育肥饲养周期短，一年可以出栏多批，而绝大多数自繁自育户一年只能出栏一批。在市场行情好时，短期育肥户饲养周期短、资金周转快，可以获得较高的利润率。但在市场行情不好时，自繁自育户同时从事繁殖和育肥两个环节，多环节生产降低了市场风险，体现出更高的抗市场风险能力。2014年受小反刍兽疫的影响，肉羊出栏受阻，前期以较高价格收购架子羊育肥的短期育肥户亏损严重，而大部分自繁自育户获得了更多的纯收入。短期育肥户严格或基本执行休药期的比例高于自繁自育户，但病死羊全部无害化处理的比例略低于后者。短期育肥户

与企业签订合同、实际加入和愿意加入养羊合作社的比例都高于自繁自育户。部分肉羊养殖户经营管理能力较强，经营方式较为灵活，自繁自育和短期育肥都有，根据市场随时调整经营结构，灵活应对市场变化，在休药期执行、病死羊无害化处理方面均表现较好，加入合作社、与公司签订合同以降低市场风险的意愿也较强。

表 4-7 2014 年不同经营方式肉羊养殖户行为与效益情况

	平均出栏数（只）	平均年龄（岁）	养羊纯收入为正的比例（%）	严格或基本执行休药期比例（%）	病死羊全部无害化处理比例（%）	加入合作社比例（%）	与公司签订合同比例（%）	愿意加入合作社比例（%）
短期育肥	1842	45	12	76	47	28	19	85
自繁自育	115	50	76	46	56	24	8	74
二者皆有	2754	44	53	83	72	48	25	81

注：数据来源于实地调研

4.3.4 庭院式养殖与场区式养殖

庭院式养殖是农户传统兼业养殖形成的组织方式。随着肉羊产业的发展，养殖小区和养殖场等养殖模式逐渐兴起并发展壮大（表 4-8）。养殖小区主要由企业或政府建立，农户通过租赁或合作等方式进驻养殖小区。养殖场主要是肉羊养殖户在远离村庄的地方投资兴建的规模化肉羊养殖场。养殖小区和养殖场（简称"场区式养殖"）是专业化、集约化肉羊养殖的重要组织形式，也是各级政府的重点支持方向。相对于庭院式养殖，场区式养殖基础设施更完善，生产管理更规范，实施良好质量控制行为的能力更强。但是，场区式养殖一般养殖规模更大，对于兽药和加工饲料的需求更多，病死羊更多更集中，无害化处理成本更高，从而面临更大的安全风险。场区式养殖完善的基础设施伴随着高投入、高成本，同时面临更高的环保要求，如果与庭院式养殖以相同价格销售肉羊，则竞争不过后者。但是场区式养殖若利用其优势，生产高品质、高附加值的肉羊，则可以实现更高的收益。

表 4-8 肉羊养殖户肉羊养殖模式情况

数据来源	庭院式	场区式	调研时间	调研地点	样本量
尚旭东（2013）	85.00%	15.00%	2012 年	四川省简阳市	180
耿宁（2015）	35.11%	64.89%	2014 年 8 月	山西省怀仁县	188

（续表）

数据来源	庭院式	场区式	调研时间	调研地点	样本量
肉羊产业经济团队（2015）	62.94%	37.06%	2015年6—9月	内蒙古自治区巴彦淖尔市	197

表4-9显示了调研样本中庭院式与场区式养殖户2014年生产经营行为和效益的情况。调研数据显示，场区式养殖年出栏规模更大，获得了更多的政府补贴。由于其更高的养殖成本，在2014年出栏受阻的情况下，亏损比例显著大于庭院式养殖。场区式养殖户平均年龄较庭院式养殖户小，雇佣更多的劳动力，采用人工授精的比例更高。庭院式养殖多为自繁自育户，场区式养殖则主要是短期育肥户。场区式养殖严格或基本执行休药期的比例高于庭院式养殖，而病死羊全部无害化处理的比例略低于后者。场区式养殖户与企业签订合同、实际加入和愿意加入养羊合作社的比例都显著高于庭院式养殖户。

表4-9　2014年庭院式与场区式肉羊养殖户生产经营行为与效益情况

	庭院式	场区式
平均出栏数（只）	896	2 145
养羊纯收入为正的比例（%）	55	22
平均获得补贴（元）	14 189	24 861
平均年龄（岁）	49	45
雇佣劳动力（人）	0.26	0.73
短期育肥的比例（%）	27	81
人工授精的比例（%）	2	21
严格或基本执行休药期的比例（%）	61	72
病死羊全部无害化处理的比例（%）	55	54
加入合作社的比例（%）	20	35
与公司签订合同的比例（%）	9	28
愿意加入合作社的比例（%）	73	88

注：数据来源于实地调研

随着我国畜禽养殖业的快速发展，畜禽粪便排放所导致的环境污染问题日趋严重。我国政府已经逐步认识到畜禽废物排放污染问题的严重性，制定并采取了严格的政策管理措施减少畜牧业环境污染（仇焕广等，2013）。《中华人民共和国畜牧法》（2015年修订版）、《中华人民共和国动物防疫法》（2007年修订版)、《中华人民共和国水污染防治法》（2017 年修订版)、《中华人民共和国环境保护法》（2014 年修订版)、《畜禽规模养殖污染防治条例》（2014 年1 月 1 日起施行）等法律法规对畜禽粪便、污水、尸体等养殖废弃物的综合利用和无害化处理做出了规定。2016 年 11 月 24 日国务院印发的《"十三五"生态环境保护规划》中对畜禽污染防治、畜禽规模场（小区）禁养区域划定、畜禽养殖废弃物污染综合治理和资源化利用做出了要求。根据该规划，各地根据自身情况分别制定了禁养区、限养区和适养区，对畜禽养殖业进行规范管理。目前对于畜禽废弃物处理的要求主要针对畜禽养殖场和养殖小区。主要原因是：散养方式下农户将畜禽养殖和种植业相结合，畜禽粪便还田率较高；而当畜禽养殖业集约化、专业化不断提高时，种、养分离成为普遍趋势（仇焕广等，2013），相应畜禽粪便利用率下降，污染更为严重。

4.4　肉羊家庭经营面临的问题

家庭的经济社会特性使其在组织肉羊生产时具有天然的优势，从而在实践中，无论是国际间横向比较，还是不同历史时期的纵向比较来看，家庭经营都是最重要的肉羊微观组织形式。但是，在肉羊产业发展和现代化进程中，我国肉羊家庭经营面临着养殖效益降低、现代生产要素稀缺、在市场交易时处于弱势地位等问题，成为制约我国肉羊产业转型升级的重要因素之一。

4.4.1　肉羊养殖效益降低

成本利润率是衡量肉羊养殖效益的一个重要指标，表 4-10 是 2004—2015 年全国及各地区散养肉羊成本利润率。由表 4-10 中数据可以看出：①不同年份间散养肉羊成本利润率差异较大，2004—2015 年散养肉羊成本利润率总体呈下降趋势，肉羊养殖效益降低；②不同地区间散养肉羊成本利润率差异较大，各地区资源禀赋、饲养肉羊品种、生产与消费关系等不同，饲养肉羊的成本和收益存在一定差异；③2014—2015 年，受羊肉市场不景气的影响，全国及各地区散养肉羊效益整体明显下降，2015 年大部分地区处于亏损状态。④2007—2014 年羊肉价格迅速飙升，屠宰加工企业收购活羊的价格也明显提高。但在此期间散养肉羊成本利润率并没有显著提高，反而有所下降，其主要原因受饲料、架子羊、种羊等物质成本和人工成本上升的影响，肉羊养殖成本迅速上升，甚至超过了活羊出售价格上涨的幅度。如周应恒等（2005）所述，从长期和动态角度来看，我国畜牧业短期和静态时显示的成本和价格优势都将消失。在高成本和低收益的夹击下，肉羊养殖成本利润率显著下降，肉羊生产主体急需转变生产经营方式，提高抵御市场风险的能力。传统粗放经营方式向现代集约经营方式的转变需要资本、技术、管理等更现代的生产要素的投入，而这些现代生产要素恰恰就是目前我国肉羊家庭经营中最缺乏的。

表 4-10　2004—2015 年全国及各地区散养肉羊成本利润率　　（%）

年份	全国平均	河北	黑龙江	山东	河南	陕西	宁夏	新疆
2004	35.19	—	72.55	22.58	30.71	42.97	—	49.43
2005	18.34	—	39.04	23.62	42.13	16.29	—	7.70
2006	31.95	—	51.70	43.45	34.64	2.86	—	14.03
2007	37.60	39.49	58.23	49.08	43.24	25.34	—	21.00
2008	26.11	41.59	57.06	13.17	35.12	7.74	30.51	23.57
2009	21.63	34.76	16.19	11.69	26.43	24.42	15.23	24.89
2010	21.22	31.20	33.31	26.98	29.51	10.68	17.22	9.96
2011	22.12	33.81	33.33	10.83	28.19	32.47	14.86	8.38
2012	20.18	17.06	41.39	-0.85	18.42	29.43	44.65	-0.75
2013	15.54	9.83	23.54	0.80	15.81	27.92	29.65	3.05
2014	3.59	-1.05	0.64	-15.84	11.40	20.29	-1.11	8.51
2015	-6.59	-19.68	-13.50	-29.66	8.18	8.71	-16.03	10.77

注：数据来源于《全国农产品成本收益资料汇编》（2005—2016）

4.4.2　现代生产要素稀缺

在自给自足的自然经济条件下，肉羊生产的区域分布主要受饲养环境、饲料资源和养殖习惯等传统因素的影响，而在市场经济条件下，肉羊生产更多体现为自然再生产与经济再生产的有机结合，现代生产要素在肉羊生产中的作用越来越大（夏晓平，2011）。而目前肉羊家庭经营中人力资本、生产技术、资本、现代化生产基础设施及科学经营管理等现代生产要素非常稀缺。

（1）人力资本

肉羊家庭经营劳动力的数量、质量影响产业发展。目前肉羊养殖户年龄普遍较大，受教育程度较低，调研样本中年龄最小为 24 岁，最大为 70 岁，平均年龄 47.26 岁，受教育程度初中及以下的占 80.10%。肉羊养殖工作强度大、环境艰苦，很多年轻人选择外出打工而不愿从事肉羊养殖。牧区为了保护生态环境需要减少牲畜饲养量，以实现草畜平衡，但是饲养规模小制约了农牧户收入水平的提高，使其难以获得与其他行业可竞争的收入，所以留不住人力资本较高的劳动力。年龄大、受教育程度低的劳动力学习掌握先进生产技术的能力弱，生产经营更多的是依靠长期的生产实践经验，难以实现科学饲养与管理。

（2）生产技术

优质肉羊的高效生产不仅需要有优良的肉羊品种，而且需要根据肉羊生长不同阶段的营养需求科学合理配比饲料，按时进行疫病防控，做好设施环境与人员消毒，严格执行休药期，病死羊全部无害化处理等一系列标准化操作与管理。受肉羊养殖户资本与劳动力素质的制约，很多肉羊养殖户缺乏改良品种、科学饲养、饲料配比、防疫、休药期执行、病死羊无害化处理、粪污综合利用等方面的相关知识和技能，难以实现科学高效养殖。同期发情、人工授精、胚胎移植等可以提高生产效率的技术，由于技术要求更高，在肉羊家庭经营中应用就更少了。肉羊家庭经营的生产技术设备差异较大、品种不一，生产的肉羊质量差异较大。

（3）经营管理

人是生产力中最活跃的因素，而富有生产能力和经营头脑的人更为重要（石恂如，1987）。现代肉羊养殖业要求肉羊生产主体能够以市场需求为导向，根据市场需求进行生产经营决策，生产适销对路的产品，满足消费者日益增长的对羊肉质量的需求，以实现自身生产效益。这就要求生产者可以和下游主体良性互动，能将消费者的专用性或特定需求转变为实际的生产决策，对生产者经营管理能力提出了一定的要求。而现实中大多数肉羊养殖户对外仍延续传统的生产经营理念，专注于生产，而不能对市场变化做出及时调整应对；对内不做成本核算，因而不能很好地控制生产成本与优化资源配置，难以提高肉羊养殖效益。

（4）资本

经营规模大、资本密集，应用先进的生产和管理技术手段，是现代肉羊养殖业的基本特征。而经营规模扩大、现代化养殖设施设备投资、技术与产品研发、优良品种使用、粪污综合利用和无害化处理设施、人工授精和胚胎移植等先进生产技术应用等需要大量和持续的投资。现金的流动性最强，转化为其他生产要素的能力最强，但也是农牧民最缺乏的。

为了解肉羊养殖户对要素、技术和服务等方面的需求程度，本研究对肉羊养殖户进行了调研。调研将需求程度分为五档，让肉羊养殖户选择最为接近其情况的表述，表4-11是调研结果的统计汇总。考虑到自繁自育户和短期育肥户的生产经营特点不同，分别统计了自繁自育户、短期育肥户和二者皆有的养殖户对良种和繁育技术的需求程度。由表4-11中数据可以看出，调研中肉羊养殖户对重大疫病保险补贴、资金、肉羊养殖保险、疫病防治技术、育肥技术、饲料配置技术、良种和繁殖技术的需要程度较高，表示非常需要和比较需要的样本占比 50% 以上。对重大疫病保险补贴和肉羊养殖保险的需求主要是由于肉羊生产的自然风险和市场风险的双重特性，使得肉羊生产经营风险较大，养殖户急需保险来降低风险。相对于短期育肥户，自繁自育户对良种和繁殖技术的需要程度更高。综合来看，肉羊养殖户对于资金、育肥和饲料配置等生产技术、疫病防治技术、良种和繁殖技术等现代生产要素的需要程度较高，而对饲草料、养殖场地、劳动力等传统生产要素的需求程度较低。调研样本对粪污处理技术的需要程度较低的可能原因有：一是部分肉羊养殖户采取农牧结合的生产方式，对粪污有了较高的利用；二是粪污污染具有外部性，在外部监管较弱时，肉羊养殖户处理粪污的积极性较弱。

表 4-11　肉羊养殖户养羊过程中对相关要素、技术或服务的需求程度统计表

（%）

项目		不需要	不太需要	一般	比较需要	非常需要	需要合计
重大疫病保险补贴		8.16	2.55	6.12	12.24	70.92	83.16
资金		6.06	5.05	9.60	6.57	72.73	79.29
肉羊养殖保险		14.43	5.67	7.73	17.53	54.64	72.16
疫病防治技术		9.74	6.67	12.82	18.46	52.31	70.77
育肥技术		16.84	6.12	13.78	14.80	48.47	63.27
饲料配置技术		20.41	7.65	15.31	16.33	40.31	56.63
饲草料		18.46	9.23	26.15	23.08	23.08	46.15
养殖场地		40.10	14.06	19.27	14.58	11.98	26.56
粪污处理技术		42.27	11.34	21.13	8.76	16.49	25.26
劳动力		41.03	18.46	21.03	8.72	10.77	19.49
良种	短期育肥	43.33	12.22	3.33	12.22	28.89	41.11
	自繁自育	13.16	9.21	18.42	11.84	47.37	59.21
	二者皆有	3.57	0.00	21.43	21.43	53.57	75.00
繁殖技术	短期育肥	5.56	0.00	6.67	3.33	16.67	20.00
	自繁自育	14.67	4.00	14.67	28.00	38.67	66.67
	二者皆有	17.24	0.00	20.69	17.24	44.83	62.07

注：数据来源于实地调研；表中最后一列是比较需要和非常需求占比的合计

4.4.3　在市场交易时处于弱势地位

家庭经营与规模没有直接关系，家庭养殖可以规模很大，也可以规模很

小。家庭养殖以自有劳动力为主，雇工为辅，其实际参与生产的劳动力数量相对固定。不同的技术对应的劳动力与其他要素的比例是不同的，农场主可以在不同的技术中做选择，而每一种技术都适用于特定的农场规模。规模不等的农场分别采用各自的适宜技术（Chavas，2001）。目前，肉羊家庭养殖规模差异较大，年出栏几只到几万只不等。但农业生产上下游环节的企业组织规模普遍超过家庭农场，家庭农场在面对这些贸易伙伴时，往往处于弱势地位。为改善市场交易地位，需要发展农业合作社之类的组织，以创造"抗衡力量"（Countervailing Power）（Valentinov，2007）。调研样本中肉羊养殖户2014年户均出栏肉羊1408只，其养殖规模大于全国平均水平，2015年全国肉羊出栏100只及以上的肉羊场（户）数仅占2.97%，而肉羊屠宰加工企业年屠宰能力则动辄几十万只，双方规模悬殊。因此，肉羊养殖户在活羊销售时往往处于弱势地位，讨价还价能力较弱。调研中55.56%的被访者表示在活羊销售时讨价还价能力很弱，只有14.45%的被访者表示很强或较强。肉羊家庭经营在精饲料、种羊等重要生产要素采购时，也同样面临这个问题。

4.5　小结

目前我国肉羊养殖仍以家庭经营为主要组织形式，本部分在对肉羊家庭经营的概念、优势、分化以及面临的问题进行梳理分析，主要结论如下：

（1）肉羊家庭经营的内涵

肉羊家庭经营以肉羊为经营对象，以农牧民家庭为经营主体，采用家长制或户主制的治理结构，以家庭成员为主要劳动力是其基本特征。

（2）肉羊家庭经营的优势

肉羊家庭经营的优势在于：一是充分利用家庭劳动力、饲草料资源和家庭院落等传统生产要素；二是适应肉羊养殖的一般特性，即自然再生产和经济再生产相交织，所依赖的自然环境具有复杂多变性和不可控制性；三是有助于化解肉羊养殖的劳动监督难题。以上优势使得家庭经营可以用较低的成本高效地生产肉羊。

（3）肉羊家庭经营类型的分化

随着肉羊产业的发展，肉羊家庭经营也逐渐分化为不同类型，包括兼业养殖与专业养殖，舍饲与放牧，自繁自育与短期育肥，庭院式养殖与场区式养殖等。不同类型的家庭经营模式在养殖目的、生产成本、产品质量、所面临的自然风险和市场风险以及组织化程度等方面存在差异性。

（4）肉羊家庭经营的劣势

肉羊家庭经营养殖效益降低，缺乏人力资本、先进生产技术、经营管理、资本等现代生产要素，难以实现优良品种使用、品牌化运营、产品价值提升，在市场交易时处于弱势地位。肉羊家庭经营难以通过自身解决以上问题，因此亟需通过组织形式变革、组织间的协作、或政府支持来突破肉羊家庭经营的发展瓶颈。

5 基于标准化规模养殖的肉羊企业化经营分析

除了肉羊家庭经营，中国肉羊养殖的组织形式也呈现多元化，其中，典型的代表是建立在家庭互助基础上的合作社和公司制农场。从农业发展的国际经验来看，家庭经营仍然是农业生产的主体组织，但家庭农场以外的经营主体例如公司农场、法人团体等也得到发展，美国、法国、日本等国公司农场呈现加快发展趋势（何秀荣，2009；周应恒等，2015）。本部分结合案例对肉羊养殖合作社和公司制肉羊养殖进行分析。

5.1 肉羊养殖合作社

5.1.1 肉羊养殖合作社的概念

畜牧业合作经济组织，也称作畜牧业合作制，是指以家庭经营为主的畜牧业小生产者为了维护和改善各自的生产条件以及生活条件，在自愿互助和平等互利的基础上，联合从事特定经济活动所组成的企业化组织形式，包括生产合作、供销合作、信贷合作和产后合作等多个类型。其中，专业性合作经济组织是在不改变农牧民家庭经营的基础上，自愿在某个特定生产领域或生产环节实行联合的合作组织（乔娟、潘春玲，2010）。参考畜牧业合作经济组织和专业性合作经济组织的概念，本研究将肉羊养殖合作社定义为以家庭经营为主的肉羊生产者为了维护和改善各自的生产条件以及生活条件，在自愿互助和平等互利的基础上，在肉羊养殖环节实行联合所组成的企业化组织形式。肉羊养殖合作社以优化社员利益为目的，其对内以服务社员为原则，对外追求合作社利润最大化。

5.1.2 肉羊养殖合作社的作用机制

（1）统一经营与分散经营的灵活结合

合作经济组织不是对家庭经营的否定，而是构筑在家庭经营基础上，并为其提高效益服务（乔娟、潘春玲，2010）。因此，肉羊养殖合作社一方面可以发挥肉羊家庭经营的优势；另一方面，有助于克服肉羊家庭经营中面临的瓶颈问题。具体而言，合作社可以统一提供肉羊家庭经营所缺乏的良种、繁殖与育肥技术、饲草料生产加工与配置技术、先进机械化生产设施设备、原料采购和产品销售等现代生产要素，从而提高肉羊家庭经营的生产效率，改进产品质量，进而提高肉羊养殖效益。统一经营和分散经营可以灵活结合，相对而言适合家庭经营的环节就由家庭组织，适合合作社经营的就由合作社统一经营。每个合作社可以根据自身情况灵活决定各环节如何组织，是否统一经营或分散经营的效率标准是组织成本最小化或组织效率最高。

（2）资源共享，突破家庭经营的瓶颈

肉羊养殖户在资源禀赋、技术条件、经营管理能力等方面存在较强的异质性，肉羊养殖户之间的互助合作，有助于突破各自的要素约束。一方面，合作社可以将各社员所掌握的资源要素整合起来，优化资源配置，提高资源的利用效率。例如，擅长生产管理的可以分享生产管理经验，擅长市场运营的可以负责合作社的市场运营，从而使合作社的生产经营达到更高水平。另一方面，合作社还可以将社员所掌握的传统生产要素集中起来，增加现代生产要素投入。如建设标准化生产设施，建立科学饲养管理制度，购买优良品种、饲料生产加工机械，聘请技术人员等。通过增加肉羊养殖过程中现代生产要素的投入，可以推动肉羊标准化生产，促进肉羊生产质量和效益的提升。

（3）扩大规模，实现生产和交易的规模经济

受家庭要素禀赋的制约，肉羊家庭经营的规模普遍较小，肉羊繁育户尤其如此。肉羊繁育环节需要较多劳动力，一旦规模扩大家庭劳动力就会不足，导致雇佣劳动力的责任心和生产效率难以保证。很多现代化的生产机械，例如联合收割机等，购置成本高，且需要达到一定的生产规模才具有经济性，一般单个养殖户资金不足，也难以达到相应生产规模，从而制约了相关生产设施设备的应用。合作社通过将社员的养殖规模集中起来，扩大了总体规模，从而提高了生产设备的利用效率，使更多机械化设备的购置与应用具有经济性。原料采购和产品销售可交由合作社统一负责，社员不再需要每家每户都去参与市场谈判，只需专心负责肉羊的生产管理，从而降低了社员市场交易的成本，实现了

交易的规模经济。

(4) 改善市场地位，提高议价能力

肉羊家庭经营虽然也可以实现较大的生产规模，但是与多采用企业化经营、工业化生产的上游饲料生产和下游肉羊屠宰加工环节相比，其生产规模仍然很小，仍处于弱势地位。与一般肉羊养殖户相比，饲料企业和屠宰加工企业更愿意与合作社合作，因为合作社是法人团体，可以降低企业与自然人交易的风险；而且合作社掌握的肉羊规模较大，可以降低企业的交易成本。合作社可以利用集中起来的数量规模和上下游主体谈判，数量优势提高了其议价能力，可以获得饲料采购的价格优惠，实现更高的销售价格。

5.1.3 肉羊养殖合作社可能面临的问题

(1) 肉羊养殖合作社的效率问题

合作社社员通常具有较大的异质性，其中实力较强的社员往往担任合作社理事长或其他重要职务，从而在合作社组织管理方面起到重要作用。如果个别合作社社员的生产规模和对合作社决策的影响能力远大于其他社员，其可能存在寻租动机，通过影响合作社的决策使其自身效益最大化，而不是将合作社的效益最大化，甚至将合作社作为其私人的产业进行处置，而忽视了合作社对其他社员的服务功能。与规模较大的社员相比，规模较小的社员违约的损失更小，从而"搭便车"的机会主义动机更强，其更可能将次等质量的产品提供给合作社，而将优质产品自行销售，或者在实践中不严格按照合作社规范进行生产以降低生产成本。此外，合作社往往作为弱者的联合，公共积累较少，合作社管理人员的工资水平也较低，经济激励弱，更多的是公益性质的服务，管理人员的努力程度在很大程度上依赖于其个人道德水平，随机性较大，合作社管理效率很难保证。

(2) 合作社的发展受到社员资源的制约

肉羊养殖合作社建立在社员资源的基础上，尽管合作社可以通过合作整合社员资源，获得一些更现代的生产要素，但是在合作社进一步发展方面仍然面临困难。肉羊养殖户的受教育程度普遍偏低，年龄偏大，学习和掌握先进技术的能力较弱，缺乏现代经营管理的理念和技术手段。同时，建立溯源系统，推广应用先进技术手段，进一步提升产品质量，实施肉羊标准化规模养殖，延伸产业链条，提升产品附加值等，都需要更多资金投入。但是，作为合作社社员的肉羊养殖户实力较弱，有限的合作社社员难以集中大量资金，而合作社社员规模较大时又会由于缺乏合理的管理体制导致管理成本高企，管理效率大幅降低。合作社对于设施设备和生产技术的缺乏可以通过政府或企业提供而得到缓解，而合作社经营所需要的管理人才和管理团队却一时难以解决，而这恰恰是合作社发展最为关键的要素。此外，合作社缺乏吸纳社会资源的有效机制，难以利用社会资源促进其进一步发展。

（3）肉羊养殖合作社的可持续发展问题

肉羊养殖合作社多是在政府支持、公司带动或肉羊养殖能人带领下建立的，因此，相应合作社的组织方式与功能发挥很大程度上取决于其发起者——政府、带动公司或能人领导者。合作社作为提高农牧民组织程度的主要方式，得到了政府的大力支持。在政府的大力支持下，合作社发展迅速。但若离开了政府的支持，合作社还能否实现盈利，具有市场竞争力呢？合作社往往是由一个能人领导，合作社的前景与效益很大程度上取决于这个能人的能力和决策，但如果这个能人因故不能继续领导合作社了，合作社又能否继续存在并得以发展呢？这就是合作社的可持续发展问题。合作社需要建立科学的组织管理机制，保证合作社的可持续发展，不会因政府支持力度减弱、个别社员的加入或离开等因素而发生重大变化，合作社仍可以有序有效地维持运营并发展壮大。在肉羊养殖户人力资本较低难以依靠自身能力，而合作社实力又不足以外聘专业管理团队的情况下，建立可以使肉羊养殖合作社可持续发展的组织管理机制是合作社可持续发展的重中之重。

5.1.4　肉羊养殖合作社的案例分析

在上述理论分析的基础上选择内蒙古自治区巴彦淖尔市一个具有代表性的肉羊养殖合作社进行案例分析。巴彦淖尔市是全国著名的肉羊养殖集聚区，该地成立了数量较多的肉羊养殖专业合作社，经调查和当地主管部门推荐及仔细甄别、筛选，最终选择运行良好且具有典型代表性的大众顺巴美肉羊育种专业合作社①为研究对象。对该典型案例的分析有助于了解肉羊养殖合作社实际运行效果及存在的问题。

（1）合作社基本情况

大众顺巴美肉羊育种专业合作社位于内蒙古自治区巴彦淖尔市乌拉特中旗，在政府主导建设的巴美肉羊育种园区基础上，由吸纳进入园区饲养巴美肉羊的农户组成。现有社员 35 户，饲养巴美肉羊 6 600 只，其中繁殖母羊 3 000 只，育成母羊 1 400 只，年培育种公羊 1 400 只。该园区是巴彦淖尔市发展肉

---

①　注：合作社资料来自实地调研访谈

羊产业的核心种源基地，于2009年9月建成并投入使用。园区内基础设施完善，饲草料加工机械设备齐全，组织化育种能力较强，能够有效利用先进技术，是一个功能较完整的专业化育种园区，取得了内蒙古自治区种畜经营许可证资格。

（2）合作社运行情况

园区总投资1 685万元，其中国家投资250万元，地方配套760. 19万元，整合交通、水务、农牧、农机等相关项目资金568. 43万元，群众自筹106. 38万元。合作社将国家投入的基础设施、农民自筹的资金、种羊统一作为合作社的资产以法人制的形式集体管理。园区总占地面积5.7万平方米，共建设高标准养殖棚圈6栋、60套（图5-1）。其中，饲养区2.4平方米（包括棚舍、运动场和道路）；饲草料加工储藏区1.9万平方米（包括储草棚、储料库、青贮窖）；管理区2 100平方米，建筑面积287平方米（配种室1间，防疫室、紫外线消毒间、办公室、会议室、饲草料加工机械库房各1间）。园区配备自走式青贮收获机1台，自走式玉米收获机1台，方草捆打捆机1台，双圆盘牧草收割机1台，饲草料粉碎机2台。

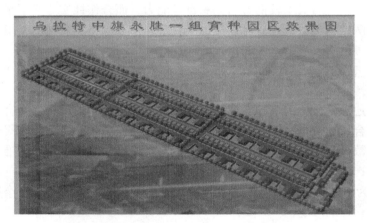

图5-1　乌拉特中旗永胜一组育种园区效果图

合作社制定了严格的管理章程和规章制度。组织机构设理事会、监事会和会计，其中理事会由5人组成，监事会由3人组成。合作社制定了明确的管理制度（表5-1），并制定了具体的防疫制度，对消毒、防疫、封锁隔离和无害化处理等操作方法与规范做出了明确具体的规定。由表5-1可以看出，入社方面，合作社对入社农户的生产规模和饲养水平提出了要求。生产管理方面，水费、电费由农户自行承担，合作社按照统一技术标准实行标准化生产，统一繁育、饲养、防疫标准，统一青贮和采购配合饲料，统一配种、耳标和种羊鉴定，统一培训、学习，统一市场运作。此外，该合作社（园区）是在政府主导下建设成立的，具有一定的公益性质，要求社员必须积极配合上级职能部门的工作。园区与内蒙古农业大学食品工程学院、内蒙古农牧科学院畜牧研究所、河套大学联合进行羊肉品质特征分析和生长性能测定、巴美肉羊多胎品系选育、肉羊反季节同期发情人工配种等探索试验，为发展现代肉羊产业提供技术支撑。

表 5-1　大众顺巴美肉羊育种专业合作社管理制度

大众顺巴美肉羊育种专业合作社管理制度

为了规范育种专业合作社社员对巴美肉羊育种的管理，充分发挥巴美肉羊育种园区的功能，扩大育种规模、提高育种水平，同时进行肉羊育种和科研及示范，走科学化、标准化育种道路，特制定本制度。

一、加入育种专业合作社的标准

1. 巴美繁殖母羊达到 30 只以上的育种户，入园两年内，每套圈舍的巴美繁殖母羊达到 50 只以上。

2. 必须遵守专业合作社的规章制度。

3. 有较高的养羊积极性和科学饲养水平。

二、育种专业合作社规章制度

1. 专业合作社为加入的社员在园区内提供的羊舍是以套为单位使用。

2. 必须在符合专业合作社的统一管理下生产经营。

3. 羊舍只有使用权没有所有权和买卖权，不准乱拆乱建，不得私自改变羊舍、储草区的使用结构。

4. 社员要爱护园区的设施，有维修保护羊及园区公共设施的义务，按规定每年交纳管理费用。

5. 社员必须积极配合上级职能部门的工作。

6. 社员必须按时交付水电费。因欠水电费导致园区停水停电造成的损失由欠费户承担全部损失。

7. 为了安全用电，不得私拉乱接，不得使用超出园区规定的用电器标准，否则，由此造成的损失由违规者承担责任。

8. 遵守园区农机管理和使用制度。

9. 必须按园区统一技术标准饲养。统一繁育标准，统一饲养标准，统一青贮，统一采购配合饲料，统一防疫标准，统一配种，统一耳标，统一培训、学习，统一市场运作。

10. 不允许园区以外的人员随便进入园区，更不允许收羊车进入园区，如需出售羊要拉到园区外交易。

11. 不允许私自从园区外购进羊只，确实需要购进的需经管理机构批准，并在园区外隔离观察确认无病后方可进入。

12. 专业合作社的社员要随时掌握本场生产情况，及时提供相关生产数据以便合理安排生产。

13. 专业合作社社员购进或销售的羊只要进行精确的登记，登记内容必须清楚，主要包括羊只进销日期、品种、数量、来源、流向、金额等，经手人应签字认可。做到管理人员、财务人员、饲养人员三对口。

14. 种羊鉴定：各育种户在产羔时要做好产羔记录和初生重登记，每年在 3 月对母羊、育成公羊、公母羔羊进行鉴定，严格按照育种标准进行选留和淘汰。

肉羊生产经营中，合作社统一经营和社员分散经营相结合。社员的肉羊空间上集中在园区，但具体的饲养管理由各户分别负责。在原料采购方面，合作社组织统一购买饲料。在产品销售时，以合作社的名义统一销售种羊、羊毛等产品，合作社可以提供税务机打发票。合作社育成种羊销售给当地政府和外地集中采购者。售羊收入直接打入合作社账户，合作社在提取一部分管理费后将剩余货款直接转给卖羊农户，政府为买羊的农牧户提供种公羊补贴800元/只。合作社管理费提取由圈舍和售羊数量确定，圈舍管理费200元/年，机械方面约2万元/年，加上其他方面费用共3万余元。合作社理事长在园区有两套圈，其工资是3 000元/年，主要收入来自养羊。饲草料种植与加工方面，农户分散种植同一品种的青贮玉米，采用社员互助机械化收割加工，由合作社统一青贮和储藏。每个农户都有自己的青贮窖，一个青贮窖大致可以青贮7亩全株玉米，故各户种植青贮玉米面积为7亩的整数倍。饲草料进入园区后3天内必须粉碎，然后统一储藏。种公羊方面，每户都有自己的种公羊，农牧户各自分散饲养。配种时，前期合作社统一采用同期发情技术和人工授精技术，扫尾的时候采用本交，农户之间串换种公羊。档案记录与耳标使用方面，最初的档案记录是纸质版，从2011年开始变为电子档案；羊配有耳标，包含品种、地区、性别和岁数等信息。合作社为社员提供贷款担保、指导培训、疫病防治、统一销售、统一采购以及种羊串换和提供养殖场地等服务，这对于肉羊养殖户突破自身认知水平和资源条件的制约，提升产品质量和经营效益具有重要意义。

（3）合作社取得的成效

合作社取得了显著的成效，主要体现在产品数量、质量、生产效率、市场交易、社员收入、社会效益等方面。产品数量方面，年出售巴美种羊2 000多只，其中，种公羊1 400只，实现了巴美肉羊育种园区扩大育种规模的目标。产品质量方面，生产过程质量控制和产品质量得以保证。社员入驻巴美肉羊育种园区，利用标准化圈舍，肉羊配种、饲料、耳标、消毒、防疫、封锁隔离和无害化处理都按照合作社统一标准进行操作，实施标准化生产，生产过程中能实行严格的质量控制，合作社对种羊统一进行鉴定，保证了产品质量。生产效率方面，先进生产技术的应用提高了生产效率，降低了生产成本。饲草料收割加工机械的应用，大幅降低了饲料收割加工成本。机械化收割一方面加快了收割速度；另一方面节省了劳动力，此前需要20多个劳动力才能完成一窖玉米的青贮，而现在6户农民互助就可以实现，降低了人工费用。同期发情和人工授精技术的应用，提高了种公羊的利用效率。市场交易方面，合作社统一采购饲料可以获得价格优惠，每千克番茄皮比市场价至少低0.1元；统一销售羊毛可以多卖1~2元/kg，由于规模大且集中，厂家也愿意统一上门收购，实现了交易的规模经济，交易时议价能力增强。社员收入方面，2011年合作社纯收入达183万元，养殖户户均收入5.2万元。某户社员，其一人从事肉羊养殖，饲养基础母羊 40 多只，种养结合，种植秸秆来养羊，一年可以获得纯收入 8 万~9 万元，加上耕地纯收入可以达到 10 万元左右。社会效益方面，一方面，科研机构和高校在该园区进行的相关标准、技术的研究与应用推动了巴美肉羊羊肉生产标准研究；另一方面也推动了巴美肉羊饲养标准和高频繁殖技术应用推广与肉羊科学饲养配套技术、饲草种植技术示范推广。此外，该合作社扩大了肉羊育种规模、提高了育种水平，同时进行肉羊育种科研及示范，促进了科学化、标准化育种的发展。

（4）合作社发展面临的问题

合作社在取得上述成效的同时，其进一步发展也面临诸多问题。首先，合作社劳动力呈现老龄化。合作社社员平均年龄 50 岁左右，其子女生活在城市，回到农村从事肉羊养殖的意愿很弱，肉羊养殖面临后继无人的窘境。其次，先进生产技术的应用成本太高，超出了农牧民的承受范围，合作社的公共积累尚不足以支撑合作社的进一步发展。生产中饲草料收割时间只有 20 天左右，需要短期迅速作业，而生产中收割机械不能满足需要。购买一台收割机需要 52 万元，当政府补贴提高到 70% 时合作社才能负担起。同期发情、人工授精的成本为 40 元/只，以农牧民现有收入水平难以承担，目前的操作是政府承担该笔费用，但随着规模增大，政府也难以承受，补贴难以持续。建立可追溯体系的带芯片耳标每个 20 元，农民也承担不起，合作社进一步发展肉羊标准化生产体系受到限制。再次，合作社发展需要实行科学管理，建立管理制度，但是合作社极度缺乏管理人才。合作社硬件设施建设速度快于技术与管理的配套，而管理团队和科技人员的培养短期内难以实现。最后，随着社会经济的快速发展，农牧民的收入增长速度赶不上消费增长的速度，肉羊养殖收入难以满足农牧民日益增长的消费需求，从而出现农牧民对更高收入水平的追求与合作社发展能力有限之间的矛盾。

5.2　公司制肉羊养殖

5.2.1　公司制肉羊养殖的概念

公司制企业是现代企业组织形式，是以营利为目的、由两个或两个以上的出资者以一定的形式共同出资，组成的法人企业（乔娟、潘春玲，2010），主要是指《公司法》所界定的股份有限公司和有限责任公司。公司是企业法人，有独立的法人财产，享有法人财产权。公司以其全部财产对公司的债务承担责任。有限责任公司的股东以其认缴的出资额为限对公司承担责任；股份有限公司的股东以其认购的股份为限对公司承担责任。公司制企业体现了现代企业制度的基本特征，即产权清晰、权责明确、政企分开、管理科学。公司制肉羊养殖即是指以公司制企业的形式从事肉羊养殖活动。与肉羊养殖合作社不同，肉羊养殖公司对内对外都追求公司利润最大化，也就是股东利益最大化。肉羊养殖合作社更多地体现了业务的联合，而肉羊养殖公司则主要体现了资本的联合。

5.2.2 公司制肉羊养殖的形成

公司制肉羊养殖包含多种形成方式：第一种是以养殖为起点，从肉羊养殖户不断发展壮大，最终成为肉羊养殖公司，形成与最初家庭经营完全不同的公司法人组织形式。例如内蒙古巴美养殖开发有限公司（常情，2013）和乾安县志华种羊繁育有限公司[①]。这两家公司都是从肉羊养殖户逐步成长起来的，企业主始终坚持，在不断学习、创新和发展过程中成长为农业企业家。第二种是从事肉羊饲料生产、肉羊屠宰加工、羊肉餐饮等相关行业的公司，在发展过程中，为获得稳定的市场或原料扩展到肉羊养殖环节，实现一体化经营。例如内蒙古小尾羊牧业科技股份有限公司，从羊肉餐饮延伸到肉羊屠宰加工，再到建立肉羊养殖基地。第三种是从事其他行业的公司，因为看好肉羊养殖行业、认为肉羊养殖在当前或将来可以取得较高的利润率而投资该领域，从而实现肉羊养殖企业化经营。

以上几种类型的公司制养殖在养殖目的、要素条件、生产投入等方面存在较大差异，在肉羊养殖方面各有其优势与劣势，因而其肉羊养殖的效益和产品质量也存在较大差异。第一种具有经验上的优势，抵抗自然风险能力较强；第二种具有资金、现代化技术与管理理念以及原料或市场方面的优势，抵抗市场风险能力较强；第三种具备一定的资金实力和其他行业的管理理念，跨行业有可能实现一定的创新，但自然风险和市场风险都较大。在产品质量方面，第一种情况下公司从事养殖时间长，积累了丰富的生产经验，产品质量控制能力较强，但动机一般，除非生产质量更高的产品可以获得更高的售价，否则没有动机改进产品质量；第二种对产品质量控制的动机很强，保障产品品质和安全性往往是其将产业链延伸到养殖环节的重要因素之一甚至是最主要的原因；第三种进行产品质量控制的动机和能力差异较大，整体上不如前面两种。

---

① http：//www.moa.gov.cn/fwllm/qgxxlb/jl/201312/t20131231_ 3727983.htm

5.2.3　公司制肉羊养殖的理论分析与研究假说

综合来看，与肉羊家庭经营和肉羊合作社相比，公司制肉羊养殖的优势非常明显。公司制企业可以比家庭和合作社整合更多的资源，有能力提供更多现代生产要素，为公司从事标准化规模养殖奠定了基础。公司中股东投入的股本组合在一起，形成具有独立生命的法人财产，为公司的大规模经营奠定了基础。公司股东只在其资本金的范围内对公司债务负有限责任，大大降低了个别股东的风险。公司较为稳定，个别股东发生股权转移或其他变动都不会影响企业的营运（乔娟、潘春玲，2010）。肉羊家庭经营在优良品种使用、科学饲养管理、品牌化运营、产品价值提升等方面面临瓶颈，肉羊养殖合作社可以提供部分现代生产要素，但也还是会受到社员资源禀赋的局限。而公司制企业的制度有利于利用资本市场，资金实力和获得金融支持的能力更强，在进行现代化养殖设施设备投资、技术与产品研发、优良品种使用、人工授精与胚胎移植等先进生产技术应用、现代管理技术手段应用、把握市场和调节生产经营等方面具有显著优势，有能力实施更好的质量控制，可以通过产品质量认证和品牌培育，提高产品附加值。

家庭经营以自有劳动力为主、雇工为辅，在劳动力使用方面较为封闭；合作社通过社员互助、社员培训、外聘部分员工等方式提高了劳动力的人力资本，但实力有限，在科学经营管理和先进技术应用等方面仍具有局限性。而公司的所有权和经营权既可以结合也可以分离，有利于科学管理与决策。公司可以聘请职业经理人，组建专业的管理团队，建立科学管理制度，实现经营决策的组织化和科学化。公司可以雇佣所需要的专用性人才，劳动力使用更为开放。公司养殖不受家庭劳动数量的限制，可以雇佣很多工人，理论上养殖规模可以很大，但是规模扩大的同时带来管理成本提高，很难对工人实施很好的监督，带来委托代理问题。因此公司合理的养殖规模选择需要在规模经济与组织管理成本之间进行权衡。

肉羊家庭经营时部分劳动力的机会成本很低，甚至为零，一些饲草料和农副产品机会成本也很低，利用庭院便可进行生产，而公司所有生产要素都要商品化，因此肉羊家庭经营可以用比公司更低的成本生产肉羊。而且农业生产的自然生态性特点在涉及雇佣劳动时会引发棘手的劳动监督问题（韩朝华，2017），从而使管理成本高昂，雇工生产效率低下，这也是肉羊家庭经营最主要的优势。那么，在何种条件下肉羊养殖会转向公司制企业组织形式呢？也就是何种条件下公司制肉羊养殖会变得有利可图呢？从成本收益角度来看，一个是公司制养殖的肉羊可以实现更高的价值，使得公司制肉羊养殖的成本即使高于肉羊家庭经营，但其实现的价值增值也高于成本上升，公司制肉羊养殖也仍然有利可图。这个可以通过选择质量水平显著高于家庭经营的肉羊或更高市场价值的专用型肉羊来实现，或者通过进一步加工实现更高的附加值。另一个就是公司制生产成本和管理成本降低，使得公司制肉羊养殖的成本不再显著高于家庭经营，这个主要通过技术进步来实现。Nathan（2006）认为，技术变化增加了公司进入农业经营的可行性。正如 Douglas 等（1998）所述，当农民可以控制自然的影响，将季节性和随机事件的影响成功地转移到产出时，这种转变就会出现，未来家庭生产将集中于农业中最具生物特性的生产阶段。收割、牲畜等技术进步也会对农业生产组织选择产生影响。例如标准化规模化生产技术手段的研发与完善为公司制养殖提供了技术支持，饲料科技的进步提高了饲料的转化率与喂养效率，同期发情、人工授精等技术提高了优质种公羊利用效率，并为统一管理提供便利，信息化技术手段的应用降低了管理成本。这个转变的特点之一便是人工控制生产过程的外界条件，摆脱或削弱环境作用的不良影响（道良佐，1981）。政府支持分担了企业成本投入，同样也会促进公司制肉羊养殖的发展。

根据上述分析提出以下假说：

假说 1：公司制肉羊养殖更多地选择市场价值或附加值更高的产品。

假说 2：降低肉羊生产成本或管理成本的技术进步会促进公司制肉羊养殖的发展。

假说 3：政府支持会促进公司制肉羊养殖的发展。

5.2.4　公司制肉羊养殖的假说检验

肉羊养殖中，种羊繁育、商品羊繁殖与短期育肥三个环节具有不同的特点。其中，种羊繁育具有技术含量高、产品市场价格高的特点；肉羊短期育肥环节更容易实现标准化，具有生产周期短、资金周转快的特点；而商品羊繁殖的产品价值较种羊低，生产过程较育肥环节生物特性突出，且生产周期长、资金周转慢。本研究分别选择以种羊繁育为重点的内蒙古赛诺草原羊业有限公司（以下简称赛诺公司）、以商品羊繁殖为重点的内蒙古巴美养殖开发有限公司（以下简称巴美养殖）和以羔羊短期育肥为重点的内蒙古草原宏宝食品股份有限公司（以下简称草原宏宝）作为公司制肉羊养殖的典型案例。接下来以这三个公司为例对上述研究假说进行检验①。

（1）公司制肉羊养殖的高价值假说检验

三个公司在肉羊养殖中均非常注重产品质量和市场价值。赛诺公司通过种、繁、育、产、宰、运、餐的全程控制，达到肉品肥瘦一致、月龄一致、体重一致、老嫩一致、营养一致的高品质肉羊生产。"杜蒙"牌杂交羔羊已通过有机认证，杜蒙肉羊具有羊肉品质高、脂肪含量低的特点，市场价格更高，综合经济效益是普通蒙古羊的1.5倍。赛诺公司与西贝餐饮集团签订日供应60只杜蒙杂交羔羊的协议，实现年供应2万余只，使其完全替代了新西兰进口的羊肉。

草原宏宝所产育肥羊主要用于公司的屠宰加工，公司统一饲料、防疫等管理并集中育肥，保障公司肉羊屠宰加工数量和质量，屠宰加工提升了产品的附加值。公司一方面努力建立稳定的销售渠道；另一方面注重产品研发，开拓方便食品、调料食品等深加工产品，提升产品附加值。

巴美养殖最初将种羊繁育和商品羊繁育都雇工生产，但是经过实践发现雇工在肉羊繁殖环节的责任心难以建立，后将繁育商品羊的能繁母羊的产权转给农户。产权制度变化后，农户积极性显著提高，每只母羊年平均繁殖成活羔羊由之前不到2只提高到2.8只。公司仍自养部分母羊，用作种羊繁育。公司肉羊生产采用优质肉羊品种杜泊羊和巴美肉羊作为父本，饲喂营养均衡的全混合日粮颗粒饲料，以生产高质量肉羊，并且将产业链延伸到屠宰加工环节以提升所养殖肉羊的产品附加值。由此可见，公司制肉羊养殖更多地选择市场价值或附加值更高的产品。

（2）公司制肉羊养殖的技术推动假说检验

三个公司肉羊养殖的发展均体现出较强的科技推动特征。具体来看，赛诺公司从公司成立之初便致力于生态草原畜牧业的研究与开发、肉羊优良品种的选育与繁育技术产业化推广。一方面，公司实现了钻石级肉羊——黑头杜泊羊的成功引种和扩繁、推广，并形成了杜蒙肉羊新品系，该品系具有适

---

① 注：赛诺公司材料来源于公司网站、叶云（2015）的博士论文、叶云和李金亚等（2013）《技术引领合作化经营，减畜增效标准化生产——关于内蒙古赛诺草原羊业有限公司生态养殖模式的调查》、李秉龙和王建国等（2013）《压畜增效生态养殖，机制创新持续发展——关于内蒙古四子王旗杜蒙杂交肉羊产业发展的调查》；草原宏宝公司材料来源于公司网站、公开转让说明书和对公司老总的访谈录音整理；巴美养殖公司材料来源于公司网站、对公司老总的访谈录音整理和常情（2013）的硕士论文

应性强、生长速度快、肉质优良、瘦肉率高、养殖效益显著的特点。另一方面，公司通过与国内知名院校合作和自身研究、开发率先突破了克隆、胚胎移植、人工授精、同期发情等技术产业化应用。黑头杜泊羊和杜蒙肉羊这两个优良品种为公司生产优质肉羊提供了良种基础，杜蒙肉羊良好的生产性能降低了肉羊生产成本。同等饲养条件下，3月龄杜蒙杂交羔羊比普通蒙古羔羊平均增重速度快62.5%。公司掌握的先进繁殖技术降低了良种扩繁的成本，提高扩繁的速度与效率。在优良品种和繁殖技术的支持下赛诺公司通过与农牧户的专业化分工与协作，实现了肉羊养殖规模迅速扩张。

草原宏宝一方面通过科学经营管理制度建设激励员工的生产积极性；另一方面通过肉羊生产相关技术研发促进生产的科学化，从而提高生产效率、降低生产成本。员工激励方面，公司建立了饲喂管理制度和人员管理制度，并从日增重、病死淘率、日常考核、饲料投放、卫生条件等多个指标考核员工，高于平均水平有奖励，显著低于平均水平有处罚。通过建立多项考核指标与正向激励和负向激励相结合的奖惩制度来尽可能地减少雇工的机会主义行为。肉羊饲料方面，公司与中国农业科学院饲料研究所合作，制定了肉羊快速育肥优质配方筛选技术。肉羊饲喂使用营养均衡的全混合日粮，将采购的饲料原料的营养成分进行化验，依据化验数据配置饲料，促进了肉羊养殖的科学化。该技术使得肉羊平均日增重达到250克，最高达到260克，之前最高仅210克，增效显著。疫病防控方面，公司与中国农业科学院兰州兽医研究所合作，制订出适用于巴盟养殖模式下的肉羊疫病防控技术规范，肉羊生产中病淘率有所降低。牧草方面，公司与中国农业科学院草原研究所合作，在优质饲草新品种示范与应用技术和农闲田资源一年生饲草高效利用技术方面进行试验，推动燕麦草等优质饲草的种植。公司2015年优质饲草种植面积1 300亩，并计划扩张到10 000亩。利用秋闲田种草，可以显著地降低饲草成本，提升饲草质量，促进营养平衡，综合下来每只育肥羊可降低成本30~40元。

巴美养殖从品种繁育、饲料试验、饲喂机械、经营管理等方面进行技术改进，降低了生产和管理成本。品种方面，公司采用杜泊羊和巴美肉羊等优良肉用品种的种公羊，利用人工授精技术或本交，与具有寒羊血统的多胎性能较好的能繁母羊杂交，提高了优质种公羊的利用效率和能繁母羊的繁殖率。饲料方面，2008年企业主意识到肉羊产业要走规模化、工业化之路，首先需要解决饲料问题，于是开始做肉羊全混日粮（TMR）的小型试验，研发出拥有自主知识产权的肉羊全混日粮（TMR）颗粒饲料，开发出适合各个生长阶段的肉羊专用饲料，建成了全套高集成度的数控现代化生产线，进行工业化生产。全混合日粮饲喂降低了饲喂人员的劳动强度，提高了劳动效率，进而降低了劳动成本，使每个劳动力日饲喂羊数量从100只羊增加到1 000只；同时提高了饲草利用效率，减少了浪费，营养均衡，肉羊增重加快，降低了饲草料成本。饲喂机械化在提高劳动效率的同时还便于饲料的科学管理。经营管理方面，饲喂人员领料时采用指纹识别的方式，并且对于所领饲料的种类、数量和时间进行严格的记录，有利于企业监管和成本核算（常倩，2013），降低了管理成本。在相关技术进步的推动下，公司肉羊养殖规模扩张速度越来越快，从2001年的76只增加到2013年的3万余只，再到2015年的5万余只。

由此可见，降低肉羊生产成本或管理成本的技术进步对促进公司制肉羊养殖的发展具有重要作用。

（3）公司制肉羊养殖的政策推动假说检验

三家公司在肉羊养殖过程中均得到了政府的大力支持。具体来看，赛诺公司在推行生态养殖模式的过程中，积极争取政府财政支持，通过四子王旗政府与内蒙古自治区家畜改良站和乌兰察布家畜改良站建立了肉羊技术服务联运机制。2007年以来，四子王旗政府每年拿出300万元资金用于肉羊服务体系建设，2011年总计投入资金1 100万元用于杜蒙杂交肉羊的生产。此外，政府还通过协调划拨土地等方式积极支持赛诺公司的规模化育肥场改扩建。这些为公司经营提供了便利，降低了公司经营成本。

草原宏宝牧草种植和羊场建设获得了政府较多支持。牧草种植的土地来自政府配给的沙漠地，共2 300亩（15亩＝1公顷。下同）。沙漠地经公司改造后种草，沙漠地改造公司花费450万元，之后政府给配套项目经费650万元。公司从2008开始建设羊场，包括4个养殖场和6个小母羊基地，连续投资约1亿元，其中，政策性补贴总投入4 000余万元，公司支出6 000余万元。政府的财政支持减轻了企业的资金负担。

巴美养殖在2009年开始建设的现代畜牧业示范基地得到了政府的大力支持。县政府负责提供建设场地，协调地方与企业、周边农户的关系，负责"三通一平"（即通路、通电、通水和场地平整）及绿化工程等事宜。基地内养殖生产区、饲草料加工配送等功能区由政府和公司按照1∶1的投资比例建设。2009—2012年各级财政通过农业产业化、现代畜牧业、沼气、畜禽标准化、农业技术推广、信息化、种羊繁育、财政奖补、废弃物利用等19个项目给予公司补贴6 429万元，补贴金额约占企业总投资的1/4，为公司扩大养殖规模提供了资金支持（常倩，2013），降低了公司肉羊养殖的成本。

此外，综合三家公司的情况来看，公司制肉羊养殖多选择介入种羊繁育和集中育肥两个环节，较少直接从事商品羊繁殖环节。因为种羊养殖需要较高的技术水平和资金实力，一般农户家庭难以承担，而优良种羊的市场价值较高，公司若经营得当，可以获得较好的效益。赛诺公司、草原宏宝和巴美养殖均保留了部分种羊繁育，尤其是核心群种羊。与肉羊繁殖相比，肉羊集中育肥更容易实现标准化运营，如果在饲料管理、疫病防控等方面建立合理的制度，可以在一定程度上监督雇工的工作质量，且公司多通过与屠宰加工相结合以提升育肥羊的附加值。商品羊繁殖具有显著的生物特性，自然风险大，生产周期长，母羊产羔和护理羔羊劳动强度大，劳动过程难以标准化，劳动监督难度大，雇工养殖难以建立责任心，且产品架子羊的市场价值较低，公司养殖成本高收益低。例如，巴美养殖公司通过多种方法实践仍建立不起来雇工的责任心，最终放弃了自养，转为与农户建立契约关系，由农户养殖，如一个企业主所说"孩子不能交给别人来养"。

赛诺公司及其肉羊养殖基本情况：内蒙古赛诺草原羊业有限公司位于内蒙古乌兰察布市四子王旗，其前身是成立于1997年的内蒙古四子王旗新牧民养羊协会，2011年内蒙古赛诺草原羊业有限公司正式成立，肉羊繁育技术推广进入大规模产业化实施阶段。公司主要经营业务包括种羊繁育、肉羊育肥，同时对外开展技术与咨询。形成了"公司+合作社+牧户"的肉羊生态养殖模式。具体而言，育种合作社为公司提供生产所需种羊，肉羊繁育合作社将空怀母羊送到公司商品肉羊生产服务中心进行受孕，之后公司将怀孕母羊送还给肉羊繁殖专业合作社，羔羊3月龄后公司统一收回交至标准化中心，按大小、公母进行分群。经过标准化的3月龄杂交羔羊在商品肉羊育肥合作社进行专业育肥。育肥70天后，公司按增重重量付给肉羊育肥合作社报酬，并将育成羔羊销往市场。从出生、出栏到出售，整个过程只需5.5个月。公司负责种羊繁育、胚胎生产、移植、同期发情、人工授精，并提供科学的饲养方案、免疫方案，拓展市场。公司与肉联加工厂订立长期供货合同，按照标准化生产育肥羔羊，实行优质优价，推动高质量高效益的肉羊生产。赛诺公司与西贝餐饮集团签订日供应60只的杜蒙杂交羔羊，年供应2万多只，完全替代了新西兰进口的肉羊。同时，公司对外提供技术服务，也获得了可观的收入。

草原宏宝公司及其肉羊养殖基本情况：内蒙古草原宏宝食品股份有限公司位于内蒙古自治区巴彦淖尔市临河区，成立于2004年9月，2008年开始投资建设肉羊养殖基地，建设了4个大型养殖场加种羊基地，公司业务涉及饲草料种植、种羊繁育、肉羊集中育肥、屠宰加工多个环节，其中育肥饲养和屠宰加工是主营业务。公司的育肥羊主要用于公司屠宰加工业务。公司主要通过"公司+经纪人+农牧户"的方式，通过经纪人向周边农户采购架子羊，采购后的架子羊进入公司的育肥饲养基地饲养，育肥期一般为三个月左右，在饲养过程中，公司统一提供饲料供应、检疫防疫等服务，育肥期满后公司主要将育肥羊送往公司的屠宰工厂进行屠宰加工，部分肉质较肥、不适宜屠宰的育肥羊向新疆采购肉羊的经纪人及当地贸易商出售。公司 2013 年出栏育肥羊 10 多万只，2014 年出栏 20 多万只。公司采用雇工方式养殖肉羊，最多时雇佣近 300 个养殖工人，每户 2 个人一批负责养殖 1 500~2 000 只羊，一年平均出栏 2.5 批。2 个人一年工资 4.7 万元，公司提供住房、水电煤费用，饮食由工人自理。公司建立了饲喂管理制度，出勤等人员管理制度，并从日增重、病死淘率、日常考核、饲料投放、卫生条件等多个指标考核工人，考核结果高于平均水平有奖励，显著低于平均水平有处罚，从而激励雇工的生产积极性。饲草原料目前都来自外购，饲喂全混合日粮。此外，公司与中国农业科学院等科研单位合作在优质饲草新品种示范与应用技术、农闲田资源一生饲草高效利用技术、肉羊繁殖性能提升与杂交组合的优选关键技术、肉羊营养调控与饲料配制关键技术、规模羊场疫病防控关键技术等多个方面进行科学研究，为肉羊养殖提供科学依据与技术支撑。优质牧草种植和农闲田的高效利用，可以提高牧草品质，降低牧草采购成本。

巴美公司及其肉羊养殖基本情况：内蒙古巴美养殖开发有限公司位于内蒙古自治区巴彦淖尔市五原县塔尔湖镇，成立于 2007 年 10 月，2009 与政府合作建设现代化畜牧业示范基地。公司以肉羊养殖为中心，形成以全混合日粮饲料生产、品种繁育、肉羊养殖、屠宰加工、沼气发电和有机肥生产相配套的完整产业链。其中，肉羊养殖场地占地 32 万平方米，投资约 1 亿元，设计存栏 15 万只，年可出栏肉羊 10 万只。2013 年存栏繁育母羊 3 万余只，2015 年达到 5 万余只。巴美养殖最初雇佣工人养羊，具体为：一个农户承包一个圈舍，负责养殖 500 只母羊；公司提供种羊、饲料、防疫等生产要素，农户负责生产管理，给公司提供一只断乳羔羊可获报酬 40 元。但实践证明雇工模式不能建立工人生产责任心，羔羊死亡率高于农户养殖水平，且生产成本高于肉羊家庭经营，效益工资并没有起到应有的激励作用，结果 2013 年平均每只能繁母羊赔 500~600 元。2014 年公司将部分能繁母羊的产权作价给了农民，在其他条件不变的前提下，农户生产效率明显提高，每只母羊年平均繁殖成活羔羊由之前不到 2 只提高到 2.8 只。公司养羊设施免费提供给肉羊养殖户，农户可以自带母羊，也可以交一部分保证金获得公司的母羊。公司提供饲料，并帮助担保贷款，出栏时统一结算，但要求农户必须养殖繁育母羊。公司给进入园区的农户饲料价格优惠 300～500 元/吨，但羊粪由公司免费回收（农户卖羊粪价格 200 元/吨，相当于用羊粪置换了饲料）。目前，公司养殖种公羊 4 000 多只，给园区内的能繁母羊统一配种，以本交为主。其中，杜泊（父本个体小）采用人工授精，巴美肉羊采用本交，一只母羊一年收配种费 5 元（人工授精和本交都一样）。农户负责商品羊繁殖与育肥，公司自养 2 万只繁育母羊用于种羊扩繁。

5.3 小结

本部分结合具体案例对肉羊养殖合作社与公司制肉羊养殖的概念、突破与局限等方面进行分析，主要结论包括如下几点。

（1）在对肉羊养殖合作社的概念、作用机制以及可能面临问题的定性分析基础上，以大众顺巴美肉羊育种专业合作社为例进行了具体分析

研究发现该合作社的生产经营体现了统一经营和分散经营的灵活结合，合作社有助于资源共享以突破家庭经营的瓶颈，规模扩大实现了生产和交易的规模经济，并且改善了市场地位，提高了议价能力。但与此同时，合作社的进一步发展受到社员资源的制约，面临可持续发展问题，出现农牧民对更高收入水平的追求与合作社发展有限之间的矛盾。

（2）在公司制肉羊养殖的概念、形成和理论分析基础上，以赛诺公司、草原宏宝和巴美养殖三个公司为例进行了具体分析

研究发现公司制肉羊养殖多选择种羊繁育和集中育肥环节，而商品羊扩繁多交由农户完成。虽然每个公司的具体生产情况不同，但是三个公司的情况都验证了以下假说：即降低生产成本或管理成本的技术进步和政府支持会促进公司制肉羊养殖的发展，公司制肉羊养殖多选择市场价值高的产品或通过产业链延伸提升产品的附加值。

（3）综合来看，肉羊养殖合作社和公司制肉羊养殖是建立在肉羊养殖标准化规模化的基础之上的

肉羊养殖合作社有助于突破家庭经营的瓶颈，但是在进一步发展方面仍面临制约，而公司制肉羊养殖则可以突破养殖合作社面临的瓶颈，但其实现要求较高，需要满足一定的条件。市场对高质量羊肉的需求增加、肉羊生产技术进步、政府对标准化规模化肉羊生产的支持，都会促进公司制肉羊养殖的发展。但是在肉羊生产中生物性突出而产品价值一般的商品羊繁殖环节，公司制雇工养殖仍面临劳动监督难题。

6 基于产品差异化与价值提升的肉羊屠宰加工分析

肉羊屠宰加工是肉羊产业的核心环节之一，也是肉羊产业效益与质量提升的关键环节。该环节将使用价值和市场价值较低的活羊经屠宰、加工后生产出价值更高的羊肉及其制品，在满足消费者多样化需求的同时实现产品增值。本部分首先对肉羊屠宰加工组织形式及其影响因素进行分析，其次结合典型企业案例对肉羊屠宰加工发展的不同阶段进行分析，最后对肉羊屠宰加工的效益与质量进行探讨。

6.1 肉羊屠宰加工组织形式及其影响因素

肉羊屠宰加工是羊肉生产的重要环节，优质羊肉的生产不仅取决于肉羊的品种和饲养环节，而且在很大程度上受宰前管理、屠宰条件、屠宰方法、加工条件与技术等方面的影响。一般把肉羊经过宰杀、放血、开膛去内脏，到最后加工成胴体等一系列处理过程，称为肉羊的屠宰。与肉羊养殖环节相比，肉羊屠宰加工环节更多地体现出工业生产的特征，工厂化、企业化生产是其主要组织形式。屠宰加工最初也是以个人或者家庭的形式来组织的。随着畜牧业经济的发展和社会分工分业，屠宰加工对资本和技术要求越来越高，从而由家庭生产转向企业化生产，而相关政策法规也加速了这一进程。目前，除了个别以自己食用为目的的屠宰，商品化的肉羊屠宰加工主要是以企业形式组织的，这是由制度环境以及肉羊屠宰加工对资金、技术、劳动力等方面的要求决定的。

6.1.1 制度环境

肉羊屠宰加工相关的法律法规、标准规范、政策措施等构成了肉羊屠加工主体面临的制度环境。目前针对肉羊屠宰加工过程、技术、产品、检验等方面已经制定了一系列国家、行业和地方标准。2012 年全国屠宰加工标准化技术委员会经国家标准管理委员会批准成立，主要负责屠宰及加工技术、品质检验、屠宰加工工艺设计、屠宰及肉制品加工设备、非食用产品处理等领域的国家标准制修订工作，标志着我国屠宰加工行业逐步进入标准化、专业化的发展轨道（耿宁，2015）。目前虽未建立全国范围内的定点屠宰制度，但北京、河北、辽宁、内蒙古等省份建立了省一级的定点屠宰制度，晋城、广州、珠海等地区设立了市一级的肉羊定点屠宰制度，未来会有更多的地方甚至全国都会实施肉羊定点屠宰制度，这是一个趋势。肉羊定点屠宰制度的制定与实施有助于加强肉羊屠宰监督管理，规范肉羊屠宰行为，对保证羊肉产品质量具有重要意义。肉羊定点屠宰厂需要满足一定的建设标准，例如，北京市要求肉羊屠宰厂年设计屠宰量不低于 30 万只，并在厂址选择、场区布局、厂区环境、厂房、车间、设备、设施、生产过程、驻场官方兽医室、实验室、人员、安全生产、制度管理等各方面都设定了一定标准①。此外，我国中央和地方政府针对农牧业产业化、科技创新、畜产品全产业链追溯、冷链物流建设等方面给予了财政支持，而这些支持的获得者大多为农业产业化龙头企业。这些制度方面的要求和规定促进了肉羊屠宰加工行业的企业化、标准化和专业化发展，加速了肉羊个人商业屠宰的退出。

6.1.2 资金、技术、专业人员与品牌的壁垒

（1）资金壁垒

肉羊规模化、标准化屠宰需要投入大量的资金，属于典型的资本密集型行业。一方面，工厂需要投入大量资金用于场地租用和厂房、现代化屠宰加工设备购置和维护、冷库和冷链等固定资产投资，以及管理、技术、生产等雇佣人员。另一方面，购买活羊也需要大量资金，企业活羊原材料成本往往占主营业务成本 90%以上，因此企业需要大量流动资金用于日常生产所需的活羊采购。草原肉羊屠宰加工企业易受肉羊生产季节性的影响，需要集中采购活羊、集中屠宰加工，储藏成品后分批销售逐步回笼资金，采购季对资金需求量尤其大。因此，肉羊屠宰加工对企业资金规模有较高的要求。

---

① 资料来源：http://www.bjny.gov.cn/nyj/231598/233057/5556287/5657041/index.html

（2）技术壁垒

在肉羊屠宰加工环节，宰前处理、屠宰过程、加工过程、检验检疫、储运条件等都会对最终产品的质量产生影响，可以说羊肉产品的质量是由最差的那个环节决定的。因此优质羊肉生产需要在各个环节都达到一定的技术要求。一方面体现在企业建立各个环节的技术标准与规范，配置达到相应技术标准的设施设备；另一方面体现在员工在实际操作过程中严格按照相应标准规范操作，无不当和错误操作。

具体而言，宰前管理不当造成较强应激时，会引起宰后的羊肉酸化速度加快，形成品质低劣的白肌肉（PSE 肉）或黑干肉（DFD 肉）（毛建文，徐恢仲等，2012）。一些适当的宰前处理，如禁食和静养可以消除部分应激反应，改善肉质（杜燕等，2009）。屠宰过程中击晕方式也会影响羊肉肉质。在加工过程冷却排酸时，由于羊肉具有冷收缩的特性，容易造成嫩度下降，影响产品品质（毛建文，徐恢仲等，2012）。胴体在冷却温度 0~4℃下，使大多数微生物的生长繁殖受到抑制，与冷冻肉相比，排酸肉由于经历了较为充分的解僵过程，其肉质柔软有弹性、好熟易烂、口感细腻、味道鲜美，且营养价值较高（王书成，2009）。但是冷鲜羊肉在生产加工过程中对卫生指标、排酸条件、加工环境及接触表面微生物的控制方面具有较高的技术难度和科技含量，因此国内冷鲜羊肉产品较少。由此可以看出肉羊屠宰加工环节需要较高的技术水平，因此部分企业投入人力和财力进行技术研发或自行研究，或与高校、科研单位等进行产、学、研合作创新。例如蒙都羊业获得了发明专利 5 项、新型专利 3 项和 3 项省级技术鉴定。此外，部分企业运用物联网技术以及数据库等现代信息技术手段，建立追溯管理体系。

（3）专业人员壁垒

虽然肉羊屠宰加工是典型的资本密集型行业，但其屠宰加工过程中，尤其是精细分割、深加工过程中需要大量的生产人员，因此很多企业生产人员占到员工总数的一半以上（表6-1）。随着分割的精细化，对生产人员的技术水平提出了更高的要求。现代屠宰加工生产线对人员的要求是家庭组织无法满足的。随着肉羊屠宰加工行业的发展，对于技术研发、经营管理、产品营销等专用性人才的需求越来越多，对劳动力的知识结构、技能等都提出了更高的要求。

（4）品牌壁垒

随着居民对羊肉消费量的需求逐渐得到满足，居民对于羊肉的品质和安全提出了更高的要求。而在羊肉产品质量信息不对称的情况下，羊肉产品的品牌成为消费者判断产品质量和选择产品的重要依据之一，也是企业向消费者传递其产品高质量的重要信号之一。从企业角度来看，对于企业品牌声誉的培育和维护需要通过长期的广告宣传、严格质量控制、销售渠道维护等，而这些都需要大量的投资，品牌声誉是企业的一种无形资产，增加了新企业加入的壁垒。从消费者角度来看，经过长期尝试购买与体验，最终会选择其认同的品牌产品并保持一定的忠诚度，这对于新加入屠宰加工企业产品销售推广则构成了一种阻碍。

6.1.3　行业特点

　　虽然与肉羊养殖环节相比，肉羊屠宰加工过程具有工业生产的特点，但其主要原料具有畜牧业生产的一般特点，这对肉羊屠宰加工企业的生产经营产生了重要影响。首先，肉羊生产具有区域性。各地不同的自然资源禀赋和长期生产实践形成了与当地条件相适应的肉羊品种和生产方式，目前农区肉羊以舍饲与半舍饲为主，牧区肉羊以放牧为主。在活羊合理运输半径的作用下，当地自然资源可以承载的肉羊数量和适宜养殖的肉羊品种对当地屠宰加工企业的规模和产品质量具有重要影响。其次，肉羊生产具有季节性。以锡林郭勒、呼伦贝尔为代表的草原地带，受气候、放牧饲养方式等因素影响，屠宰季节集中在7—11月。以内蒙古巴彦淖尔、河北、山东等地区为主的农区以舍饲和半舍饲为主，一年可以出栏3~4次，能够常年屠宰生产。草原肉羊生产显著的季节性使得屠宰季对屠宰设备、生产人员和收购活羊的流动资金需求旺盛，而其余时间屠宰设备闲置，生产人员需求较少，羊肉产品储藏设备需求较大。因此部分屠宰企业存在季节性用工情况，而部分不做大规模储备的企业选择在非屠宰季采购其他企业的产品以满足销售需要（表6-1）。最后，肉羊生产的自然风险特性。肉羊生产过程面临的自然灾害、疫病等自然风险，会造成羊源质量、数量供应不稳定。当羊源出现大面积疫情时也会影响消费者需求，进而影响企业效益。因此肉羊屠宰加工环节也间接面临一定的自然风险。

6.2　肉羊屠宰加工发展不同阶段

6.2.1　肉羊屠宰加工发展的三个阶段

　　肉羊屠宰加工呈现出不同的发展阶段，这是与羊肉消费市场的变化相适应的。随着对数量的需求逐渐得到满足，我国居民对羊肉质量的需求提出了更高的要求，并且对适合于不同场合、不同烹饪方式的专用性羊肉的需求增加。不同质量水平的羊肉涉及对羊肉及羊胴体的分级，羊肉的不同用途涉及对羊肉按照不同部分进行分割。随着居民生活方式与羊肉消费习惯的转变，居民对多样化的精深加工羊肉产品产生了更多的需求，拉动了羊肉产品深加工的快速发展。

（1）以肉羊屠宰为主的阶段

以肉羊屠宰为主的阶段主要是为了满足居民对羊肉的数量需求，该阶段的市场特点是供不应求。肉羊屠宰加工企业购入活羊进行屠宰后直接出售羊胴体，或将羊胴体粗分割后出售。肉羊屠宰加工企业将羊肉生产出来就能卖掉，甚至还没有生产便已经被订货。因此，在该阶段肉羊屠宰加工企业提高经营利润的主要途径是扩大生产规模，提高产量。行业规模的扩张，一方面体现在现有企业新上屠宰加工生产线，扩大生产能力；另一方面体现为不断有新的企业加入肉羊屠宰加工行业，从而整个行业的生产能力得以扩张。受肉羊生物属性和肉羊生产成本的限制，肉羊生产扩张的速度通常慢于肉羊屠宰加工产能扩张的速度，因此肉羊屠宰加工行业的扩张导致羊源竞争加剧，活羊收购价格上涨。随着行业产能扩张和羊肉供给量增加，肉羊屠宰加工企业在活羊收购和羊肉销售方面的优势逐渐弱化，单纯依靠规模扩张带来的利润越来越不明显，行业产能开始过剩。生产差异化产品，满足消费者日益增长的多样化需求，开始成为肉羊屠宰加工企业提升效益的重要途径之一。

（2）羊肉分级分割发展的阶段

羊肉分级、精细分割是满足居民对羊肉产品差异化需求的重要方式之一。一方面，随着收入水平的提高，居民对羊肉质量安全更为关注。由于质量经验品和信任品属性在主体间存在信息不对称，消费者为购买到质量安全保障程度最大的羊肉，除了相信自己的经验（40.75%）外，最主要的便是选择质量安全认证产品（34.48%）（叶云，2015），第三方质量认证成为消费者甄别产品质量的一个重要的质量信号。另一方面，居民生活方式与消费习惯也发生了转变，因社交等户外消费在居民羊肉消费中逐渐占据重要位置。居民户外消费羊肉的主要形式是火锅和烧烤，户内消费羊肉的主要形式是炖煮和火锅（丁丽娜，2014；叶云，2015），因而对于羊肉片（卷）、羊肉串、羊后腿、羊排等特定产品需求量较大（叶云，2015）。适宜的胴体分割对于消费者而言，提升了羊肉的食用价值，对于生产者而言，可以提高产品出成率，实现羊肉的经济价值（徐晨晨、罗海玲，2017）。据测算，分级分割后的羊肉销售收入比分级分割前能增长10%左右。根据羊肉自身的加工特性，将其加工成最适宜的产品，可以有效地利用羊肉资源，使其品质与效用得到最大的发挥。据测算，运用张德权的团队研制出的羊肉加工关键技术之后，一头羊按照加工适宜性加工至少能增加净利润 20%以上①。

新的生产技术或标准往往是个别企业根据市场变化做出探索性实践后，才逐渐形成了国家、行业或地方的规范化标准。随着我国羊肉分级分割的初步发展，NY/T 630—2002《羊肉质量分级》、NY/T 1564—2007《羊肉分割技术规范》和 NY/T 2781—2015《羊胴体等级规格评定规范》相关分级分割标准相继出台。先期探索的企业在标准制定过程中也发挥了重要作用，例如除了中国农业科学院相关研究单位，宁夏金福来羊产业有限公司也参与了《羊肉分割技术规范》的起草，内蒙古蒙都羊业食品有限公司、蒙羊牧业股份有限公司和阜新关东肉业有限公司也参与了《羊胴体等级规格评定规范》的起草②。相关标准的制定和颁布为我国羊肉分级分割提供了科学标准依据，对于我国羊肉分级分割的进一步发展具有重要作用。

（3）羊肉及其副产品深加工发展的阶段

随着社会经济的快速发展，居民的生活节奏越来越快，就餐方式越来越多元化，对羊肉的需求呈现便捷化、专业化、多样化特点，这就要求屠宰加工企业根据消费者需求的变化提供更多更具体的产品。例如，对于无足够做饭时间或不会做羊肉的消费者，提供半成品预调理羊肉（如腌制好的多种口味的羊排、蝴蝶排、羊肉串等）可以满足其羊肉消费需求。对于不方便做饭或就餐时间较短的消费者，提供方便速食熟食制品（如羊杂、烤肉、烤羊腿、羊蝎子等），可以满足消费者快速就餐的需求。对于不会做羊肉而有意尝试的消费者，还可以提供配套调味产品以及做法指导，为消费者烹饪提供指导、支持。还有企业针对消费者对于休闲小食品的需求，提供羊板筋、羊拐筋、泡椒蹄筋、风干羊肉等休闲产品。针对餐饮企业减少后厨空间与时间占用的需求，部分企业为餐饮企业提供羊肉半成品或成品，将餐品的部分加工过程纳入企业的生产范围，为餐饮企业提供了便利。肉羊屠宰加工企业为消费者和餐饮企业提供更多便利和使用价值的同时，也可以通过产品的精深加工实现经营效益的提升。此外，目前肉羊屠宰加工产生的羊骨血、胎盘、下水等副产物深加工率低，产品附加值不高，但部分企业已经意识到其隐藏的巨大价值，部分计划或者已经延伸到副产物的深加工环节③。

---

① http：//country.cnr.cn/gundong/20170214/t20170214_ 523598072.shtml

② 资料来源于 http：//www.csres.com/

③ 资料根据企业实地访谈资料整理

6.2.2　来自草原鑫河的例证

肉羊屠宰加工行业的发展变化，一方面体现在整个行业内企业结构的变化；另一方面也体现为部分企业对生产结构的调整。具体表现为越来越多的企业生产不同质量水平的羊肉及其制品，对冷冻、冷鲜或热鲜羊肉的分割越来越精细，不断开拓与增加深加工产品的品类与细分产品，越来越多企业的产品通过了有机、绿色等相关质量认证。

内蒙古草原鑫河食品有限公司对生产的调整过程较为明显地体现了我国肉羊屠宰加工的发展过程。该公司成立于 1999 年，位于内蒙古巴彦淖尔市。公司针对当时产品同质化严重的市场现状着手羊肉精细分割，是我国较早做羊肉分割的企业。2001 年公司精细分割的法式羊排入驻家乐福，分割带动了产品附加值的提升。针对频发的食品质量安全事件和市场羊肉质量参差不齐的状况，于 2006 年通过 ISO 9001 质量体系认证、HACCP 国际食品安全管理体系认证，获得了自主进出口经营权。2011 年年底，公司的基地和产品通过了有机产品认证，成为内蒙古第一家获得有机认证的羊肉生产企业。针对消费者生活方式与羊肉消费习惯的转变，2015 年公司开始研发生产方便快捷的熟食制品，采用欧盟标准，从欧洲进口生产加工设备，采用 150℃烤制羊腿、羊排、羊背、羊肉串、羊肉肠等。此外，将屠宰时获得的羊胎盘，经冻干、粉碎后生产胎盘粉，产品销往药厂、化妆品厂，很受欢迎。

目前，公司产品包括法式、中式、冷鲜肉、火锅、下货、生物制品、熟食、休闲食品八大系列共 300 多个品种。产品销往中国的港澳台，以马来西亚为代表的东南亚地区，以阿联酋、科威特为代表的中东国家，和以塔吉克斯坦为代表的中亚地区，以及国内 31 个省（市、自治区）。羊肉产品常年入驻家乐福、麦德龙等跨国超市，并成为海底捞火锅和傣妹火锅连锁的指定供货商[①]。草原鑫河对产品结构的调整正是回应消费者对羊肉消费需求变化并实现利润最大化的过程，也是我国肉羊屠宰加工行业整体发展的一个缩影。

6.3　肉羊屠宰加工的效益与质量

欧美国家的畜牧产业组织结构是由规模不断扩大的上游畜牧养殖业者和集

[①]　资料来源于企业网站 http：//www.cyxhsp.com，和与企业董事长的实地访谈录音整理

中度不断提高的屠宰加工业者以及下游以大型零售业或餐饮业者为主形成的紧密产业纵向连锁结构。在这个体系中屠宰加工业者和大型流通业者具有主导地位（周应恒等 2003）。而中国肉羊屠宰加工环节整体以中小型企业为主，大型企业数量较少。据中国农业科学院农产品加工研究所对全国 80 家肉羊屠宰加工企业的抽样调查，总资产在 1 亿元以上的大型企业占 3%，总资产为 5 000 万至 1 亿元的中大型企业占 5%，总资产为 3 000 万 ~5 000 万元的中型企业占 23%，总资产在 1 000 万 ~3 000 万元的中小型企业占 31%，总资产 1 000 万元以下的小型企业占 38%[①]。Carriquiry 等（2007）研究表明市场集中时企业安全生产的激励更强，因为市场集中度提高有助于将企业声誉从集体声誉（Collective Reputation）特征转向私人声誉（Private Reputation）特征。具体来说，在竞争市场中，消费者很难将市场上的产品区分开来，因而对于产品的判断基于所有产品的情况。单个生产者生产产品质量提升和降低所带来的收益变化均由集体分摊，从而降低了企业提升产品质量的激励。而在寡头垄断市场情况下，企业质量提升和降低所带来的收益变化大部分由其自身承担，从而企业提升质量的激励较强。同理，相对于小型企业，大中型企业提升产品质量的能力和激励更强。

许多小型屠宰加工企业受资金、技术、观念等条件的制约，仍然延续传统的作坊式手工生产技术，以手工屠宰为主，屠宰设备简陋、工艺流程简单、生产卫生条件落后、同步宰前宰后的检验检疫不到位，食品质量安全很难保证和达标（耿宁，2015）。调研中发现一些小型屠宰加工厂，生产设备较为简单，不做产品深加工和品牌推广等，主要向当地农贸市场、肉店等商家销售肉羊胴体，或提供肉羊代宰和羊肉代储存服务，赚取加工和储存费用。一个小屠宰加工厂宰一只羊可以获得 9 元的毛利。虽然对于羊肉品质和安全的保障性较差，但其生产成本低，仍具有经济合理性，这也是小型屠宰加工企业仍普遍存在的原因。而且大型屠宰加工企业对于肉羊要求也较为严格，对于一些胴体为 10~15 千克的小羊或者 25~30 千克的大母羊大屠宰企业不收或价格很低[②]，也为这些小屠宰厂提供了生存空间。而一些大中型企业从国外引进技术先进的生产

---

① 数据来源于《全国肉羊产业发展调研报告 2015》；

② 例如，2015 年 6 月 7 日，蒙羊在乌拉特中旗针对散户的活羊收购价格规定，重量在 15~25 千克的一级绵羔羊价格为 35.4 元/千克，而对于草原土种羊重量在 10 千克以下，20 千克以上的羔羊和大羊收购价格仅为 27.4 元/千克（此处重量均指胴体重，数据来自于实地调研）

设备，生产条件和卫生环境也达到了国际领先水平，对原料、生产过程、产品储运等实施严格的质量控制，通过了 HACCP 等质量管理体系认证，产品品质和安全性保障程度明显高于前者，但生产成本也明显高于前者。

2016 年以来部分肉羊屠宰加工企业在全国中小企业股份转让系统挂牌。截至 2017 年 12 月已经有 5 家企业正式挂牌，1 家企业正在申报，这些企业的公开资料为研究肉羊屠宰加工企业的生产经营提供了素材。本研究对该 6 家企业 2015 年和 2016 年生产经营情况进行了统计（表 6-1），主要包括企业基本情况、企业规模、经营效益、产品种类和质量控制、产品销售等方面。总体来看，企业基本情况方面，企业都位于肉羊及羊肉产量最大的省份内蒙古，2016 年相继挂牌，澳菲利和额尔敦位于创新层，其余位于基础层。企业规模方面，2016 年末总资产都达到 1 亿元以上，按照中国农业科学院农产品加工研究所的分类，属于大型企业，员工总数从几十人到几百人不等，均以肉羊屠宰加工为主营业务，部分企业涉及种羊繁育、肉制品深加工，均拥有一个或多个子公司或分公司，年肉羊屠宰加工能力最小的是 30 万只，最大的是 180 万只。经营效益方面，2016 年营业收入最多的是蒙都羊业 4.9 亿元，最少的是羊羊牧业 9 631 万元；毛利率最高的是伊赫塔拉 22.50%，最低的是澳菲利 6.80%；净利率最高的是额尔敦 9.72%，最低的是羊羊牧业 1.73%；资产净利率最高的是澳菲利 10.54%，最低的是伊赫塔拉 1.29%。产品种类与质量控制方面，产品以冷冻羊肉和冷鲜羊肉为主，蒙都羊业和伊赫塔拉还有深加工产品，其中蒙都羊业产品种类最多；企业都通过了 ISO 9001 质量管理体系认证，部分企业还通过了危害分析与关键控制点（HACCP）体系认证，额尔敦、伊赫塔拉和羊羊牧业在政府的支持下还建立了羊肉全产业链追溯体系；原料方面，大部分企业选择通过经纪人收购农牧民的肉羊，并且寻求与大供应商的长期合作，或通过为农牧民贷款提供便利、签订采购协议等方式稳定羊源，蒙都羊业和草原宏宝还通过建立养殖基地等方式参与到肉羊养殖中。产品销售方面，企业多采用直销+经销的方式，直销主要寻求与大型餐饮企业、商超的长期合作，市场以华北和华东为主，覆盖到全国的多个省份，销售渠道多样化，电子商务、电视购物等新型销售渠道越来越受到重视。

如前面第三章理论分析与逻辑框架中所述，在生产环节，产品质量是内化在生产者经营效益中的，只有产品质量提升可以带来经营效益增加时，生产者才有提升产品质量的激励。然而，生产者和消费者对羊肉质量属性存在严重的信息不对称，使得市场不能自动地实现优质优价。因此，企业一方面加强质量控制活动；另一方面将质量信号传递给消费者。因此我们看到的结果是大部分企业不是默默无闻地自己加强质量控制，提供给消费者产品便罢，而是通过产品品牌化、产品销售渠道建设传递其严格质量控制的信号。原料控制方面，加强与上游肉羊生产环节的协作，既可以稳定原料质量和数量的供应，又可以将其紧密的纵向协作作为一个质量信号传递给消费者；生产过程控制方面，多选择第三方认证的质量管理体系，例如 ISO 9100、ISO 22000、HACCP 等，一方面通过这些操作规范了生产过程；另一方面利益独立的第三方认证可以获得消费者更多的认可；产品销售时，不仅提供了自身原料采购、生产过程中质量控制的信息，而且对肉羊品种、饲养方式、饲养环境等信息进行宣传，突出其产品的优质性与独特性。此外，还通过无公害农产品、绿色食品、有机食品、地理标志保护产品等第三方认证来传递产品的高质量信号，以显示与市场上其他产品的差异化。

对于企业来说，经营效益才是最为核心的指标。毛利率和净利率体现了企业的盈利能力。从表 6-1 可以看出 2015—2016 年伊赫塔拉、蒙都羊业和额尔敦的毛利率明显高于其他 3 个企业，蒙都羊业和额尔敦的净利率显著高于其他 4 个企业，而伊赫塔拉的期间费用较高致使其净利率则较低。资产净利率主要用来衡量企业利用资产获取利润的能力，反映了企业总资产的利用效率，这一比率越高，说明企业全部资产的盈利能力越强。2016 年蒙都羊业的毛利率和净利率都显著高于澳菲利，但资产净利率低于后者。蒙都羊业比澳菲利涉及环节更多，产品种类更多，获得了更多的质量认证，与上游协作更加密切，员工中研发人员、销售人员的比例更高，员工的学历也更高，在研发、生产、销售等环节投入的资产总额显著高于澳菲利。冷鲜和冷冻羊肉产品同质化严重，价格竞争激烈，产品附加值低，因而部分屠宰加工企业延伸至羊肉产品精深加工，提高产品附加值，以提升企业效益。这 6 个企业中蒙都羊业和伊赫塔拉的深加工产品和熟食制品是其营业收入的重要组成部分，羊羊牧业也已经建立了熟食品的生产线。

表 6-1　2015、2016 年部分肉羊屠宰加工企业经营情况

项目	蒙都羊业	澳菲利	草原宏宝	额尔敦	伊赫塔拉	羊羊牧业 *
成立日期	2005-3-1	2012-6-21	2004-9-17	2004-3-20	2003-12-4	
注册地点	内蒙古赤峰市	内蒙古巴彦淖尔市	内蒙古巴彦淖尔市	内蒙古呼和浩特市	内蒙古呼伦贝尔市	2013-12-10 内蒙古锡林郭勒盟
挂牌日期	2016-3-25	2016-1-7	2016-2-23	2016-1-11	2016-8-15	
分层情况	基础层	创新层	基础层	创新层	基础层	

（续表）

项目	蒙都羊业	澳菲利	草原宏宝	额尔敦	伊赫塔拉	羊羊牧业 *
企业规模						
总资产 2016 年末 2015 年末	78 289 万元 55 679 万元	17 665 万元 10 945 万元	51 839 万元 42 541 万元	23 183 万元 8 772 万元	27 343 万元 21 343 万元	12 361 万元 8 204 万元
员工总数 2016 年末 2015 年末	442 人 339 人	319 人 279 人	348 人 369 人	54 人 33 人	62 人 58 人	2 017~8 169人
2016 年末 员工情况	其中 研发 4.75% 生产 62.44% 销售 13.57% 本科及以上学历 8.60%	其中 研发 3.13% 生产 75.24% 销售 3.13% 本科及以上学历 5.64%	其中 技术 4.02% 生产 63.79% 销售 4.89% 本科及以上学历 4.60%	其中 生产 40.74% 销售 24.07% 本科及以上学历 42.59%	其中 生产 12.90% 销售 3.23% 本科及以上学历 3.23%	其中 技术 1.19% 生产 69.23% 销售 3.55% 本科及以上学历 3.55%
涉及环节	种羊繁育、集中育肥、羊屠宰加工、牛羊产品深加工	羊屠宰加工	饲草料种植、种羊繁育、肉羊集中育肥、屠宰加工	牛羊屠宰加工	牛羊屠宰加工与肉制品加工	牛羊屠宰加工，已建立熟食品生产线，尚未生产
子公司与分公司	3 个子公司	4 个子公司	2 个子公司 3 个分公司	1 个子公司	2 个子公司	1 个子公司
生产能力	年屠宰加工 10+25+10+30+15=90（万只肉羊)	年加工屠宰 80万只肉羊。	年屠宰 100 +80＝180（万只肉羊)	年生产 50万头羊	年屠宰 120 万只羊，2 万头牛	年屠宰分割30万只肉羊
经营效益						
营业成本 2016 年 2015 年	404 740 486.19 388 361 051.95	434 353 180.43 333 575 970.06	331 619 940.07 276 440 324.97	140 824 086.94 84 739 926.81	104 911 558.06 77 464 434.89	（单位：元） 86 412 123.62 44 885 624.61
营业收入 2016 年 2015 年	487 816 964.33 457 073 255.72	466 038 281.51 351 655 173.38	364 394 544.83 311 669 158.13	165 037 428.45 96 884 920.48	135 376 305.13 102 289 961.61	（单位：元） 96 307 123.86 51 248 933.58
净利润 2016 年 2015 年	44 842 563.84 39 301 870.92	15 065 162.22 6 051 182.40	6 772 602.87 10 485 513.17	16 038 732.86 5 098 487.05	3 140 781.44 1 111 026.88	（单位：元） 1 661 638.91 1 135 859.57
毛利率 2016 年 2015 年	17.03% 15.03%	6.80% 5.14%	8.99% 11.30%	14.67% 12.54%	22.50% 24.27%	10.27% 12.42%
净利率 2016 年 2015 年	9.19% 8.60%	3.23% 1.72%	1.86% 3.36%	9.72% 5.26%	2.32% 1.09%	1.73% 2.22%

（续表）

项目	蒙都羊业	澳菲利	草原宏宝	额尔敦	伊赫塔拉	羊羊牧业 *
2016 年资产净利率	6.69%	10.53%	1.44%	10.04%	1.29%	1.62%
产品种类与质量控制						
产品种类	冻鲜产品 4 个系列 100 多种；深加工产品 10 多种	冷鲜羊肉 12 种；速冻羊肉 6 类 53 个品种	主要羊肉及其制品 14 种	主要产品包括 5 大类 33 种	牛羊产品包括 6 类 29 种；熟食制品 3 类 13 种	主要羊肉产品 11 种，牛肉产品 2 种
2016 年产品销售收入结构	冻鲜 85.90% 深加工 14.10%	2015 年 1—6 月和 2014，2013 年冷冻羊肉占 80% 以上，冷鲜羊肉收入占比逐渐增加	羊肉制品 92.75% 种羊 0.18% 育肥羊 7.07%	羊肉产品 90.46% 牛肉产品占 9.54%	羊肉类制品 70.58% 牛肉类制品 0.88% 熟食类制品 28.54%	羊肉产品 86.71% 牛肉产品 14.29%
质量控制与认证	ISO 22000：2005 食品安全管理体系认证、ISO 9001：2008 质量管理体系认证、中国清真食品认证，HACCP 质量管理体系认证，有机认证	ISO 22000：2005 食品安全管理体系认证、ISO 9001：2008 质量管理体系认证	ISO 9001 国际质量管理体系认证、无公害农产品认证、危害分析与关键控制点（HACCP）体系认证	羊肉全产业链可追溯体系、ISO 9001：2008 质量管理体系认证，绿色食品、无公害产品认证	羊肉全产业链追溯体系、ISO 9001 国际质量管理体系认证、ISO 22000 食品安全管理体系认证、HACCP 认证	羊肉全产业链追溯体系、苏尼特羊为国家地理标志保护产品、HACCP 体系认证、ISO 9001：2008 质量管理体系认证、有机产品认证
主要原料获得方式	1. "公司 + 经纪人 + 农户"模式 2. "公司 + 牧场 + 农户"有机羊源作为有机系列的原料 3. 牛肉：国内 + 国外法人	1. 依托采购渠道从育羊户手中收购肉羊 2. 寻求与企业等大供应商的长期合作 3. 为羊源供应商的银行借款提供担保	1. 育肥羊"公司 + 经纪人 + 农户"模式 2. 架子羊"公司 + 经纪人 + 农户"；养殖基地育肥 3. 正在探索"基地 + 农户"	1. 8—12 月，"公司 + 经纪人 + 牧民"，采购乌珠穆沁羊和苏尼特羊 2. 其他时间向锡盟使用羊肉全产业链追溯平台的企业采购这两种羊的胴体或四分体	1. 由牧民和经纪人逐渐转向牧民合作社和经纪人，呼伦贝尔羊和呼伦贝尔杜泊羊 2. 与政府合作，作为牧民推荐人与银行联合为牧民下放牧民贷款，签订采购协议	1. 以放牧散养的苏尼特羊为生产原料，全部为当地牧民所养，1—5 月主要采购产成品 2. 通过与牧民签订订单收购合同、挂牌牧户合作协议的方式直接收购

项目	蒙都羊业	澳菲利	草原宏宝	额尔敦	伊赫塔拉	羊羊牧业*
			产品销售			
主要销售地区、渠道和对象	1. 传统渠道，开发直销餐饮客户，西贝、福成肥牛、沃尔玛、华联等知名餐饮企业和超市。压缩小经销商 2. 电子商务和电视购物，包括天猫、京东等10多个网络购物平台 3. 利用节日等，策划促销活动	1. 冷鲜羊肉：自营，针对大中型饭店 2. 冷冻羊肉：经销商，产品辐射包括北京、上海、广东等全国多省份 3. 未来拓展销售渠道，加强与大客户的沟通	1. "直销＋经销"模式，市场覆盖8个省市自治区的30多个地区，产品远销中东、东南亚、港澳等国际市场 2. 直销：如海底捞、小肥羊等餐饮企业	1. 已形成以内蒙古、北京等北方区域为核心、辐射北上、广、深的销售布局 2. 专营渠道销售及连锁餐饮供应商等销售渠道已成为公司稳固销售保障	1. 北京东来顺、西贝餐饮、珠海新粤等大型连锁餐饮企业和京粤为重点的高级宾馆 2. 市场覆盖5个省市自治区 3. 熟食制品：电视购物、旅游购物 4. 不断扩大终端网络，学习并创新销售模式	1. 经销＋直销逐步构建稳固的全国性销售渠道 2. 产品成功进入沃尔玛山姆会员店等高端商超、并为中国国际航空公司提供专供礼盒

注：资料来源于 Wind 数据库相关企业公开转让说明书、2016 年年度报告，和相关企业网站；蒙都羊业、澳菲利、草原宏宝、额尔敦、伊赫塔拉和羊羊牧业分别是内蒙古蒙都羊业食品股份有限公司、内蒙古澳菲利食品股份有限公司、内蒙古草原宏宝食品股份有限公司、内蒙古额尔敦羊业股份有限公司、内蒙古伊赫塔拉牧业股份有限公司和锡林郭勒盟羊羊牧业股份有限公司的简称；* 2017 年 9 月发布公开转让说明书（申报稿），还未正式挂牌；毛利率 ＝（营业收入 － 营业成本）÷ 营业收入 × 100%，净利率 ＝ 净利润 ÷ 营业收入 × 100%，资产净利率 ＝ 净利润 ÷ 平均资产总额 × 100%，平均资产总额 ＝（期初资产总额 ＋ 期末资产总额）÷ 2

6.4　小结

本部分结合案例对肉羊屠宰加工组织形式及其影响因素，肉羊屠宰加工发展的不同阶段，肉羊屠宰加工的效益与质量进行了分析，主要结论包括以下几点。

（1）商品肉羊屠宰加工主要是以企业形式组织的，其具体组织形式受多种因素的影响

以公司制为主的肉羊加工业受到制度环境、资金壁垒、技术壁垒、专业人员壁垒、品牌壁垒，以及活羊生产的区域性、季节性和自然风险等多种因素的影响。

（2）随着社会经济发展与居民生活消费方式的转变，消费者对羊肉的需求呈现便捷化、专门化和多元化特征

肉羊屠宰加工的发展也呈现不同的阶段，从以肉羊屠宰为主，到羊肉分级

分割，再到羊肉及其副产品深加工，这是肉羊屠宰加工企业对消费者消费需求变化的回应，不断增加羊肉及其产品使用价值以满足消费者差异化需求的过程，也是不断提升产品附加值以实现企业利润最大化的过程。

（3）相对于小型企业，大中型企业提升产品质量的能力和激励更强，但与产品质量显著差异相对应的是生产成本的显著差异

只有当产品质量提升可以带来经营效益提升时，生产者才有激励提升产品质量。然而，羊肉质量属性在生产者和消费者间存在严重的信息不对称，使得市场不能自动地实现优质优价。因此，生产高质量产品的企业一方面加强质量控制活动；另一方面需要将质量信号传递给消费者。更多的质量投入并不必然带来更好经营效益，因此企业需要根据成本收益选择能为其带来最大利润的质量水平，而非最高的质量水平。

7 基于产业链延伸与价值链提升的肉羊产业纵向协作分析

肉羊养殖以家庭经营为主，而肉羊屠宰加工则以企业经营为主，二者如何有效衔接对于保障和提升相关主体效益和产品质量至关重要。为满足消费者日益升级的消费需求，肉羊屠宰加工企业通过羊肉分级分割、深加工等方式生产差异化的产品，从而对羊肉生产的原料即肉羊提出了更多更具体的要求，因而需要加强与肉羊养殖环节的纵向协作。而质量的经验品和信任品特性，使这个过程变得更为复杂。本部分即对肉羊养殖与屠宰加工环节纵向协作的形式、对效益与质量的影响、决定因素等进行具体分析。

7.1 纵向协作的基本形式与运行机制

7.1.1 两种基本的协作形式

纵向协作是指在某种产品的生产和营销垂直系统内协调各相继阶段的所有联系方式。环节间协作可以发生在企业外部也可以发生在企业内部，两种最基本的协作形式便是公开市场交易和纵向一体化。

（1）公开市场交易

公开市场交易是最基本的协作形式，也是最初级的协作形式。在这种协作形式下，养殖环节的生产经营者将生产的肉羊在公开市场上出售，屠宰加工环节的生产经营者在公开市场上收购活羊，交易双方的对接是随机的，对方的身份属性没有意义，体现为简单的价格和市场交易关系。这种情况下，肉羊养殖和屠宰加工两个环节的生产是由市场机制或者价格机制协调的。这种交易形式在现实中有多种表现形式：①双方在活羊市场上交易，根据活羊的情况确定交易的价格和数量，交易对象不确定；②肉羊养殖户的肉羊出栏时，根据可供选择的屠宰加工企业对肉羊的报价，直接或通过经纪人将肉羊出售给出价最高的企业，交易对象同样不确定；③肉羊养殖户在家卖给上门收购的羊贩子，羊贩子再卖给屠宰加工企业，这两个交易中有一个对象是随机的即可认为是公开市场交易。

（2）纵向一体化

在实际生产中有时出现资产所有者和实际控制者不统一的现象，考虑到一般情况下资产所有者拥有资产的剩余索取权，本研究按照要素所有权来界定肉羊养殖与屠宰加工环节是否为一体化经营。若是两个环节最主要的资产肉羊和屠宰加工设备归属于同一个主体，则为一体化经营。纵向一体化情况下，肉羊养殖和屠宰加工两个环节的生产由企业以层级管理的方式统一协调。实践中实行肉羊养殖和屠宰加工一体化经营的企业中，有的是为了稳定羊源数量和质量从屠宰环节延伸肉羊养殖环节，还有的是为了提升产品附加值和经营效益从肉羊养殖环节延伸到屠宰加工环节的，也有两个环节同时发展的。

7.1.2 几种合同协作形式

除了公开市场交易和纵向一体化，现实生活中环节间还存在着一系列处于公开市场交易和纵向一体化之间的协作形式，体现为一系列约束强度不同的合同关系或者契约关系。在活羊交易时，屠宰加工企业往往处于强势地位，因此在这种协作关系中，肉羊屠宰加工由屠宰加工企业决定，而肉羊生产则由合同具体内容协调。随着合同约定内容的增多和约束强度的增大，肉羊屠宰加工企业更多地参与到肉羊生产环节。现有研究对这一系列制度安排有多种分类（Mighell 等，1963；Theuven 等，2007；吴学兵，2012）。虽然将这些合同关系进行简单分类并不容易，且不一定准确，因为不管怎么分类，分类间都有可能交叉，且现实中一种合同的约束能力并不一定比另一种合同的约束能力强，但是对合同进行分类有助于对合同关系及其对相关主体效益与质量的影响进行具体分析，因此本研究采用 Mighell 等（1963）的分类方式，将合同分为产品合同、生产管理合同和要素供给合同，分别进行说明。

（1）产品合同

在产品合同中，在生产开始前或者生产完成前，买卖双方即对产品的数量、规格、价格或价格的计算方法进行协议确定，协议主要是书面形式，在某些特定情况下也可能是口头形式，产品生产完成后双方按照合同约定交付产品和支付货款。实践中肉羊养殖与屠宰加工主体间的产品合同中，屠宰加工企业往往对肉羊的品种、数量、出栏体重等提出一定要求，收购价格或者价格计算方法提前约定。屠宰加工企业签订产品合同主要是为了稳定羊源数量，对产品质量没有特定要求，适用于以下两种情况。一是其生产的羊肉是普通羊肉，在销售时主要面对的是价格竞争，因而其生产目标是成本最小化，对活羊质量没有特别要求，其关心的是活羊收购成本是否可以稳定从而控制成本，和是否能收购到足够数量的活羊从而稳定产量。二是其收购的活羊是特定地区特定品种的肉羊，当地养殖者所生产的肉羊在品种、饲养方式、饲喂方式等方面都较为一致，产品质量可以得到保证，因此也不需要对此进行要求。与农区肉羊生产相比，以放牧为主的草原肉羊品种较为一致，因此预期草原肉羊交易时的生产合同以产品合同为主。

（2）生产管理合同

生产管理合同在产品合同的基础上，要求买方更多地参与到产品的生产管理中，除了对产品的数量、规格、价格等进行提前约定外，买方还对产品的生产过程提出特定的要求。实践中，在生产管理合同中，屠宰加工企业不仅对肉羊的品种、数量和出栏体重等产品特征进行要求，还对肉羊生产的过程特征提出要求。主要体现在对肉羊养殖设施等基础设施、肉羊的疫病防疫和兽药使用情况、养殖档案建立和耳标使用等生产管理、饲草料使用、病死羊处理等方面提出一定的要求，为此屠宰加工企业会派出专门人员对肉羊养殖主体的生产设施和生产过程进行考察，甚至派出技术人员进行相关技术的指导培训，以保证肉羊生产过程达到一定的标准规范，这对于非常重视产品质量的采购者而言是非常关键的。屠宰加工企业与肉羊养殖主体签订生产管理合同除了为稳定羊源数量外，对产品质量也提出了一定的要求。在养殖主体对上述肉羊生产过程控制方面参差不齐、差异较大，而屠宰加工企业对活羊质量要求必须达到一定标准时，屠宰加工企业对肉羊生产环节的介入就非常必要了。因此预期对活羊质量的要求越高，实际肉羊生产过程异质性越大，屠宰加工企业对肉羊生产过程的介入也越多。

（3）要素供给合同

在要素供给合同中，买方不仅对产品特征提出要求和参与生产管理，还提供关键生产要素。当屠宰加工企业所生产的羊肉质量标准更高，对活羊质量和生产过程要求更高，而生产管理合同中对生产过程的指导、监督与管理，所生产的产品仍不能达到买方的要求时，买方会更进一步介入生产过程中，提供影响产品质量的关键生产要素。在实际的要素供给合同中，肉羊屠宰加工企业通过建设标准化养殖圈舍、统一提供饲草料、统一提供种羊、统一疫病防治、统一病死羊处理、提供贷款担保等方式提供肉羊生产过程中的关键生产要素，以保证生产的肉羊质量达到特定标准。此时，保障产品质量往往会超越稳定羊源数量，成为屠宰加工企业与肉羊养殖主体建立要素供给合同关系最主要动机。因此预期屠宰加工企业选择要素供给合同时，往往是为了生产高端羊肉、有机羊肉等高附加值、对肉羊生产过程和投入要素有特定要求的产品。

7.2 纵向协作形式对效益与质量的影响分析

7.2.1 不同纵向协作形式产品质量分析

在不同的纵向协作形式中，肉羊屠宰加工主体对肉羊养殖环节的产品和生产过程的约束能力不同，从而对产品质量的控制能力也有所不同。由于肉羊质量的检测成本较高，数据难以获得，因此本研究以良好的质量控制行为有助于生产出质量更高的产品为假定基础，通过生产者的质量控制来分析产品质量。质量控制是生产者为生产达到一定质量标准的产品，对其要素投入和生产管理等过程进行的规范和约束。农产品质量包括安全属性和品质属性两个方面。安全属性主要表现为信任品特性，而品质属性则更多地体现为搜寻品和经验品特性，前者在市场主体间往往存在严重的信息不对称。食品安全问题虽然具有隐蔽性，但是，一旦发生食品安全事件，涉事企业的信誉会严重受损，甚至给其带来毁灭性打击。因此，企业也通过加强原料和生产过程的安全控制以保障产品安全（常倩等，2016）。下面具体分析几种典型的纵向协作形式中产品质量情况。

（1）公开市场交易

在公开市场交易时，肉羊养殖环节与屠宰加工环节以价格机制相连结。肉羊的品质属性可以通过市场机制予以约束，肉羊屠宰加工企业可以通过外观、简单检查等方式判断出肉羊的部分品质特性，品质更高的肉羊可以获得更高的售价。因此，肉羊养殖主体为获得更多的收益，愿意在肉羊品质方面进行更多投入和实施更好的控制。然而，肉羊的安全属性由于存在信息不对称，肉羊养殖主体可以隐瞒不良的安全信息，肉羊收购者也无法识别。而且交易是一次性的，隐瞒行为不会受到未来收益影响的约束，因此，以出售为目的的肉羊生产主体没有进行良好安全控制的外部激励，或者说其安全控制行为完全由其自身道德约束，单次博弈导致生产者做出隐瞒决策。因此，公开市场交易的情况下，相对于品质控制，肉羊生产者缺乏安全控制的激励，从而使得肉羊的安全性往往难以保障，存在供给不足。

（2）纵向一体化

在纵向一体化经营中，肉羊屠宰加工主体完全控制了肉羊养殖环节，可以完全按照其屠宰要求进行养殖环节的质量控制，肉羊质量提升的收益完全由其获得。在这种情况下，对于肉羊的品质和安全控制的能力和激励都最强。其所面临的质量风险主要来自雇佣养殖的道德风险，即所雇用的工人可能存在偷懒等行为，没有完全按照企业要求对肉羊进行照料和管理。

（3）生产合同

在生产合同中，产品交易对象确定，肉羊屠宰加工企业对养殖环节的产品及其生产过程的约束能力由合同协议决定。屠宰加工企业对肉羊养殖环节的介入程度和提供的产品溢价越高，肉羊养殖主体对质量控制的能力和激励越强。在产品合同中，屠宰加工企业对于产品质量的约束程度取决于对产品质量的检测能力和成本；在生产管理合同中，屠宰加工企业通过加强对肉羊生产过程中质量控制行为的约束，达到对产品质量进行控制的目的；在要素供给合同中，屠宰加工企业不仅对肉羊生产过程质量控制行为进行约束，而且对肉羊生产中关键的投入要素进行控制，对肉羊质量控制强度更大，仅次于纵向一体化，甚至与之相差无几。生产合同中，屠宰加工企业可以通过提供肉羊家庭经营所缺乏的现代生产要素，既充分利用肉羊养殖户掌握的传统生产要素，又帮助肉羊养殖户突破瓶颈，实施更好的质量控制，生产更高品质的肉羊，也可加强对安全控制行为的监管，促进肉羊安全性得到改善。

7.2.2 不同纵向协作形式相关主体效益分析

在不同的纵向协作形式中，肉羊养殖主体和屠宰加工主体的效益实现和利益分配形态也有所不同，二者之间的利益分配也受到市场地位差异的影响。

（1）公开市场交易

在公开市场交易中，养殖者生产肉羊以市场价出售，屠宰加工企业在市场上以市场价收购肉羊，市场价由供求关系决定。由于屠宰加工企业往往具有更强的市场势力，从而在一定程度上主导了活羊的收购价。二者的经营效益取决于生产成本和销售收益，由于肉羊养殖者在市场交易中议价能力偏弱，故其经营效益主要取决于其生产成本控制能力；而屠宰加工企业的经营效益一方面取决于其综合成本控制；另一方面也取决于其产品销售收益。二者的经营效益都面临活羊市场供求价格变动带来的市场风险。

（2）纵向一体化

在纵向一体化经营中，肉羊养殖和屠宰加工为同一主体统一经营，其经营效益取决于肉羊养殖和屠宰加工两个环节的生产总成本和最终产品的收益。产品质量提升的成本由其承担，产品质量提升的收益也由其获得。但是，在这种模式下公司也存在经营规模扩大带来经营管理效率的降低、信息传递失真、生产要素不匹配和资金占用过多等问题，即公司内部的经营管理费用也会增加（叶云，2015）。由前面的分析可知，企业养羊的成本一般要高于家庭养殖，因此一体化经营的企业必须实现更高的收益才可以保证企业的良性运营，这在实践中体现为企业自养肉羊多用于生产高端羊肉等高附加值的产品。此外，肉羊养殖环节与屠宰加工环节的产品特性和生产技术等决定了二者最佳生产规模差异较大：肉羊养殖环节监督困难使得养殖规模过大时管理成本上升很快，现代肉羊自动化屠宰加工流水线决定了肉羊屠宰必须达到较大的规模。两个环节如何衔接以实现整体效益最大化是企业需要解决的问题。此外，在实践中大多纵向一体化经营的企业不仅屠宰自己养殖的肉羊，还要从市场收购肉羊以满足屠宰生产的效率和效益。尽管如此，一体化经营企业通过自己养殖肉羊的方式仍可以降低活羊市场数量和质量波动对经营效益影响。

（3）生产合同

在生产合同中，肉羊生产者将部分生产决策权利和管理功能转移给合同方，生产者对至少一个生产周期的产品市场更加确定，规避了产品市场价格变动带来的收益风险，使其收益较公开市场交易稳定。买方则通过分担部分风险，获得了稳定的原料供应。更重要的是，在生产合同中交易对象是确定的，买方可以通过合同对生产者的生产行为进行激励约束以保证产品质量。通过合同关系，肉羊屠宰加工企业不仅可以对出栏肉羊的数量、体重、品种等提出要求，还可以对肉羊养殖过程与生产管理提出更多明确具体的要求，必要时甚至可以提供种羊、饲料等关键生产要素，从而实现肉羊与羊肉质量的提升，获得更高的销售收益。与纵向一体化情况下最终产品质量提升的效益全部由一体化企业获得不同，合同协作方式带来的效益增加需要在合同双方间分配，分配比例按照合同约定。合同缔约双方的市场地位不对等通常会影响利益分配，在实践中往往由屠宰加工企业主导合同内容制定和利益分配。虽然肉羊屠宰加工企业从中获得的好处更多，但是参与合同生产仍然可以改善肉羊养殖者经营效益。此外，相对于纵向一体化的高资本投入和高管理协调成本，生产合同的方式可以有效利用肉羊养殖主体所掌握的资本和技术，达到屠宰加工企业生产更高质量羊肉的目的，对企业资本和管理的要求都有所降低，而且企业可以根据自身需求灵活制定合同内容，因此是更多企业可以选择且选择得起的协作方式。

合同协作方式发挥作用的关键在于合同如约履行，但是行为主体是有限理性的，且具有机会主义倾向（威廉姆森，1988），因此在实践中往往出现违约问题。因此，如何维持契约的稳定性是合同协作方式的核心问题。

首先，考虑什么样特征的肉羊养殖户可以与屠宰加工企业签订稳定的合作协议。假定有 3 个肉羊养殖主体，在公开市场交易中，其经营效益分别为 1、2、3，与屠宰加工企业建立合同协作关系时，其经营效益可以实现 3；肉羊养殖主体和屠宰加工企业以效益最大化为目标。合同协作关系的建立是双向选择的结果，因此必须是能实现双赢或至少不会变差才可能建立。肉羊养殖主体签订合同是为了获得更高的效益，故效益低的肉羊养殖主体参与合同的意愿更大，违约可能性更小，效益高的养殖户参与合同的意愿较小，违约可能性更大。屠宰加工企业签订合同是为了获得大批量、高质量的肉羊，因此其更愿意与规模大、产品质量好的肉羊养殖主体合作。良好的肉羊产品质量要求在生产管理中实施更好的质量控制，这对肉羊养殖主体的经营管理能力提出了要求，而规模较大、经营管理能力强的肉羊养殖户往往在成本控制和销售渠道管理方面也做的更好，从而其在公开市场交易时也往往能实现很好的经营效益。如表7-1 所示，养殖主体 1 签订合同的意愿最强，但是屠宰加工企业与其签订合同的意愿最弱；养殖主体 2 签订合同的意愿较强，屠宰加工企业与其签订合同的意愿也较强；屠宰加工企业与养殖主体 3 签订合同的意愿最强，但是养殖主体3 签订合同的意愿最弱。因此，不是经营效益或规模最高或最低的肉羊养殖主体，而是中等效益或规模的养殖主体最有可能与屠宰加工企业签订稳定的合作协议。但是考虑到我国肉羊生产小规模养殖场户占据绝大部分的比例，而在活羊交易时肉羊屠宰加工企业处于强势地位，屠宰企业在选择合同对象时多选择规模较大的肉羊养殖主体，而将小规模养殖户排除在合同协作之外。因此，本研究提出以下假说：

假说 1：参与合同协作方式的肉羊养殖主体的规模显著大于肉羊养殖主体的平均规模。

表 7-1　养殖主体与屠宰加工企业签订合同的意愿分析

	公开市场交易的效益	签订合同可获得的效益	养殖主体签订合同意愿	屠宰企业签订合同意愿	合同关系稳定性
养殖主体1	1	3	++	-	不稳定

	公开市场 交易的效益	签订合同可获 得的效益	养殖主体签 订合同意愿	屠宰企业签订 合同意愿	合同关系 稳定性
养殖主体2	2	3	+	+	稳定
养殖主体3	3	3	−	++	不稳定

注："−"表示意愿弱，"+"表示意愿强，"+"越多表示意愿越强

其次，考虑外部冲击对合同稳定性的影响。当市场供求发生显著变动，生产技术产生重大革新，政府相关政策措施发生重大变动，以及发生严重自然灾害或疫病等时，合同关系面临的外部环境的变化，会对合同双方的利益产生影响。肉羊养殖主体和屠宰加工企业面临的市场交易和合同交易的效益可能会发生显著变化，而相关主体的选择是对其效益权衡的结果。因此，稳定的外部环境对于合同协作关系的维持非常重要。当外部环境非常不稳定，相关主体随时面临外部冲击时，双方签订的合同是不稳定的，随时有毁约的风险。

最后也是最核心的，考虑什么样的合同设计有助于稳定合同关系。合同双方的选择是基于成本收益的理性选择，因此合同设计时也主要是通过增加履约收益或违约成本来稳定合同关系。①违约处罚与赔偿。违约处罚和赔偿是常见的一种提高违约成本的方式。在对内蒙古巴彦淖尔肉羊养殖户的调研中发现，与企业签订合同的养殖户中53.33%表示合同中规定了违约处罚和赔偿。其是否有效取决于两点：一是处罚大小，这是与违约收益相比较而言的；二是威胁是否有效，即处罚与赔偿的可操作性。只有威胁可以实现，且处罚力度足够大，才能遏制合同方的违约动机。②优惠与服务。优惠和服务体现为履约收益。调研中与企业签订合同的养殖户中92.86%表示企业提供了若干优惠。除了优惠大小外，优惠是否浮动也会影响合约稳定性。主要体现在收购价格优惠方面，收购价格是否随市场价格变动，随市场价格浮动的收购价将一部分市场冲击纳入其中，双方分担（比如比市场价高百分之几）或由买方承担（比如比市场价高多少）市场冲击与风险，可以降低卖方的违约动机。③专用性资产投资。专用性资产投资带来锁定效应，增加了投资方的违约成本。通用型资产投资也可以提高生产能力，但是并不能增加违约成本，促进合约稳定性。合同双方对专用性资产投资的成本分担比例会影响双方的违约成本。合同双方建立成本分担和效益分享相平衡的利益合作机制是合同协作关系长期稳定的基础，但现实中肉羊养殖主体和屠宰加工企业往往市场力量悬殊，致使成本分担和效益分享很难相称。④在长期交易过程中，市场力量对于保证商品契约的履行具有重要作用（克莱因、莱弗勒，1981），其主要是基于违约会使违约方失

去未来合作可能带来的收益，增加了违约的机会成本。这个机制是否有效取决于是否能实现一旦违约即散伙。

7.2.3 经纪人、经销商和农业产业化联合体在肉羊产业组织当中的地位与作用

以上对公开市场交易、纵向一体化和生产合同几种纵向协作的基本形式进行了分析，接下来讨论实践中几种具体的组织形式。

（1）通过经纪人与经销商连接

经纪人和经销商是肉羊养殖环节和屠宰加工环节衔接中非常重要的角色，其中，经纪人在屠宰加工企业和肉羊养殖主体之间进行协调，并不参与交易，而是作为一个中间人按照交易量收取佣金；活羊经销商则直接参与活羊买卖。在对内蒙古巴彦淖尔市肉羊养殖户的调研中发现，通过经纪人卖给屠宰加工企业和在家卖给经销商的分别占 15.71% 和 8.29%。一般情况下通过经纪人与经销商的组织方式仍然是公开市场交易，但是某些情况下屠宰加工企业有固定合作的经纪人和经销商，而经纪人和经销商也有固定合作的肉羊养殖户，因而有时通过经纪人和经销商的连接，肉羊养殖和屠宰加工主体间形成了不同于一般意义上的公开市场交易，而类似于生产合同的协作形式。经纪人和经销商组织方式的优势主要在于降低了肉羊养殖主体与屠宰加工企业的交易费用。肉羊养殖规模普遍较小，远小于屠宰加工规模，屠宰加工企业要与数量众多的肉羊养殖户进行协商，交易成本很大。而经纪人和经销商经常在肉羊养殖户间走动，对其生产经营状况非常了解，屠宰加工企业只需与经纪人或经销商对接，便可实现其收购计划，交易费用大幅降低。大部分肉羊养殖户专注于肉羊生产管理，而对市场需求信息了解较少，而经纪人和经销商与屠宰加工企业联系紧密，对其需求较为了解，因此肉羊养殖户可以通过经纪人出售，或直接在家卖给经销商，不用自己去和屠宰加工企业谈判，降低了其交易成本。经纪人以其提供的信息服务获得一定的提成收入，调研中发现经纪人撮合成交一只羊可赚 5~10 元，经纪人帮助卖羊、皮张和结账；经销商则主要赚取活羊收购和销售差价。一个屠宰企业常和多个经纪人或经销商稳定合作。屠宰加工企业在收购活羊的时候资金需求很大，对流动资金的要求很高，经常不能立即给付货款，调研中 58.92% 肉羊养殖户表示不能马上收到货款，而这影响了肉羊养殖户的再生产投入。经销商在收羊时一般是现金交易，而屠宰加工企业对于经销商的货款则是延期支付，这缓解了屠宰加工企业的资金压力，又保障了肉羊养殖户的再生产投入。在实践中，经纪人和经销商的服务会随市场变动而灵活变动，

有时两种工作都做，有时会从一种工作转向另一种工作。

由于经纪人和经销商在肉羊交易时，协调的主要是数量供求关系，对肉羊质量没有特别约束，也没有对肉羊生产过程中的质量控制行为建立约束机制，因此经纪人或经销商采购的方式主要解决的是数量供给的稳定性，适用于屠宰加工企业对活羊生产过程没有特别要求，或者说对于活羊质量的要求仅限于通过观察、检测等方式可以确认的质量属性。如果屠宰加工企业对于活羊质量及其生产过程中质量控制有了更高的要求，经纪人或经销商采购的方式就可能因困难难以达到相应的要求而失效。虽然目前为保证羊源的数量和质量供给的稳定性，更多的屠宰加工企业通过合同等形式加强了和肉羊养殖环节间纵向协作，但其选择的对象多为规模较大的肉羊养殖主体，而小规模肉羊兼业养殖在目前和未来很长一段时间内都占据重要位置，对其来说，经纪人和经销商的合作方式仍是非常有效的。同时对于屠宰加工企业来说，现有数量较少的规模养殖场和养殖企业难以满足其肉羊生产能力的要求，因此通过经纪人和经销商将小规模肉羊养殖户组织起来，作为其羊源的重要来源，仍是其保证羊源的重要方式之一，甚至对于很多企业来说是最重要的方式。在上一章提到的蒙都羊业、澳菲利、草原宏宝、额尔敦、伊赫塔拉均以经纪人或经销商采购为原料羊获得的主要方式。

（2）农业产业化联合体

2017 年，农业产业化联合体作为一种新的组织形式，得到较多关注与推广①，在这里简单讨论一下。农业产业化联合体的运行模式是"农业公司+合作社+家庭农场"，其中农业公司为合作社和家庭农场提供主要农业生产投入并回收后者生产的农产品，合作社为家庭农场提供生产过程中的技术服务并受企业委托收购农产品，家庭农场按照公司要求进行标准化生产，向公司提供农产品。农业产业化联合体本质上是农业公司用契约的形式与合作社、家庭农场结成紧密的利益联盟来生产高质量农产品，通过品牌化运营实现效益提升，三方共同分担成本和分享收益。其中契约形式属于前面分析的要素供给合同，农业公司对产品质量控制的强度较大。在我国对家庭农场的认定有一定规模要

---

① 2017 年 5 月中共中央办公厅、国务院办公厅印发的《关于加快构建政策体系培育新型农业经营主体的意见》中明确提出，"培育和发展农业产业化联合体"。为贯彻落实该《意见》，促进农业产业化联合体发展，2017 年 10 月农业农村部、国家发展改革委、财政部、国土资源部、央行、国家税务总局联合印发了《关于促进农业产业化联合体发展的指导意见》，从金融支持、用地保障等方面提出了扶持措施

求，农业公司选择家庭农场进行合作也符合前面分析的规模较大养殖主体可以与公司建立稳定的合作关系的分析结论。在这种模式中，不仅发挥了合作社服务和组织农户的优势，减少了公司对于服务方面的投入，而且扩大了合作社的服务范围，突破了成员限制，合作社的效益得以提升。农业产业化联合体生产的产品具有一定的品牌专用性，农业公司、合作社和家庭农场对此进行专用性资产投资，家庭农场和合作社生产的产品若转卖给其他企业，难以实现其专用性品牌效益，因此降低了违约概率。因此，农业产业化联合体是相关主体结成相对稳定的利益联盟，通过整合各方资源、提升产品质量、品牌化运营以实现效益提升的理性选择的结果。

7.3 纵向协作形式的决定

肉羊养殖环节与屠宰加工环节的连接方式可以理解为，这两个环节之间的交易如何组织的问题，其遵循的基本经济原则是交易如何组织，以最小化组织成本。具体来说，是通过市场交易，或通过某种合同设计，还是直接纳入一个企业内进行交易，取决于这个过程中的成本相对大小。威廉姆森（1979）将其分为两部分：生产支出的节约和交易费用的节约。在肉羊养殖环节因劳动监督难度较大，管理成本对其组织成本的影响较大，因此本研究将交易的组织成本分为生产成本、管理成本和交易成本。其中，生产成本是产品生产的直接投入成本。管理成本主要包括管理协调与生产激励方面投入的成本。交易成本主要指公开市场交易和合同协作时在信息搜寻、讨价还价与交易实施等方面的成本。因此，本研究认为肉羊养殖与肉羊屠宰加工两个环节的具体协作形式取决于相关产品的生产成本、管理成本与交易成本的权衡。

首先，考虑质量的影响。一般情况下由于肉羊家庭经营可以使用机会成本更低的生产要素和化解劳动监督问题，与企业相比具有更低的生产成本和管理成本，但是生产质量更高或者专用性较强的肉羊时，需要更高级的生产要素的投入，农户获得高级生产要素的成本更高，生产成本会提高更快，此时企业养殖肉羊的生产成本劣势会逐渐减弱。而由于对质量考核和谈判费用提高，企业通过公开市场外购肉羊的交易成本提高，通过建立长期合作以降低交易成本的合同协作变得更为有利。随着对质量要求进一步提高，当企业通过将交易内部化节约的交易成本高于生产成本和管理成本的增加时，企业一体化经营就变得有利可图了。肉羊养殖主体在肉羊销售时同样面临肉羊质量信息的不对称，因而只能获得屠宰加工企业按照市场肉羊质量所支付的平均价格，难以实现优质优价。因此，生产高质量肉羊的主体有延伸产业链条，自己或委托别人将生产的高质量肉羊屠宰加工以提高产品附加值的动机。故本研究提出以下假说：

假说2：企业所生产产品的质量越高或专用性越强，企业越倾向于紧密的纵向协作。

假说2A：肉羊养殖环节所生产的肉羊质量越高或专用性越强，企业越倾向于紧密的纵向协作。

假说2B：肉羊屠宰加工环节所生产的羊肉质量越高或专用性越强，企业越倾向于紧密的纵向协作。

其次，考虑数量的影响。随着肉羊养殖规模增加，活羊销售市场价格波动带来的市场风险也增加，这使得延伸到肉羊屠宰加工环节以提升产品附加值变得更有利可图，因此预期肉羊养殖规模越大的主体越倾向于通过签订合同或自建屠宰加工等方式与肉羊屠宰加工企业加强协作。屠宰加工企业对肉羊的屠宰达到一定规模时才有利于实现生产的规模经济，从而降低企业的单位生产成本，但肉羊采购数量的增加会增加交易成本和管理成本。所以采购数量较大时，建立与大供应商的长期合作关系可以降低交易成本，稳定供应。当通过与供应商的长期合作仍不能满足企业肉羊屠宰加工效率和效益的规模要求时，或者企业内部生产的生产成本节约大于交易成本和管理成本的增加时，企业可以通过自己生产部分肉羊来保障羊源供给稳定性，以满足肉羊屠宰加工的效率与效益要求。但当企业养殖肉羊规模增大到某种程度时，肉羊生产过程监督困难导致管理成本急剧上升，管理的规模不经济可能会超过企业一体化经营带来的生产规模经济和交易成本节约的好处。因此企业羊源完全自给的组织成本过高，采用部分自给部分外购的渐变一体化更符合企业的利益。因此，本研究提出以下假说：

假说3：企业生产规模越大，企业越倾向于紧密的纵向协作。

假说3A：肉羊养殖规模越大，企业越倾向于紧密的纵向协作。

假说3B：肉羊屠宰加工规模越大，企业越倾向于紧密的纵向协作。

假说4：随着肉羊屠宰加工环节规模的增加，企业羊源自给程度呈先增加后降低的倒"U"形结构。

7.4 肉羊产业纵向协作的实证分析

企业为稳定原料供给或提升产品附加值，从产业链的一个环节延伸到另一个环节，建立起环节间紧密的纵向协作，将两个环节都纳入企业规划与控制范围，从而实现价值链的提升。这种紧密的纵向协作可能通过建立层级式一体化经营实现，也可能以紧密的生产合同例如生产管理合同和要素供给合同形式存在，通过企业统一决策实现对生产的实质控制。企业对于环节间纵向协作方式的选择与演变过程给我们分析不同纵向协作形式提供了极佳的素材。实践中肉羊产业链延伸存在多种方式，本研究选择不同模式的典型案例进行分析，以期得出应用范围更广的一般性规律。具体地，研究选择从肉羊养殖环节延伸到屠宰加工环节的内蒙古蒙都羊业食品股份有限公司，从羊肉餐饮延伸到肉羊屠宰加工、再到肉羊养殖的内蒙古小尾羊牧业科技股份有限公司，肉羊养殖和屠宰加工环节同时发展的蒙羊牧业股份有限公司，和肉羊养殖环节向前向后延伸的内蒙古巴美养殖开发有限公司作为典型案例①，对上述肉羊产业纵向协作的研究假说进行检验。

7.4.1 案例公司发展及其纵向延伸历程

（1）基于产业链前向延伸的蒙都模式

内蒙古蒙都羊业食品股份有限公司（简称"蒙都"）的前身是始建于1998 年位于内蒙古赤峰市翁牛特旗的一个良种场，2001 年拥有自治区级别的种羊场，2003 年通过中绿华夏有机认证，企业实现了高品质羊肉的生产。为提升产品附加值，蒙都延伸到羊肉深加工环节，2005 年第一期生产加工厂建成投产。在生产出有机羊肉、风干牛肉等产品之后，为实现产品的价值，蒙都通过建立直营专卖店的方式加强了与下游消费环节的协作，2007 年赤峰市第一家旗舰专卖店开业。为进一步提升有机羊肉的附加值，企业延伸到羊肉餐饮环节，2010 年第一家蒙都有机羊火锅餐厅开业。通过自建直营店和餐饮的方式，企业实现了有机羊肉的价值提升。虽然居民对高品质羊肉的需求增加，但是有机羊肉生产成本和售价显著高于普通羊肉，导致有机羊肉"叫好不叫座"，整体消费量较低。为此，企业调整了产品策略，加大了普通安全羊肉的生产力度，在满足消费者对健康、安全羊肉的需求的同时，通过加工技术研

---

① 注：内蒙古蒙都羊业食品股份有限公司的资料主要来源于企业网站、公开转让说明书、叶云（2015）和董谦（2015）的博士论文和企业实地调研，内蒙古小尾羊牧业科技股份有限公司的资料主要来源于企业网站、叶云（2015）和董谦（2015）的博士论文，蒙羊牧业股份有限公司的资料主要来源于企业网站、董谦（2015）的博士论文和企业实地访谈录音整理，内蒙古巴美养殖开发有限公司的资料主要来源于企业网站、常情（2013）的硕士论文和企业实地访谈录音整理，企业实地访谈的时间是2015 年

发、产品深加工扩张羊肉产品品类，提高产品附加值，满足消费者多样化需求。2010年，企业被农业农村部认定为"国家羊肉加工技术研发分中心"，2011年扩建熟制品深加工车间并投产，2012年企业与中国农业科学院农产品加工研究所合作建立"羊肉产品研发中心"。企业肉羊生产加工规模扩张后，一方面扩大了羊源基地建设，2014年建成10万平方米标准养殖场；另一方面加大了品牌建设的力度，2014年签约王珞丹做形象代言，成立了"蒙都慈善基金"。目前，蒙都经营涉及良种扩繁、羔羊育肥、屠宰分割、精深加工和羊肉餐饮多个环节，生产冷冻、冷鲜羊肉和深加工产品100多种，在全国20个省（自治区）拥有300多家直营（加盟）店，经销（代理）商600多家。

（2）基于产业链后向延伸的小尾羊模式

内蒙古小尾羊牧业科技股份有限公司（简称"小尾羊"）前身为内蒙古小尾羊餐饮连锁有限公司，成立于2001年9月。小尾羊成立后火锅餐饮迅速扩张，2003年小尾羊全国加盟（连锁）店突破200家，位列全国餐饮百强第四名。在此基础上小尾羊还积极开拓海外市场，2005年小尾羊阿联酋（迪拜）店开业。当火锅店达到一定规模时，关键原料羊肉质量和数量供应的稳定性对公司变得更为重要。在此情形下企业通过自建食品加工企业，延伸到肉羊屠宰加工环节，2007年成立小尾羊食品公司。2009年小尾羊食品加工与餐饮连锁开始无缝对接，小尾羊餐饮所使用的羊肉产品全部来自小尾羊食品加工，不再外购，增强了对羊肉产品质量的控制。2011年，小尾羊更名为内蒙古小尾羊牧业科技股份有限公司，标志着小尾羊整合上游资源，进军肉羊全产业链的战略转型，企业经营范围进一步延伸到肉羊养殖环节。2013年小尾羊养殖规模达到10万只的肉羊基地投入运营。从2013年以来，从澳洲进口杜泊、萨福克、澳洲白等种公、母羊2 500余只，现已形成澳洲纯种澳洲白、杜泊肉羊、萨福克等种群规模。已建成国家级原种场和核心育种基地，有8个品种，年生产种羊5 000只、胚胎20 000枚。肉羊养殖采用"引羊入园"的农区模式和"托牧放养"的牧区模式，2015年养殖规模达到100万只。小尾羊已建成包括种羊生产、肉羊养殖、屠宰加工、羊肉餐饮的一体化经营体系，拥有六大养殖基地、三大加工物流基地、餐饮和商超两大终端销售体系①。

（3）基于产业链关键环节延伸的蒙羊模式

蒙羊牧业股份有限公司（简称"蒙羊"）于2012年5月注册成立。蒙羊成立之初便从肉羊养殖和屠宰加工这两个关键环节做起，采用资本运作的运营

---

① 注：资料来源于企业网站 http：//www.nmxwy.com/

模式和聘用职业经理人的管理模式，通过厂区并购等方式迅速扩张。2013 年布局七大基地，建立研发生产基地。2014 年，企业融入互联网思维，开始品牌化运营，成立多个分、子公司。2014 年成立电商部门。2015 年电商全年销售 600 万元，位于同行业电商销售业绩全网第一。企业选择在肉羊羊源充裕的地区建设农牧业产业化园区，在内蒙古呼和浩特、巴彦淖尔、兴安、锡林郭勒、呼伦贝尔、赤峰、鄂尔多斯布局了六大产业集群和七大基地群，目前已建设的有和林格尔县现代化农牧业产业园区、乌拉特中旗现代化农牧业产业园区、兴安盟扎赉特旗肉羊加工园区和锡林郭勒加工中心。此外，公司在各园区正在配套建设羊肉熟食、调理品生产和屠宰副产品深加工工厂。公司已建成巴彦淖尔、呼和浩特、锡林郭勒和兴安盟四大种源养殖基地，其中，位于乌拉特中旗的蒙羊光合立体牧业科技示范园区设计年出栏肉羊 10 万只。蒙羊繁育销售良种母羊和种公羊超过 5 万只/年，拥有 4 个屠宰加工园区，设计产能年屠宰肉羊 400 万只（表 7-2）。2013 年公司销售收入超过 6 亿元，2014 年销售收入达 12.26 亿元。2015 年蒙羊屠宰羊 115 万余只，生产精细化分割羊肉产品 13 000 余吨，销售额突破 18 亿元。

表 7-2　蒙羊屠宰加工布局与产能

屠宰加工园区	设计产能	投产时间
呼和浩特和林格尔县加工厂	年屠宰肉羊 150 万只，精分割 2.5 万吨	2012 年 8 月
锡林郭勒盟加工厂	年屠宰肉羊 50 万只	2013 年 8 月
巴彦淖尔市乌拉特中旗加工厂	年屠宰肉羊 100 万只	2014 年 8 月
兴安盟加工厂	年屠宰肉羊 100 万只	2014 年 10 月
合计	年屠宰肉羊 400 万吨	

注：资料来源于公司实地调研资料整理

（4）基于完全一体化的巴美模式

内蒙古巴美养殖开发有限公司（简称"巴美"）的企业主 2001 年建立羊场雇人养殖 76 只母羊，2007 年 10 月注册成立一人有限责任公司（自然人独资）。2008 年羊存栏达到 2 000 余只。随着养殖规模扩大，企业主认识到肉羊产业要走规模化、工业化之路，首要解决饲料问题。因此 2008 年企业延伸到饲料生产环节，在肉羊全混日粮（TMR）小型试验成功后建立了饲料厂。2009 年羊存栏达到 3 000~4 000 只，政府与企业合作建设现代化畜牧业示范基地。为解决良种问题企业延伸到品种繁育环节，为解决粪污污染问题和提高副产品的价值与使用价值延伸到沼气发电和有机肥生产环节，为实现产品增值，企业进一步延伸到肉羊屠宰加工环节。以肉羊养殖为核心,企业向上下游延伸,从需求方向延伸到饲料和品种繁育,从供给方向延伸到有机肥生产和屠宰加工,从而形成了以肉羊养殖为中心,包含全混合日粮饲料生产、品种繁育、肉羊养殖、屠宰加工、沼气发电和有机肥生产等环节的完整产业链。设计生产能力为年可生产肉羊全混日粮 10 万吨,年可出栏肉羊 10 万只,年可生产有机肥 10 万吨,年屠宰加工肉羊 30 万只。

7.4.2 纵向协作形式决定假说的检验

(1) 企业紧密纵向协作的质量推动假说检验

假说 2:企业所生产产品的质量越高或专用性越强,企业越倾向于紧密的纵向协作。

假说 2A:肉羊养殖环节所生产的肉羊质量越高或专用性越强,企业越倾向于紧密的纵向协作。蒙都和巴美都是以肉羊养殖起家,都从肉羊养殖环节延伸肉羊屠宰加工环节。这两个企业所生产的肉羊质量都显著高于普通肉羊。蒙都早在 2003 年便通过了中绿华夏有机认证,而巴美公司则是以内蒙古自治区历经 20 余年培育成的第一个肉毛兼用品种巴美肉羊为主打品种,巴美肉羊的羊肉品质显著高于一般品种,但巴美肉羊的市场销售价格却与一般肉羊价格差别不大,而企业养殖肉羊的成本却显著高于一般肉羊家庭经营。因此,为提升有机羊肉的附加值,蒙都延伸羊肉深加工,生产有机羊肉分割产品和礼盒,并进一步延伸到羊肉餐饮环节,以有机羊为特色打造蒙都有机羊火锅餐饮连锁。巴美公司则通过自建屠宰加工企业,将自己养殖的肉羊通过分割、切片、分类包装、进入深加工领域以实现产品增值。这两个公司均从国外引进杜泊、美利奴、萨福克、道赛特等优质肉羊种羊进行品种纯繁、扩繁,以及杂交试验,为企业养殖的优质肉羊提供品种支持。

假说 2B:肉羊屠宰加工环节所生产的羊肉质量越高或专用性越强,企业越倾向于紧密的纵向协作。小尾羊火锅餐饮包括蒙式火锅涮、欢乐牧场自助餐厅、体验式蒙古大营、温都戈(鲜羊火锅)、好久不见、吉骨小馆等多种业态,各种业态模式有其主打餐品(表 7-3),且均以羊肉为主,而且小尾羊仍在不断创新业态模式和新的餐品。小尾羊屠宰加工环节生产的分割肉有 1/3 供应给公司内部火锅店(叶云,2015),由此可见小尾羊屠宰加工生产的羊肉体现出较强的专用性。专用性羊肉的生产对于肉羊具有特定的要求,因此小尾羊延伸到肉羊养殖环节,为保障肉羊品质公司从澳洲进口杜泊、萨福克、澳洲白等种羊用以改进肉羊品质。公司肉羊养殖采用"引羊入园"的农区模式和

"托牧放养"的牧区模式，2015年养殖规模达到100万只。同一个企业内针对不同产品，羊源获得方式也存在差异性。蒙都获得羊源的最主要方式是"公司+农户+经销商"模式，通过经销商对农户养殖情况进行追踪、观察，统一进行收购，并将其销售给公司，这种模式主要解决羊源数量供给的稳定性问题，因而是蒙都生产普通羊肉产品主要的羊源获得方式。其次是"公司+牧场+农户"模式，在该模式下蒙都与优质牧场签订长期合作协议，根据合作协议，公司向该牧场内农户无偿提供优质种羊，同时派出技术人员常驻该牧场，负责对牧场内农户进行羊群良种繁育、日常饲养的技术指导；农户需对该等优质肉羊加盖统一的特殊标志，以区别其他普通肉羊，而公司享有从农户处收购该优质肉羊的优先收购权。牧场则充分发挥其组织、协调能力，保证种羊推广、肉羊养殖和收购的顺利实施。目前，该模式已在内蒙古灯笼河牧场成功推广，其高品质有机羊源已成为公司高端有机系列羊肉产品的原料来源。由此可以看出，对于普通羊肉的羊源，公司采用的是公开市场交易或产品合同的方式，而对于有机羊肉的羊源则采用的是要素供给合同等紧密的纵向协作形式。

表7-3　小尾羊餐饮业态模式与主打餐品统计表

业态模式	定位	主打餐品
小尾羊蒙式火锅	蒙古文化特色，将传统与时尚结合为一体	小尾羊汤锅系列、小尾羊羔羊肉系列、蒙古大串
欢乐牧场自助餐厅	烧烤涮一体化自助餐厅，针对80、90后消费群体以"时尚欢乐、节约自助"为特色	烤肉系列、涮品系列、西式料理系列
体验式蒙古大营	还原了蒙古族原生态人文特色和饮食文化	蒙古烧烤、奶茶、奶酒
温都戈（鲜羊火锅）	选用敕勒川矿泉水和草原鲜美羔羊肉（冷鲜肉）为原材料，制成以泉水煮冷鲜羊肉的特色火锅	冷鲜肋腹肉冷鲜上脑肉冷鲜羊外脊肉、泉水锅、钢丝面特色冰泉蘸料
好久不见	时光主题餐厅，客群定位为品位青年、都市白领一族	法式羊排、高档海鲜
吉骨小馆	轻时尚羊文化主题餐厅，以麻辣口味为主，为年轻消费者提供好吃、好玩、健康的"脊骨焖锅"	"脊骨焖锅"

注：资料根据企业网站和公开转让说明书材料整理

（2）企业紧密纵向协作的规模推动假说检验

假说3：企业生产规模越大，企业越倾向于紧密的纵向协作。

假说3A：肉羊养殖规模越大，企业越倾向于紧密的纵向协作。巴美公司从2001年76只母羊，到2008年2 000多只羊，再到2009年3 000~4 000只羊，2009年4月建设现代化畜牧业示范基地，建成的标准化羊舍设计存栏15

万只羊，年可出栏 10 万只肉羊。2013 年 2 000 多只种母羊、700 多只种公羊、3 万多只繁育母羊，2015 年存栏达到 5 万多只羊。2013 年开始建设年加工能力为 30 万只肉羊的肉羊屠宰加工厂。肉羊养殖达产后可以实现屠宰加工产能的三分之一，企业再外购些肉羊有助于充分利用屠宰加工的产能。而通过自建屠宰加工厂，巴美公司可以将自己生产的优质肉羊经屠宰、分割、包装增加产品附加值后出售，实现产品增值。肉羊养殖规模的扩大为这些提供了可能，因为过小的养殖规模支撑不起肉羊屠宰加工的产能。

假说 3B：肉羊屠宰加工规模越大，企业越倾向于紧密的纵向协作。蒙都、小尾羊和蒙羊在肉羊屠宰加工规模扩张的过程中，都加强了羊源基地建设，通过与农户合作或自给等方式加强了与肉羊养殖环节的纵向协作，以保障羊源供给的稳定性。蒙都 2011 年扩建熟制品深加工车间投产，2014 年 10 万平方米标准养殖场建成。小尾羊 2001 年成立后火锅餐饮迅速扩张，2003 年小尾羊全国加盟（连锁）店突破 200 家，在此基础上小尾羊还积极开拓海外市场。2016 年小尾羊国内有 22 家直营店、海外 10 家直营店以及 1 家子公司直接从事餐饮服务，公司在海内外拥有 251 家加盟店。除了餐饮，小尾羊还建立了 6 000 多家商超的营销网络和肉业直营店，小尾羊年屠宰加工肉羊 200 万只，综合产能达到 3 万吨。小尾羊餐饮、羊肉产品生产的扩张对羊源质量和数量提出了更高要求，因而 2011 年小尾羊开始向肉羊养殖环节延伸，采用"引羊入园"的农区模式和"托牧放养"的牧区模式，2015 年养殖规模达到 100 万只。蒙羊通过并购等方式迅速扩张肉羊屠宰加工产能，从 2012 年 150 万只，扩张到 2013 年的 200 万只，再到 2014 年的 400 万只，还在继续扩张，按照规划产能要扩张到 1 000 万只。与此同时，蒙羊也在不断加强种源基地建设，通过种羊繁育、合作育肥、放母收羔等方式与肉羊养殖环节建立紧密的纵向协作关系。

（3）企业羊源自给程度的倒"U"形结构假说检验

假说 4：随着肉羊屠宰加工规模的增加，企业羊源自给程度呈先增加后降低的倒"U"形结构。

在蒙都、小尾羊、蒙羊和巴美公司发展过程中，企业最初延伸到肉羊养殖环节时，均自建了肉羊养殖基地，通过雇工或与农户合作进行生产管理，而随着肉羊养殖规模的扩大，肉羊养殖管理的规模不经济愈加显现，公司意识到农户养殖的成本和效率优势。虽然肉羊屠宰加工企业将肉羊养殖环节全部纳入企业生产范围，由企业统一协调控制可以最大程度地保障羊源的质量，但是肉羊养殖规模过大导致生产和管理成本过高，资金占用太多等问题，不利于企业利润最大化目标的实现，而对于企业来说，经营效益才是最重要的，而质量控制只是其经营效益实现的一个途径。因而企业商品羊雇工养殖规模不再增加，或增加有限，甚至缩减（巴美公司便是从最初全部雇工养殖转为商品羊生产主要由农户负责，而公司主要负责种羊纯繁与扩繁），更多地采用与农户建立要素供给合同等紧密的合同协作关系，公司提供种羊、饲料、资金、技术等关键生产要素，肉羊归农户所有，由农户从事具体的生产管理。企业雇工养殖则更多地集中于优质肉羊种羊的纯繁、扩繁等技术要求高、产品价值大的环节。因此属于一体化经营雇工养殖的商品羊占公司羊源的比重呈先增加后降低的倒 U 形结构。

7.4.3　合同设计与农户参与——以蒙羊"羊联体"为例

　　劳动监督的难题使得企业进行大规模雇工养殖商品羊，因管理的规模不经济而成本过高，但质量与数量稳定的羊源对于肉羊屠宰加工企业标准化生产和品牌化运营又至关重要。因此通过紧密的合同协作方式与肉羊养殖场户建立长期合作关系，企业提供养殖场户稀缺的高级生产要素，而肉羊养殖场户负责实际生产管理，成为很多企业保障优质羊源批量供给的重要方式。蒙都、小尾羊、蒙羊和巴美公司均将与肉羊养殖场户的合同协作作为保障其羊源质量与数量稳定供给的重要方式，其中尤其以蒙羊最为突出。蒙羊 2012 年成立后公司迅速扩张，对羊源的需求也迅速增加，如何获得满足其质量需求的批量羊源对其生产经营效益的实现至关重要，该公司在与农牧户协作方面也积累了较为丰富的经验。因此，接下来以蒙羊为例对农企合作的合同设计与农户参与情况进行分析。

　　蒙羊在肉羊养殖环节的组织方面，根据不同主体的能力和优势进行分工合作。其中，公司利用人工授精、胚胎移植等先进技术进行肉羊良种纯繁，大的合作规模养殖场负责肉羊核心群繁育，合作养殖户负责杂交繁育和羔羊育肥。为与农牧户建立稳定的合同协作关系，公司独创了"基地+农户+公司+银行+担保公司"的羊联体运营模式（图 7-1）。公司成立了 100% 控股的锡大担保公司，担保公司为养殖专业合作社和养殖大户提供贷款担保，合作的支农银行为养殖合作社和养殖户办理贷款，养殖合作社和养殖户用贷款向公司购买种羊、羔羊和饲料等，将达到公司标准的羔羊和育肥羊销售给蒙羊公司，公司代其结算银行贷款本息。

　　具体来说，蒙羊羊联体又可以分为放母收羔和合作育肥两种模式。放母收羔模式中，企业免费向农户提供优质种羊和基础母羊，获得母羊的农户连续三年向公司提供一只 3 月龄羔羊，3 年后母羊归农户所有，农户在饲养中繁育的多余羔羊可按照市场价卖给企业；合作育肥模式中农户利用公司担保的贷款购买架子羊、饲料等，将出栏的肉羊按照合同价卖给公司，公司代为结算银行贷款本息。下面列出蒙羊羊联体的具体内容。合作育肥模式：①公司评定有意合作户的养殖能力、场地、经验、有效抵押资产等情况进行综合审核确定是否合作；②公司给合作户寻求购羊银行贷款，将达到合同标准的羔羊投放给合作户，合作户进行羊的育肥；③育肥羊达到标准后，合作户需向公司交出栏育肥羊，保护价回收，交羊任务完成后，公司代偿本息，利润返还合作户；④合作期间公司全程可提供饲料、耳标、屠宰、防疫、技术、剪羊毛、修羊蹄等服务。放母收羔模式：①公司评定有意合作户的养殖能力、场地、经验、有效抵押资产等情况进行综合审核确定是否合作；②公司给合作户寻求购羊银行贷款，公司给合作户供应一定数量能繁基础母羊及种公羊；③合作户 3 年内每只基础母羊向公司缴纳 3 只毛重 22.5 千克以上、3 个月龄以上断乳羔羊，完成交羔任务后，公司代合作户偿还银行贷款本息，投放母羊及任务外羊羔归合作户；④合作期间提供配种、饲料、技术、防疫服务，超出任务数羔羊也可按市场价回收。接下来对蒙羊羊联体模式的质量保障机制、利益分配机制和合同履行约束机制进行分析。

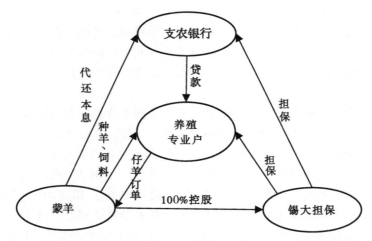

图 7-1　蒙羊 "基地+农户+公司+银行+担保公司" 的羊联体运营模式

（1）质量保障机制

蒙羊羊联体对肉羊质量的保障机制主要包括以下几点：第一，公司选择合作户时，对有意合作户的养殖能力、场地、经验、有效抵押资产等情况进行了综合审核，最后确定的合作户在养殖能力、场地、经验等等方面均表现较好，这也为其对肉羊生产实施更好的质量控制奠定了基础。第二，提供肉羊养殖户所缺乏的高级生产要素，帮助肉羊养殖户突破资源禀赋瓶颈，改善质量控制能力。通过银行贷款担保提供了资金支持，通过提供种羊解决了良种问题，提供生产管理技术服务改善了肉羊养殖户技术难题，提供饲料解决饲料营养与安全问题。第三，建立和推广"五个标准""六个统一"等标准化制度，以规范肉羊养殖环节，促进肉羊养殖环节的标准化。其中，"五个标准"体系包括繁育、防疫、饲养、安全管理和种羊场标准体系；"六个统一"指统一品种改良、统一饲料标准、统一技术服务、统一饲喂标准、统一防疫体系和统一出栏标准。第四，巡场财务和驻场技术员为合作户提供相关技术服务与支持的同时，也对其肉羊养殖行为进行监督管理。

（2）利益保障机制

通过公司与农户的合作，分散了风险，公司主要承担市场风险，农户则主要承担生产中的自然风险，对于二者来说都有助于规避活羊市场波动带来的市场风险。羊联体合作模式对公司而言：一是以较低的成本获得了批量优质羊源。通过与养殖户合作，利用农户的资源，以本土品种为基础，利用国外优质肉用品种实现了优质肉羊的迅速杂交扩繁，通过饲料、防疫等方面的规范提高了肉羊的品质与安全性。与养殖户的合作也为企业全程可控可视可追溯系统的实施奠定了基础。二是通过种羊、饲料等生产要素销售，公司也可以获得部分收益。三是通过利用养殖户卖羊货款代其偿还银行贷款本息，降低了公司为农户银行贷款担保的连带责任对其带来的风险。四是从肉羊养殖户那里收取一只羊70元的管理费。对于合作户来说：一是通过公司的担保获得了银行贷款作为肉羊养殖投入的资金支持；二是获得了公司提供的种羊、养殖技术服务；三是获得稳定市场。一般情况下公司以高于市场价回收肉羊，当市场价跌破成本价时，公司对合作育肥户以保底价收购，保证合作户不亏损，降低了市场波动对养殖户造成的损失。一位与蒙羊签约的合作育肥户表示，通过蒙羊获得了180万元的银行贷款，在2015年因为行业波动，银行贷款减少的情况下，蒙羊提供的资金对于合作户肉羊生产尤为重要，公司以每千克高于市场价4元的价格回收肉羊，按照一只羊25千克胴体估算，每只羊可以多卖100元，扣除70元管理费，每只羊可以多卖30元，与蒙羊合作比较稳定，但是要求非常严格。对于合作银行来说，有蒙羊代为考察审核贷款者的有效抵押资产等情况，降低了银行的考核成本，由蒙羊担保且代为偿还贷款本息，降低了银行贷款风险，对银行也是非常有利的。蒙羊以其信誉担保肉羊养殖户获得银行贷款的利率更低，降低了资金使用成本，这对于蒙羊和肉羊养殖户都是有利的。

（3）合同履行约束机制

在与肉羊养殖户的合同协作中，很多企业通过银行贷款担保为农户肉羊养殖提供了资金支持，但是在活羊市场价格波动较大时难以阻止合作户将肉羊卖给其他屠宰加工企业，而养殖户还不起贷款时却需要企业承担担保的连带责任。而蒙羊则通过代还本息的方式巧妙地将肉羊养殖户和公司捆绑在一起，可以降低肉羊养殖户的违约率。对于农牧户来说，银行贷款本息需要通过蒙羊来归还，虽然贷款由蒙羊担保，但是贷款者是养殖户，若违约将肉羊销售给其他屠宰加工企业，那么养殖户会面临归还贷款方面的困难。对于蒙羊来说，为农户银行贷款提供了担保，且要代其偿还本息，若违约不收购，贷款本息从何而来。因此，二者的利益捆绑在一处，从而对合同履行产生了约束，这是其一。其二，每一个养殖户的银行贷款有一个专用的账户，只能用于购买种羊、架子羊、饲料等生产资料，公司对此进行监督管理，这样公司就可以计算出肉羊养殖户生产肉羊的成本，降低了公司与肉羊养殖户的信息不对称，当市场价格跌破养殖户的成本价时，公司以成本价回收肉羊，可以防止市场价格下跌时肉羊养殖户通过卖羊来止损，造成无法履约。其三，放母收羔模式采取整村推进的模式，一户30~50只能繁母羊，合作户集中起来公司可以更好地监管与服务，降低违约率。合作育肥户选择规模较大的肉羊养殖合作社或养殖大户，这样可以将合作户数量控制在一定范围内，也方便公司监管。

由上面分析可知，肉羊养殖主体和肉羊屠宰加工企业建立紧密的合同协作有助于保障肉羊质量和双方利益，那么所有肉羊养殖户都可以参与获益吗？接下来我们对参与合同协作方式的肉羊养殖主体特征的假说进行检验。为对假说1进行检验，本研究对调研样本2014年的出栏情况进行了统计，生产育肥羊和架子羊的178个肉羊养殖户2014年肉羊出栏量平均值为1 408只。为比较不同协作方式的肉羊养殖规模，对与企业签订合同的养殖户和未与企业签订合同的养殖户的出栏规模分别进行了统计，并进行均值差异t检验，结果如表7-4所示。表中结果显示，与企业签订合同的肉羊养殖户出栏规模显著大于未与企业签订合同的肉羊养殖户的出栏规模，前者是后者的2倍以上，且均值差异在1%的显著性水平上显著。为进一步确认这个结果，本研究对2015年与蒙羊牧业签订养殖合作协议的40个肉羊养殖主体的规模情况进行了统计，除1户数据缺失外，其他39个合作养殖主体截至2015年1月30日肉羊存栏平均为 4 752 只①，综合 2014 年调研样本的出栏平均值 1 408 只，可以看出与蒙羊牧业签订合作协议的肉羊养殖主体的养殖规模显著大于肉羊养殖主体的平均养殖规模。与假说 1 的预期一致。屠宰加工企业在选择合作对象时，会选择规模较大、实力较强的肉羊养殖主体，而将实力较弱、规模较小的肉羊养殖户排除在外。

表 7-4　不同协作方式的肉羊养殖户出栏规模统计

	未签合同 均值 A	签订合同 均值 B	均值差异 H_0：E-F=0 t 值
平均出栏量（只）	1167	2821	−2.981 ***

注：数据根据调研数据整理，*** 表示在 1% 的显著性水平上显著

7.5　小结

本部分首先总结了肉羊养殖与肉羊屠宰加工环节间纵向协作的基本形式与运行机制，其次分析了不同的纵向协作形式对相关主体效益与产品质量的影响，最后结合典型企业案例进行了实证检验。主要结论包括以下几点。

（1）纵向协作的基本形式包括公开市场交易、合同生产和纵向一体化

其中，合同生产又可以分为产品合同、生产管理合同和要素供给合同三种，每种协作形式有其适用的情形。

（2）从公开市场交易到生产合同，再到纵向一体化，紧密的纵向协作有助于肉羊屠宰加工主体加强对肉羊养殖环节的质量控制

但是更紧密的纵向协作往往意味着更高的生产成本，因此，企业是否能取得更高的效益取决于其成本和收益增加的相对幅度。

（3）肉羊养殖与肉羊屠宰加工两个环节的具体协作形式取决于相关产品的生产成本、管理成本与交易成本的权衡

企业生产产品质量和生产规模对于企业选择紧密的纵向协作具有正向作用，但随着肉羊屠宰加工规模的增加，企业羊源自给程度会呈现先增加后降低的倒"U"形结构。

---

① 注：数据来源于实地调研。

（4）对蒙都、小尾羊、蒙羊和巴美等公司的案例分析

分析发现，产品质量要求和专用性以及生产规模扩张是其选择紧密纵向协作的重要原因，公司多采取种羊繁育由公司负责，而肉羊扩繁与育肥与肉羊养殖户合作的协作方式。对蒙羊羊联体模式的分析发现，谨慎的合同设计有助于实现质量保障和双方效益的提升并且降低违约率，但是公司多选择规模较大的养殖户，而将小户排除在外。

8 基于多种效应整合的肉羊产业集聚分析

产业集聚是一种空间组织形态，是大量微观主体以利益最大化为目的进行生产生活决策的结果。对于具体微观主体而言，产业集聚状态是一种外部环境，是其选择决策时面临的外部约束条件。产业集聚地区往往可以给生产厂商带来资金、劳动力、技术、基础设施、政策等方面的便利，但产业集聚到一定程度，要素条件发生变化，集聚向心力与离心力的相对重要性发生改变，集聚的拥挤效应显现，甚至会超过规模效应。本部分在对肉羊产业集聚特征的统计分析基础上，探讨肉羊产业集聚对相关主体效益与产品质量的作用。

8.1 肉羊产业集聚特征

本研究根据数据的可获得性和研究目的，选择行业集中度指数（CR_n）与区位商来测度肉羊产业集聚程度。CR 指数是衡量产业集中度简便易行的常用方法，其含义是产业中前 n 家企业销售额、产量水平、资产额等指标在整个产业中所占比重。本研究参考时悦（2011）的研究采用前 1、4、8、10 个省份肉羊存栏量、出栏量，羊肉产量和饲料产量在全国所占的比重。公式如下：

$$CR_n = \frac{\sum_{i=1}^{n} X_i}{\sum_{i=1}^{N} X_i}$$

区位商指数是由哈盖特（Haggett）提出的用来判断地方专业化程度的一个指数，也可用于判断产业集聚的程度，其含义是某地区某产业产值占该地区总产值份额与该产业在全国总产值中所占份额之比，表达为：

$$LQ_{ij} = \frac{O_{ij}/O_j}{O_i/O}$$

其中，O_{ij} 为 j 地区 i 产业的产值，O_j 为 j 地区的总产值，O_i 是全国 i 产业的总产值，O 是全国所有产业的总产值。如果 $LQ_{ij} > 1$，则说明 j 地区 i 产业专业化程度或集中度较高。

（1）肉羊存栏集聚情况

为了解中国肉羊养殖的区域分布与变动情况，本研究计算了 2000—2015 年肉羊年末存栏量最大的 1、4、8 和 10 个省份的集中度指数，由图 8-1 显示。考虑到绵羊和山羊生活习性和区域布局的差异性，分别计算了绵羊和山羊存栏的集中度指数，由图 8-2 和图 8-3 显示。

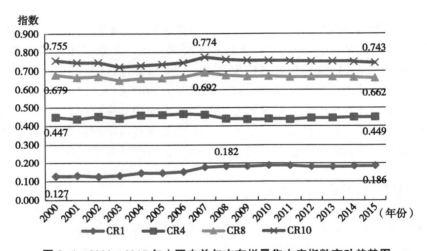

图 8-1　2000—2015 年中国肉羊年末存栏量集中度指数变动趋势图

注：数据根据《中国统计年鉴》（2001—2016）历年全国及各地区肉羊年末存栏量计算而得

从中国肉羊存栏的整体情况来看，中国肉羊存栏集中于部分省份。2015 年年底肉羊存栏量最大的省区内蒙古肉羊存栏量占全国的 18.6%，加上新疆、山东和甘肃，这四个省区肉羊存栏量占全国肉羊存栏量的 44.9%，肉羊存栏规模最大的前 8 和前 10 省份的集中度指数分别为 0.662 和 0.743。从中国肉羊存栏集聚情况的历史变动来看，CR_1 从 2000 年的 0.127 稳步增长至 2008 年的 0.182，之后基本保持稳定；2000—2015 年，CR_4、CR_8 和 CR_{10} 总体保持稳定。2000—2015 年各地区肉羊存栏量排名的顺序每年有所差异，但是内蒙古、新疆、山东、甘肃、河南、四川、西藏、河北和青海这 9 个省区每年均位列前

10 位，是肉羊养殖的主要区域。其中，尤以内蒙古突出，自 2002 年超过新疆成为肉羊存栏量最大的省份之后，肉羊存栏增长迅速，2004 年及以后便远超排名第二的新疆，成为当之无愧的肉羊存栏最多的省份。

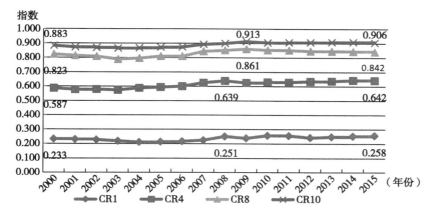

图 8-2 2000—2015 年中国绵羊年末存栏量集中度指数变动趋势图

注：数据根据《中国统计年鉴》（2001—2016）历年全国及各地区绵羊年末存栏量计算而得

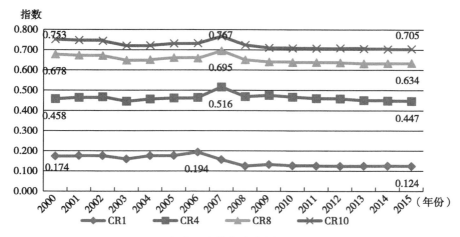

图 8-3 2000—2015 年中国山羊年末存栏量集中度指数变动趋势图

注：数据根据《中国统计年鉴》（2001—2016）历年全国及各地区山羊年末存栏量计算而得

　　具体到绵羊，中国绵羊存栏集聚程度较高，2015 年年底绵羊存栏量最大的内蒙古绵羊存栏占全国的 25.8%，加上新疆、甘肃和青海，这四个省区存栏量占全国存栏量的 64.2%，绵羊存栏规模最大前 8 位和前 10 位省份的集中度指数分别为 0.842 和 0.906。从绵羊存栏集聚情况的历史变动来看，2000—2015 年绵羊存栏的集聚程度有所提高，CR_1、CR_4、CR_8 和 CR_{10} 均有所增加。2000—2015 年，内蒙古、新疆、甘肃、青海、河北、西藏、黑龙江和山西 8 个省区的绵羊存栏始终位于前 10 位，是绵羊养殖主要区域。其中内蒙古在我国绵羊养殖中占据重要地位，其一个省区绵羊存栏量占全国的 1/4。

再来看山羊，中国山羊存栏集聚程度较绵羊低，2015 年年底存栏量最大的省份河南山羊存栏量占全国山羊存栏量的 12.4%，加上山东、内蒙古和四川，这四个省区山羊存栏量占全国的 44.7%，山羊存栏规模最大前 8 位和前 10 位省份的集中度指数分别为 0.634 和 0.705。从山羊存栏集聚情况的历史变动来看，2000—2015 年山羊存栏的集聚程度有所降低，CR_1、CR_4、CR_8 和 CR_{10} 有所降低。2000—2015 年，河南、山东、内蒙古、四川、云南和安徽 6 个省区的山羊存栏始终位列前 10 位，是我国山羊养殖主要区域。2007—2009 年内蒙古是山羊年年底存栏量最多的省区，除此之外的 2000—2006 年和 2010—2015 年河南均位于山羊年年底存栏排行的榜首，但领先排行第二、第三、第四的山东、内蒙古和四川并不多。

综上所述，中国肉羊存栏集聚特征显著，集中分布于部分省区，而非均匀分布，绵羊存栏集聚程度高于山羊存栏的集聚程度。2000—2015 年绵羊存栏集聚程度提高，而山羊存栏集聚程度有所下降。2015 年年底中国肉羊存栏最多的省区是内蒙古，绵羊和山羊存栏最多的省份分别是内蒙古和河南。中国肉羊存栏的主要区域包括内蒙古、新疆、山东、甘肃、河南、四川、西藏、河北和青海等省区。绵羊存栏主要分布于内蒙古、新疆、甘肃、青海、河北、西藏、黑龙江和山西等省区，山羊存栏主要分布于河南、山东、内蒙古、四川、云南和安徽等省份。

（2）肉羊出栏集聚情况

肉羊年出栏量反映了肉羊养殖的产出情况，图 8-4 显示了 2000—2015 年中国肉羊出栏量集中度指数的变动情况。中国肉羊出栏显著地集中于部分地区。2014 年仅内蒙古一个省份的肉羊出栏量便占到全国肉羊出栏量的将近 1/5，加上新疆、山东和河北，这四个省份肉羊出栏量达到全国出栏量的一半，肉羊出栏规模最大前 8 位和前 10 位省份的集中度指数分别为 0.701 和 0.756。从历史变动来看，肉羊出栏集聚程度趋于稳定，具体地，CR_1 和 CR_4 略有上升，CR_8 和 CR_{10} 略有下降。2007 年 CR_1 即出栏最大省份内蒙古出栏量占全国的比重与 2006 年相比出现猛增，原因在于 2007 年河南、山东、新疆和河北几个肉羊出栏大省肉羊出栏均出现较大幅度减少，致使 2007 年全国肉羊出栏总量明显减少（较 2006 年下降 22.44%）。CR_8 和 CR_{10} 降低的可能原因是之前肉羊养殖较少的区域也增加了肉羊养殖。2000—2015 年出栏量排名每年会有所变动，但是内蒙古、新疆、山东、河北、河南、四川、甘肃和安徽这 8 个省区始终位列前 10 位，说明肉羊出栏稳定地集中于这些省区。2000—2001 年肉羊出栏最多的省份是山东，2002—2004 年河南位列第一，2005—2015 年内蒙古成为肉羊出栏最多的省份，且超过排名第二的省区（2005—2006 年为河南，2007—2010 年为山东，2011—2014 年为新疆）越来越多。

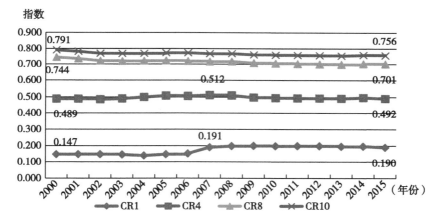

图 8-4　2000—2015 年中国肉羊出栏集中度指数变动趋势图

注：数据根据《中国畜牧业年鉴》（2001—2013）和《中国畜牧兽医年鉴》（2014—2016）历年全国及各地区肉羊出栏量计算

（3）羊肉产量集聚情况

肉羊屠宰加工环节的主要产品是羊肉，因此肉羊屠宰加工环节的集聚情况可以用羊肉产量的地区分布来反映。图 8-5 展示了 2000—2015 年中国羊肉产量集中度指数的变动情况，与肉羊的存栏和出栏一样，中国羊肉产量也集中分布于部分省份。2015 年羊肉产量最大的省份内蒙古羊肉产量占全国的 21.0%，加上新疆、山东和河北，这四个省区羊肉产量占全国羊肉总产量的 49.2%，羊肉产量最多的前 8 和前 10 个省份的集中度指数分别为 0.692 和 0.754。从羊肉产量集聚情况的历史变动来看，CR_1 和 CR_4 有所增加，CR_8 和 CR_{10} 略有减少。2000—2015 年，内蒙古、新疆、山东、河北、四川、河南、甘肃和安徽 8 个省区的羊肉产量始终位于前 10 位，是羊肉生产主要区域。其中内蒙古在我国羊肉生产中占据重要地位，其一个省区生产了全国 1/5 的羊肉。羊肉生产的主要区域与前面分析的肉羊存栏和出栏的主要区域重合较多，说明肉羊屠宰加工场地多选择靠近肉羊生产集中的区域，可能是为了获得足够的羊源，避免活羊长距离运输带来诸多的不便。

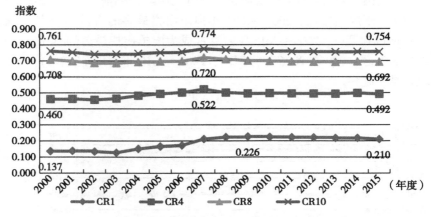

图 8-5　2000—2015 年中国羊肉产量集中度指数变动趋势图

注：数据根据《中国统计年鉴》（2001—2016）历年全国及各地区羊肉产量计算而得

（4）饲料生产集聚情况

宏观统计资料中没有关于肉羊饲料产量的单独统计，考虑到反刍料和精料补充料①中牛羊饲料占据较大比例，反刍料和精料补充料的产量分布可以部分地反映肉羊饲料生产的情况，因此本研究计算了反刍料或精料补充料产量的集中度指数，集中展示在表 8-1。2007—2015 年中国反刍料（精料补充料）呈稳定增长态势，2015 年全国精料补充料产量为 884.21 万吨，较 2007 年增长55.59%，年均增长率为 5.68%。反刍料（精料补充料）生产集中于部分省份，排名前 10 位的省份三种饲料的产量占全国产量的比重均在 90% 左右。其中，浓缩饲料的生产集聚程度高于添加剂预混合饲料和配合饲料。从饲料集聚程度的历史变动来看，2007—2015 年添加剂预混合饲料和浓缩饲料生产的集

---

① 反刍料是指针对反刍动物生产的饲料。精料补充料（concentrate supplement）指为了补充以粗饲料、青饲料、青贮饲料为基础的草食动物的营养而用多种饲料原料按一定比例配制的饲料，也称混合精料。主要由能量饲料、蛋白质饲料、矿物质饲料和部分饲料添加剂组成，主要适合于饲喂牛、羊、兔等草食动物

聚程度有所下降，而配合饲料生产的集聚程度有所上升。2015 年预混合饲料产量排名前 10 位的省区包括北京、内蒙古、山东、天津、黑龙江、陕西、上海、河北、新疆和四川，配合饲料产量排名前 10 位的省区包括内蒙古、河北、辽宁、北京、山东、黑龙江、天津、新疆、陕西和吉林，浓缩饲料产量排名前 10 位的省区包括黑龙江、内蒙古、河北、陕西、辽宁、吉林、甘肃、山东、山西和宁夏。可以看出，饲料生产的主要区域既包括北京、天津和上海等经济较为发达的城市，也包括内蒙古、新疆、山东、河北、甘肃和陕西等肉羊养殖大省（自治区）。

表 8-1 2007—2015 年中国反刍料（精料补充料）生产集中度指数

集中度指数	2007	2008	2009	2010	2011	2012	2013	2014	2015
添加剂预混合饲料									
CR_1	0.297	0.243	0.234	0.185	0.296	0.173	0.161	0.175	0.189
CR_4	0.656	0.648	0.626	0.557	0.608	0.547	0.454	0.563	0.563
CR_8	0.839	0.833	0.811	0.779	0.785	0.766	0.681	0.801	0.835
CR_{10}	0.889	0.885	0.875	0.868	0.846	0.836	0.751	0.887	0.911
配合饲料									
CR_1	0.166	0.167	0.137	0.153	0.185	0.212	0.204	0.188	0.202
CR_4	0.512	0.525	0.489	0.471	0.488	0.546	0.518	0.543	0.516
CR_8	0.741	0.753	0.713	0.722	0.725	0.755	0.741	0.788	0.782
CR_{10}	0.818	0.822	0.795	0.806	0.797	0.830	0.815	0.860	0.847
浓缩饲料									
CR_1	0.352	0.341	0.298	0.272	0.280	0.261	0.240	0.221	0.214
CR_4	0.769	0.787	0.731	0.682	0.703	0.699	0.684	0.681	0.669
CR_8	0.890	0.894	0.902	0.865	0.874	0.871	0.862	0.879	0.904
CR_{10}	0.934	0.942	0.944	0.927	0.939	0.929	0.922	0.922	0.930

注：数据根据《中国农业年鉴》（2008—2016）各省份反刍料（精料补充料）的产量计算而得。其中 2007—2011 年为反刍料的统计，2012—2015 年为精料补充料的统计

综上所述，中国肉羊存栏量和出栏量，肉羊屠宰加工和饲料生产在地理分布上均呈现显著的集聚特征，且集中区域存在很大程度的重合，说明相关主体在选择地理位置时并非完全独立，而可能存在某种程度的关联。

（5）肉羊产业专业化特征

前文对肉羊生产集中度指数的分析发现肉羊生产集中于部分区域。为了解

各地区肉羊生产的专业化水平，本研究利用各地区肉羊产业产值和地区生产总值计算了各地区肉羊产业区位商（表8-2）。数据显示，肉羊产业专业化程度呈现显著的区域差异，2015年各省区肉羊产业区位商从0.02~8.43不等。2004—2015年区位商始终大于1的省区包括河北、内蒙古、安徽、河南、四川、西藏、陕西、甘肃、青海、宁夏和新疆11个省区，说明这些省份肉羊生产的专业化程度较全国平均水平高。结合肉羊出栏集中度指数，发现肉羊出栏集聚区域（即肉羊生产大省）专业化程度存在一定程度的差异。2015年肉羊出栏量排名前8位的省区中，新疆和内蒙古的区位商在5位以上，甘肃和河北的区位商在2和5之间，河南、四川和安徽的区位商在1和2之间，山东的区位商小于1。山东肉羊出栏在全国排名前列，但2004—2015年区位商均小于1，肉羊生产专业化程度较低。这是由于，山东虽是肉羊生产大省，但其他产业发展水平也较高，从而肉羊产业产值占地区生产总值的比例较小。肉羊产业产值占地区生产总值比重越大，肉羊产业对当地经济的影响就越大。肉羊产业对新疆、青海、内蒙古、西藏等地区经济发展起着重要的作用。

表8-2　　2004—2015年各地区肉羊产业区位商统计表

地区	2004	2005	2006	2007	2008	2009	2010	2011	2012	2013	2014	2015
北京	0.57	0.45	0.31	0.19	0.15	0.14	0.13	0.13	0.11	0.10	0.10	0.10
天津	0.36	0.35	0.33	0.17	0.14	0.12	0.09	0.06	0.06	0.07	0.09	0.12
河北	1.81	1.90	1.97	1.62	1.85	2.02	1.89	2.06	2.05	2.05	2.15	2.23
山西	0.72	0.71	0.66	0.55	0.58	1.12	1.08	0.89	0.95	0.98	1.00	1.12
内蒙古	7.81	7.63	7.12	8.37	7.55	7.11	6.78	7.11	7.11	7.42	7.12	6.23
辽宁	0.84	0.84	0.90	0.75	0.34	0.93	0.87	0.99	1.05	1.00	1.01	0.66
吉林	0.27	0.41	0.46	0.47	0.48	0.47	0.50	0.63	0.68	0.79	0.93	1.24
黑龙江	0.64	0.72	0.69	0.79	0.79	0.86	2.99	2.34	3.03	2.70	2.72	3.59
上海	0.05	0.04	0.04	0.03	0.03	0.04	0.04	0.05	0.05	0.05	0.04	0.06
江苏	0.45	0.43	0.42	0.16	0.22	0.22	0.19	0.20	0.25	0.24	0.23	0.25
浙江	0.13	0.14	0.14	0.10	0.10	0.10	0.08	0.09	0.08	0.08	0.07	0.08
安徽	1.79	1.80	1.81	1.64	1.51	1.43	1.32	1.28	1.25	1.27	1.27	1.24
福建	0.26	0.26	0.29	0.20	0.26	0.27	0.21	0.22	0.22	0.24	0.23	0.25
江西	0.13	0.14	0.13	0.15	0.16	0.14	0.10	0.10	0.09	0.18	0.16	0.17
山东	0.86	0.80	0.75	0.86	0.91	0.85	0.78	0.74	0.70	0.65	0.64	0.76
河南	2.55	2.70	2.77	1.92	1.80	1.62	1.41	1.79	1.67	1.64	1.50	1.13

（续表）

地区	2004	2005	2006	2007	2008	2009	2010	2011	2012	2013	2014	2015
湖北	0.30	0.30	0.28	0.32	0.36	0.35	0.34	0.32	0.30	0.30	0.32	0.76
湖南	0.46	0.50	0.45	0.41	0.37	0.59	0.74	0.54	0.54	0.48	0.49	0.50
广东	0.01	0.01	0.01	0.01	0.01	0.02	0.01	0.01	0.01	0.02	0.02	0.02
广西	0.35	0.34	0.37	0.26	0.28	0.28	0.24	0.23	0.23	0.22	0.21	0.22
海南	0.55	0.69	0.56	0.53	0.53	0.54	0.51	0.81	0.50	0.44	0.47	0.60
重庆	0.49	0.50	0.46	0.17	0.18	0.19	0.19	0.18	0.16	0.17	0.19	0.32
四川	1.91	1.95	2.14	2.81	2.16	1.81	1.66	1.45	1.35	1.32	1.37	1.63
贵州	0.54	0.53	0.54	0.51	0.52	0.50	0.94	0.81	0.77	0.70	1.34	1.57
云南	0.93	1.02	1.02	1.01	1.20	1.40	1.31	1.14	1.13	1.19	1.41	1.60
西藏	9.62	7.24	7.85	7.76	7.39	7.70	6.83	5.98	4.79	4.20	4.28	5.03
陕西	1.02	1.16	1.11	1.19	1.34	1.48	1.30	1.34	1.15	1.13	1.16	1.42
甘肃	2.54	2.70	2.47	2.74	3.76	3.67	2.89	2.89	2.48	2.45	2.50	3.21
青海	8.32	8.27	7.81	9.31	8.75	8.06	7.31	7.12	8.33	7.56	7.55	8.43
宁夏	3.85	3.84	3.91	3.16	2.96	3.29	3.05	2.90	2.92	3.07	2.91	3.31
新疆	8.63	6.84	7.31	10.18	10.74	9.69	9.20	8.42	7.89	9.16	9.13	7.21

注：肉羊产业产值数据来源于《中国农业年鉴》（2005—2008）、《中国畜牧业年鉴》（2009—2013）和《中国畜牧兽医年鉴》（2014—2016）；各地区生产总值数据来源于《中国统计年鉴》（2006—2016）

8.2　肉羊产业集聚的理论分析

8.2.1　肉羊产业集聚的概念

产业集聚最早由经济学大师阿尔弗雷德·马歇尔提出，是对特定产业在特定地域集中现象的一种概括性描述，克鲁格曼将其引入新经济地理学框架下（赵伟，2016），随着新经济地理学的发展而被广泛应用。周力（2011）认为，产业集聚是指同一产业在某个特定地理区域内高度集中、产业资本要素在空间范围内不断汇聚的一个过程。王艳荣与刘业政（2011）将农业产业集聚定义为以农户或农业关联企业为中心，以政府的政策支撑为保障体系，在空间上集聚形成的包含紧密相连的农户、企业、机构及市场等在内的网状体系。结合周力（2011）对产业集聚和张宏升等（2007）、王艳荣等（2011）对农业产业集聚的定义，考虑到肉羊产业对于自然资源的依赖性，本研究认为肉羊产业集聚是指以一定自然资源为基础，肉羊产业相关主体和要素在一定地理区域不断集中的过程和高度集中的现象。必须是与肉羊产业密切相关的肉羊养殖场（户）、种羊场、肉羊养殖合作社、活羊市场、肉羊饲料生产企业、肉羊屠宰加工企业、相关科研单位及公共服务机构等主体的集中才可称之为集聚，无关机构或主体的简单集中不能叫集聚（时悦，2011）。肉羊产业集聚区域这些主体体现为产业关联性和地理临近性。

8.2.2 肉羊产业集聚对效益与质量的影响

肉羊产业集聚区域有两个基本特征：一是总体规模大；二是主体间地理临近。下面从这两个基本特征出发分析肉羊产业集聚对相关主体效益与质量的影响。

首先，考虑外部环境较为稳定时，肉羊产业集聚对相关主体效益与产品质量的影响。肉羊产业集聚区域肉羊产业总体规模大的特征，一方面来自于单个个体规模的扩张；另一方面是来自于主体数量的增加，后者的作用更为显著。单个个体规模的扩张有助于实现内部规模经济，在生产原料利用和采购、先进技术应用、固定资产利用、产品品质提升、产品销售等方面具有规模经济，同时也面临更大的市场风险和自然风险，而且也容易出现疫病防控和环境污染方面的问题。各类主体数量增加时，区域内难以实现完全垄断或寡头垄断等市场结构，更多的呈现完全竞争或垄断竞争的市场结构。新成员的不断加入有助于维持竞争活力。从产品生产过程角度看，集群中企业之间的激烈竞争为企业的创新和产品差异化提供了激励（Porter，1998），有助于生产效率和产品质量的提升。但是规模扩张到一定程度时有可能带来废弃物和副产物超过环境的承载能力，从而带来污染问题。

主体数量增多、单体规模扩张带来肉羊产业集聚区域肉羊产业总体规模增加，有助于实现外部规模经济。总体规模扩大有助于知识的创造与溢出，这一方面体现为主体间正式与非正式交流；另一方面体现为人力资本的积累，经过企业培训并从中积累了专用性技术和知识的专用性人才在企业间流动，有助于提高企业生产效率，降低员工培训成本。专用性资本积累同时也为企业生产技术和产品创新提供了有利条件，有助于提升企业效益，提高产品质量控制能力，促进品类多样化和产品深加工。总体规模的扩大在提高资源利用效率的同时也增加了要素稀缺性。具体来说，肉羊养殖规模扩大会增加对饲草料的需求，促进饲料工业的发展，这些都有助于提高农牧民饲料、饲草、农作物秸秆等农副产品和葵花皮、番茄皮、酒糟、豆粕等加工副产物的利用效率，使其增值，促进种植户和相关产品生产者增收；同时也促使饲草料稀缺性增加，提高了肉羊养殖户的养殖成本。肉羊屠宰加工规模扩大，对羊源的需求增加，活羊收购价格上涨，养殖户增收，但肉羊屠宰加工企业的原料成本上涨；羊源稀缺性增加，一方面促使现有养殖主体扩大养殖规模，更多的人参与到肉羊养殖中来；另一方面吸引了外地羊源的流入。肉羊产业规模扩张也促进了相关服务与辅助行业的发展，例如饲草料、兽药、活羊、羊肉、羊皮等产品的经销商、经纪人，活羊市场，检验检测机构，相关科研机构等，这些辅助机构和个人为肉羊产业链上相关主体的生产经营提供了支持服务。此外，肉羊产业规模的扩张产生了更多的病死羊、养殖粪污等养殖废弃物，羊皮毛、羊下水和羊骨血、羊胎盘等屠宰加工副产物，处理不当会对生态、环境、居民健康等方面产生严重危害。但是规模集中也为废弃物和副产物的集中利用和处理提供了可能。羊粪可用于生产有机肥，肉羊屠宰加工集聚吸引了更多的羊皮收购者，企业可以通过生产羊杂制品、羊骨素、胎盘粉等副产品深加工提升附加值的同时，降低环境污染。

主体间地理临近使得信息获得与扩散更加容易，提高了生产要素和生产者之间匹配的成功率，降低了市场信息的搜寻成本，提升市场经济运行效率（Duranton 等，2004）。产业集聚可以降低企业合作创新的成本（曹休宁等，2009）。主体间地理临近为主体间建立紧密的联系提供了有利条件。同类主体间可以通过合作社、协会、联盟等正式组织或非正式沟通交流实现横向联合，在原料、生产、销售、创新、信息共享等方面建立合作关系，促进相关主体效益提升和行业协调与规范。肉羊产业不同环节间主体可以用较低的成本加强纵向协作，整合产业链上下游资源，促进产业链延伸和价值链的提升，降低风险，提高收益。由于质量的经验品特性和信任品特性在上下游主体间存在信息不对称，对产品质量的考核成本过高，使得畜产食品市场决策与交易主体的防御成本和信息成本增加，具有机会主义行为的激励，从而导致食品市场的低效率（王秀清等，2002；王可山等，2006）。地理上临近有助于降低企业对上游生产环节的监督管理成本，降低合同方的机会主义动机，通过合同协作等方式以保障产品质量和数量供应的可行性增加。

在肉羊产业集聚的发展过程中，政府具有多重角色。其一，政府也是一个利益相关主体，产业发展与地区生产总值增长、劳动力就业、城乡居民增收都是政府政绩的重要体现。肉羊产业占地区生产总值的比重越大，占城乡居民收入的比重越高，对当地经济发展的影响越大，当地政府就会越重视羊产业，从而在用地审批与管理、财政支持等方面给予政策倾斜。政府的政策优惠有助于分担生产成本，提高相关主体的经营效益。当然，当地政府对于某个产业的支持力度还跟该产业的发展程度、政府的财政情况等有关。其二，提供具有正外部效应的公共物品，包括肉羊优良品种培育与推广、肉羊防疫检疫、食品安全监管、公共基础设施等。一定的肉羊产业规模有利于提高政府相关人才与设施的利用效率，规模进一步扩张对公共物品的需求增加，超过政府相关机构配置的服务能力时，会带来疫病防控和安全监管难度加大等问题，从而带来安全隐患和风险。其三，矫正市场难以解决的负外部性，包括促进和监督病死羊无害化处理、粪污合理利用和治理、维持草畜平衡等。肉羊产业规模扩张带来废弃物大量集中，羊源需求增加对草原生态的压力增加等负外部性增加，若处理不当，病死羊流入市场会产生羊肉的安全问题，粪污排放会污染环境，超载过牧会破坏生态平衡。因此，肉羊产业集聚的过程中，政府相关工作压力也会增加。

其次，考虑外部冲击对肉羊产业集聚区域相关主体效益与产品质量的影响。肉羊产业集聚区域效益与风险同在，肉羊产业风险包括市场风险与自然风险，产业集聚区域产业规模较大，面临更大的风险，外部冲击产生的影响也更大。外部冲击会打破肉羊产业集聚区域形成的动态平衡，不同主体市场势力和承压能力不同，受到影响也存在差异性。考虑屠宰加工、集中育肥、羔羊繁育、饲料生产几个环节，其中屠宰加工和饲料生产企业规模最大，集中育肥规模较屠宰加工企业规模小但较羔羊繁育的规模大，而羔羊繁育的规模是最小的，规模结构不同使得各主体在市场交易时讨价还价能力差异巨大。图8-6是一个简单的示意图，羊肉价格下降，肉羊屠宰加工企业为维持盈利降低活羊

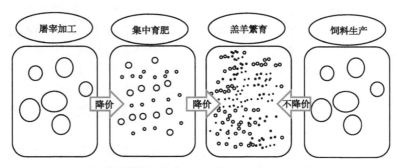

图8-6　市场冲击对肉羊产业集聚区域生产主体效益的影响

收购价格，育肥场为维持盈利降低架子羊采购价格，繁育户面临架子羊销售价

格下降，但是却无法降低饲料采购价格，无法将产品价格的下跌转移到成本控制方面，因此受到的影响最大。

市场冲击对消费者福利的影响又是如何的呢？其他条件不变时，羊肉价格下降，消费者福利改善。正常商品价格下降的收入效应与替代效应都使消费者可以消费更多的产品。具体到个人，对于收入不受影响（或者收入影响很小，几乎可以忽略不计）的消费者福利改善，而收入受到影响的消费者福利状况大多恶化。产业集聚程度较高区域的消费者相当一部分属于后者，产业集聚程度较低区域的消费者基本上属于前者。

综合上述分析，总体上肉羊产业适度集聚有利于相关主体效益和产品品质的提升，对于安全的影响是混合的，一方面地理临近有助于上下游主体间加强对于产品生产的安全控制；另一方面主体数量多、产业规模大也加大了病死羊、疫病防控、饲料、兽药等监管难度，安全风险增加。同时，产业集聚也会提高区域内生产要素的稀缺性，提高生产成本，当产业规模超过资源和环境承载力时会带来生态破坏和环境污染等问题，政府对环保的规制又会增加生产成本。肉羊产业集聚是相关主体追求利益最大化进行生产生活决策的结果，是一个动态平衡的过程，产业集聚的程度由集聚的规模效应和拥挤效应决定，即产业集聚区域不断有新成员加入和老成员退出，当规模效应大于拥挤效应时，新成员加入多于老成员退出，当拥挤效应大于规模效应时，老成员退出大于新成员加入，在拥挤效应等于规模效应的范围内新成员加入与老成员退出相当，产业集聚维持在较为稳定的状态。然而，产业集聚区域内以及区域外的环境一直处于变动中，使这个过程变得更为复杂。与产业集聚程度低的区域相比，外部冲击对于产业集聚区域的整体影响更大，且不同主体受到的实际影响具有差异性。

8.3 肉羊产业集聚的效益与质量效应分析

8.3.1 案例选择和调研方案设计

（1）案例选择

肉羊产业集聚的案例选择内蒙古自治区巴彦淖尔市。选择该地的原因包括两点：一是该地是中国肉羊产业集聚的典型区域，具有代表性；二是 2012 年以来多次去该地调研，对于该地肉羊产业经济发展情况较为了解，从数据资料的可获得性方面具有较高的可行性。由前面的统计分析发现，内蒙古是中国肉羊存栏量、出栏量、羊肉产量和精料补充料产量最多的省区，是肉羊生产集聚区域，也是肉羊屠宰加工和饲料生产集聚区域，且肉羊生产专业化程度也较高，肉羊产业是当地区域经济发展的重要组成部分。而巴彦淖尔市又是内蒙古肉羊生产的重要区域，总体上该市人均耕地多，饲料资源充裕，羊产业发展历史悠久，具有坚实的产业基础，当地政府将肉羊产业作为主导产业也给予了大量政策支持（常倩，2013），为肉羊产业的快速发展提供了良好的基础和条件。

具体来说，从绝对量来看，2000 年以来巴彦淖尔市肉羊年末存栏量、羊肉产量都呈显著增加态势（图 8-7）。其中肉羊年末存栏量从 2000 年的 460.06 万只增长到 2014 年的 716.42 万只，增长了 55.72%，年均增长 3.21%，增长较为平缓；羊肉产量从 2000 年的 2.84 万吨增长到 2014 年的 14.90 万吨，增长了 425.45%，年均增长 12.58%，增幅显著。从相对量来看，2000—2014 年巴彦淖尔市肉羊存栏量占内蒙古存栏量的比重在波动中稳定在 13% 左右，略有下降；而巴彦淖尔市羊肉产量占内蒙古产量的比重呈明显的上升态势，从 2000 年的 8.91% 上升到 2014 年的 15.75%（图 8-8）。由此可以看出，羊肉产量的增长速度明显快于存栏量的增长速度，其主要原因包括两个方面：一是肉羊生产效率提升，2000 年以来巴彦淖尔市肉羊出栏率（即当年出栏量与上年年底存栏量

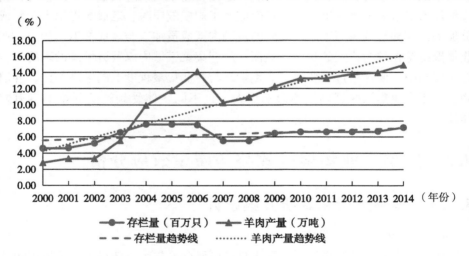

图 8-7　2000—2014 年巴彦淖尔市肉羊存栏量与羊肉产量变动趋势图

注：数据来源于《内蒙古统计年鉴》（2001—2015）

之比）显著提高，从2001年的46.57%提高到2013年的135%①，优良品种的普及和育肥技术的推广促进了单只肉羊产肉量的提高；二是巴彦淖尔市肉羊屠宰加工企业较为集中，对羊源需求较大，因而有很多羊贩子从锡林郭勒、乌兰察布、呼伦贝尔，甚至甘肃、宁夏等地贩羊来卖，从而导致巴彦淖尔市羊肉产量较高。综合肉羊存栏量和羊肉产量来看，肉羊产业向巴彦淖尔市集聚现象显著。

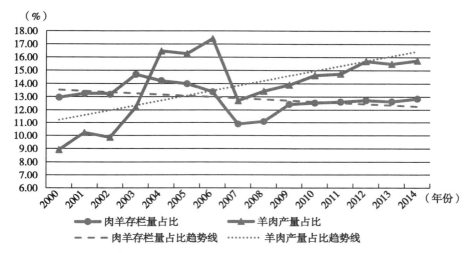

图8-8　2000—2014年巴彦淖尔市肉羊存栏量与羊肉产量占内蒙古总量的比例变动趋势图
注：数据来源于《内蒙古统计年鉴》（2001—2015）

（2）调研方案设计

调查时间为2015年6—9月，为全面了解巴彦淖尔市肉羊产业发展的情况与其发展中面临的问题，对当地部分肉羊养殖场（户）、养殖合作社、种羊场、饲料生产企业、肉羊屠宰加工企业、活羊市场、农牧科学院、畜牧局等肉羊产业相关主体进行了访谈或座谈。调研的养殖公司包括亿农公司、巴美养殖开发有限公司；合作社主要包括正丰、昌兴、兰军等养殖专业合作社；饲料生产企业是全国最大的羊饲料生产企业富川公司；调研的屠宰加工企业主要包括蒙羊牧业、美洋洋、草原宏宝和草原鑫河等；调研的活羊市场是巴彦淖尔市两大活羊市场之一的得利斯活羊市场。在此基础上，对肉羊养殖户进行了问卷调查。调查地点包括内蒙古巴彦淖尔市临河区、五原县、磴口县、杭锦后旗、乌

①　注：数据来源于内蒙古巴彦淖尔市农牧局

拉特前旗和乌拉特中旗。调查内容包括养殖户家庭特征、肉羊养殖要素投入、生产管理、产业组织、养殖户认知和政府政策等。问卷调查针对养殖户家庭中从事肉羊养殖的主要人员进行一对一访谈。本次调查共获得213份问卷。

8.3.2 巴彦淖尔市肉羊产业主体效益分析

（1）肉羊屠宰加工

产业集聚有助于肉羊屠宰加工企业在以下几个方面实现效益提升。第一，屠宰加工场靠近肉羊集聚区域，肉羊养殖规模为其提供了羊源保障，降低活羊运输成本较高带来的不利影响。第二，分享当地的熟练劳动力市场。集聚区域肉羊屠宰加工企业之间可以分享当地熟练的专用性劳动力，而减少员工培训的成本。第三，屠宰加工企业之间正式与非正式的交流，相互关注彼此动态，从彼此的经验与教训中获得学习经验。例如通过建设养殖小区与农户合作养殖的方式来保障羊源的数量和质量在巴彦淖尔市被企业广泛采用。第四，肉羊产业作为当地的主导产业，获得了当地政府的大力支持，肉羊屠宰加工企业通过获得项目直接或政府对肉羊养殖业的扶持间接获得好处。第五，肉羊养殖单体规模大、地理集中，为肉羊屠宰加工企业通过与肉羊养殖户签订合同建立紧密纵向协作提供了方便。有助于降低了企业的监督管理成本，使企业可以用较低的成本与肉羊养殖户联合生产品质更好、安全性更有保障的肉羊，或生产与其屠宰加工产品更为匹配的专用性肉羊。第六，巴彦淖尔市作为活羊及羊肉的集散地，聚集了全国的羊肉经销商，他们为肉羊屠宰加工企业的羊肉产品销售提供了主要的销售渠道。在这些因素的综合作用下，巴彦淖尔市肉羊屠宰加工企业呈现数量多、规模大的特征，并且还在不断增加。2011年全市肉羊屠宰加工企业有42家，年屠宰加工能力达到1 000万只、18万吨，2016年肉羊屠宰加工企业58家，屠宰加工设计55万吨。

产业集聚吸引了很多屠宰加工企业的同时，也带来了产能过剩、竞争加剧等问题。2011年实际加工肉羊530万只，2016年实际屠宰加工羊肉11万吨。2016年受市场下行影响，生产加工数量少，而2011年实际生产量也仅占产能的53%。产能严重过剩，造成资源闲置浪费，影响企业的经营效益。对于屠宰加工企业来说，面临着羊源紧张的问题。为解决这个问题，企业采取了不同的途径：小肥羊采用提高收购价格的方式，其胴体收购价格每千克比市场价格高0.2~0.4元，2017年12月15日，其他企业一等羊的收购价格基本上在45.6元/千克，而小肥羊是46元/千克；草原宏宝自建养殖基地生产一部分肉羊，草原鑫河通过建设标准化养殖基地与农户合作养殖，蒙羊通过放母收羔、合作育肥等方式加强与养殖环节的协作以保障羊源。在产品销售方面，产品供给增加加剧了市场竞争，调研中发现屠宰加工企业在销售羊肉时赊账现象普遍，面临货款回笼慢的问题。为了提升经营效益，部分企业选择延伸到利润率更高的产品深加工领域①。如草原鑫河研发烤羊腿、羊肉肠等熟食制品，美洋洋准备延伸到屠宰副产品的深加工领域。

（2）肉羊养殖

对于肉羊养殖环节，肉羊产业集聚从以下几个方面有助于提升肉羊养殖效益。第一，肉羊产业集聚促进了肉羊规模养殖的发展。2015 年，全市累计建成年出栏 500 只以上的肉羊规模养殖场 3677 个。其中，500~1 000 只肉羊规模育肥户 2 694 户；年出栏 1 000~5 000 只肉羊规模育肥场（户）650 户，年出栏 1 万~5 万只肉羊规模育肥场（户）24 户，年出栏 5 万~10 万只肉羊规模育肥场（户）7 户，年出栏 10 万只以上肉羊规模育肥场（户）5 户。肉羊规模养殖比重达到 68% 以上②，规模化程度远远高于全国的平均水平。第二，肉羊屠宰加工规模扩大，对羊源的需求增加，从而提高了胴体的收购价格，吸引了更多的人参与到肉羊养殖环节中。调研发现，在巴彦淖尔市从事肉羊养殖的不只有当地人，还有从外地甚至外省来的，新参与者大多从事肉羊专业育肥。肉羊育肥规模的扩张，增加了对架子羊的需求，当地架子羊的生产难以满足需求，从而很多育肥户直接从锡林郭勒盟、乌兰察布市等地购买架子羊，然后运到巴彦淖尔市育肥后出售。市场规模拉动了活羊价格的显著上涨，在有些年份架子羊的价格甚至超过了育肥羊的价格。第三，肉羊养殖及其上下游主体在地理上临近为其密切联系提供了便利。调研样本中有 29.53% 的养殖户加入了肉羊养殖专业合作社，15.63% 与上下游公司签订了合同。合作社和合同公司对肉羊养殖户提供的服务和提出的要求有助于肉羊养殖户扩大养殖规模、提升生产效率、降低养殖成本、提高经营效益。第四，产业集聚区域信贷市场较为完善，获得信用社及银行等正式金融机构贷款也更容易。调研样本中 72.04% 的肉羊养殖户养殖资金部分或全部来自借贷，其中从信用社和银行借贷的肉羊养殖户占 72.39%，从亲戚朋友处借贷的占 29.10%，信用社及银行超过亲戚朋友成为当

---

① 注：与冻鲜产品相比，深加工产品有更高的利润率，这点可以从《内蒙古蒙都羊业食品股份有限公司公开转让说明书》中的数据看出。根据该说明书，蒙都羊业 2013 年、2014 年和 2015 年 1—7 月冻鲜产品的毛利率分别为 14.05%、12.70% 和 13.72%，而同期深加工产品的毛利率分别为 29.05%、32.47% 和 35.10%，后者显著高于前者；

② 注：数据来源于巴彦淖尔市农牧局 http：//nmyj.bynr.gov.cn/Document/Show/88351

地肉羊养殖场（户）最主要的资金借贷对象。第五，产业集聚过程中肉羊屠宰加工企业、活羊经纪人、饲草料经纪人、饲料企业与饲料经销商等数量增多也为肉羊养殖户在活羊销售和饲草料采购方面提供了更多的选择，从而有助于改善交易地位，提高讨价还价能力。50%的被调查户表示在活羊销售时可选择的渠道较多。第六，中央及地方政府对肉羊养殖环节的补贴与支持也提高了肉羊养殖户的经营效益。

与此同时，肉羊产业集聚也对肉羊养殖效益保障带来了一定挑战。首先，肉羊产业规模的扩张也促使肉羊养殖相关生产要素稀缺性增加，价格上涨，从而提高了肉羊养殖成本。其次，肉羊养殖规模大且集中，活羊流动频繁，也增加了疫病防控难度，传染病扩散更快，更难以控制。疫病一旦流行，将严重影响肉羊养殖户的经营效益。2014年爆发的小反刍兽疫就是这样，内蒙古由于肉羊养殖数量大而损失惨重（马苑，2016）。再次，养殖规模扩大带来了粪污处理问题。调研中有41.41%养羊户表示现有排水排污设施不能够满足养殖需求。养羊户将羊粪全部自用的占45.05%，部分自用的占3.85%，全部出售或送人的占51.10%。可以看出绝大多数肉羊养殖户都不能通过种养结合的方式消纳肉羊养殖产生的羊粪，需要输出，肉羊养殖小区更是如此，若不能妥善处理，会给环境带来很大压力。因此探索研究粪污的多种利用方式变得更为重要。通过沼气发电、有机肥生产等资源化利用羊粪有助于缓解环境压力的同时，提升粪污的附加值。例如巴美养殖开发有限公司通过将养殖产生的羊粪回收生产加工成有机肥获得了不错的效益。

（3）政府

肉羊产业集聚促进了居民收入和地区生产总值增加的同时，也为检疫防疫、病死羊处理、环境治理等工作带来了挑战。

农牧民增收方面。肉羊产业在巴彦淖尔市畜牧业中占据最重要的地位，是农牧民收入来源的重要组成部分。2011年全市农牧民人均来自畜牧养殖业的收入2 580元，其中，来自肉羊产业的收入达到1 813元，占农牧民来自畜牧业收入的70%，肉羊产业已成为农牧民增收的重要渠道。肉羊屠宰加工企业增多，产能扩张，增加了对羊源的需求，活羊收购价格上涨，现有养殖户扩张养殖规模的同时，也有更多的农户参与到肉羊养殖中来。与此同时，对于肉羊养殖饲草料的需求也随之增加，一些玉米小麦秸秆、芦苇、葵花秸秆等之前闲置或利用率较低的农副产品也用于喂羊了，2015年秸秆每吨500元，芦苇每吨600元。肉羊及其饲草料需求的增加提高了农牧民种植业和养殖业产品销售收入，促进了农牧民增收。

防疫检疫方面。巴彦淖尔市辖 1 个市辖区、2 个县、4 个旗，其中临河区是巴彦淖尔市肉羊存栏、出栏和羊肉产量最大的区域，也是肉羊屠宰加工企业、肉羊规模化育肥场最为聚集的区域。2015 年临河肉羊年饲养量达 480 万 ~ 500 万只，规模化养殖场和养殖大户有 4 450 户。屠宰加工企业 32 家，其中，16 家屠宰加分割，16 家只从事羊胴体分割，年屠宰能力达到 500 万 ~ 600 万只①。临河区成为肉羊养殖和屠宰加工集聚的区域，架子羊大量外调，经育肥、屠宰加工后，羊肉销往全国各地。活羊流动频繁、养殖规模大、屠宰加工规模大，给当地畜牧兽医部门从事检疫防疫工作造成较大压力，相关经费、编制、技术手段难以满足实际需求。检疫员数量严重不足，一个人需要看两个屠宰场。临河区有 200 多人从事防疫，都是临时雇佣的，承担的工作内容多，但是工资水平低，且防疫过程中很多防疫员染病，每年都有 10% 左右的防疫员退出。检疫防疫工作人员不能满足需求、流动性大，难以满足对肉羊产业疫病风险控制的实际需要。

病死羊处理方面。肉羊集聚区域肉羊养殖规模大，2014 年巴彦淖尔市肉羊养殖规模达到 2 087 万只，按照 2% 的病死率估计，一年将有病死羊 40 万只，总体规模大。若不处理，流入市场带来极大的安全隐患。采用高温电炉焚烧病死羊的无害化处理成本太高，一只羊焚烧需要 10 千克左右柴油，处理成本在 100 元左右。深埋是成本较低的无害化处理方式，但是长期大量如此处理可能对地下水产生影响。对于农户来说，在外部监督力度小时，将病死羊卖了可以获得部分收益，还不用承担无害化处理的成本，是理性选择；2014 年加大了收购病死羊的打击力度，养殖户卖不了便选择直接将其扔掉，产生环境污染与疫病问题，政府只得捡病死羊做深埋处理。调研中选择将病死羊扔掉的养羊户比例高达 40.70%。为解决这一问题，接下来政府的思路是通过政府补贴病死羊无害化处理来校正市场在该问题处理中的市场失灵。计划建设无害化处理场，对病死羊进行集中处理，但是病死羊无害化处理的高运行成本对于政府来说仍然是一个难题。

（4）其他相关辅助行业与机构

饲料生产。肉羊养殖规模的扩大也拉动了羊饲料生产的发展。一方面，为养而种的饲草料作物的种植面积增加。2000 年玉米播种面积为 88.28 万亩，2010 年增加到 258.45 万亩，2013 年达到 369.35 万亩，玉米播种面积增加迅速。调研中养殖户表示玉米全株青贮或秸秆青贮技术大家基本上都完全掌握，

---

①　注：资料根据调研访谈录音整理

在饲料生产机械化也有了一定的发展，调研中拥有饲草收割机、铡草机、饲料粉碎机、饲料混合机的肉羊养殖户分别占到样本量的 6.98%、46.20%、68.89%和 42.44%①。另一方面，羊精饲料和全混合日粮等工业化生产有了一定的发展。2011 年全市持证生产企业达到 40 家，2011 年饲料的总产量为48.4 万吨，实现年销售收入 13.68 亿元。其中，羊饲料产量为 25 万吨，约占总产量的 51%②。肉羊集聚为当地羊饲料产业的快速发展提供了需求动力。随着饲料企业数量的增多，饲料市场竞争变得更为激烈，饲料企业为了维持自己的市场份额和销售量，通过提供饲养技术培训、对比实验、送货服务等方式营销自己的饲料。有部分饲料企业甚至延伸到肉羊养殖环节，通过自己养殖，更多的是通过贷款担保、合作养殖等方式与肉羊养殖户建立更为紧密的协作关系，例如富川饲料公司建立了自己的技术服务团队，并与农户合作，从而与养殖户建立长期合作关系，保障了饲料的销售市场。

活羊市场。肉羊产业集聚也带来了活羊市场的繁荣。对得利斯活羊市场的调研发现，活羊市场的交易规模是相当大的。该市场提供的服务包括屠宰和活羊交易。活羊市场中的卖方主要是肉羊经销商（俗称羊贩子）。与该市场长期形成固定合作的肉羊经销商便有 500 人以上，活羊主要来自甘肃、宁夏等周边各省区，肉羊经销商出去收购活羊一次 3 天左右回来，平均下来每天有 150 个以上的羊贩子在交易。2013 年每天的交易量达到 2 000 只左右，一年交易量约70 万只③。活羊市场中的买方主要是肉羊养殖户，其中以育肥户为主。养羊户买羊时多通过经纪人（俗称代办）购买，经纪人主要是当地从事肉羊养殖经验丰富的人，经纪人代买一只羊可获得 5 元的代办费。得利斯市场里常年有10 个左右这样的经纪人提供服务。该活羊市场还有一个重要的买方是羊肉经销商，肉店老板直接过来挑活羊，挑好了让市场给代宰，市场一只羊赚取 9 元的加工费，市场有冷库，可以提供羊肉储存服务。肉羊产业集聚不仅带来活羊市场繁荣，提高了市场经营者的经营效益，而且也为广大肉羊养殖户购买活羊提供了便利，带动了当地就业，据调研该市场中通过活羊经销商、肉羊经纪人、雇工、餐饮等方式带动周围老百姓 2 000 人就业④。

此外，产业集聚区域对于活羊及其羊肉经销商、经纪人等相关服务人员的

---

① 注：数据来源于根据调研问卷整理；
② 注：数据来源于巴彦淖尔市农牧局；
③ 注：2014 年受小反刍兽疫的影响交易量较少；
④ 注：资料来源于实地调研访谈

需求增加，肉羊屠宰加工企业为降低活羊收购时的交易费用、获得稳定的羊源，多通过经销商与养殖户交易，部分屠宰加工企业拥有长期较为固定经销商。羊肉产品销往全国，通过经销商销售是肉羊屠宰加工企业销售羊肉及其制品最主要的方式。产业集聚为经销商和经纪人服务规模经济的实现，数量众多的活羊及其羊肉经销商、经纪人也为当地肉羊产业运行效率的提升做出了重要贡献。产业集聚区域也为相关科学研究提供了资源与技术条件，有助于相关科研单位在良种培育、饲料营养、屠宰分割、羊肉加工等肉羊产业相关科学技术研究领域实现科研成果突破。

8.3.3 巴彦淖尔市肉羊产业产品质量分析

在产业集聚区域的资源共享、知识溢出、专用性资本等有利条件和市场竞争压力的综合作用下，肉羊产业集聚区域企业进行技术与产品创新的能力和激励都更强，其中部分企业往往是引领整个区域甚至是全国肉羊产业发展趋势的领头羊。政府通过良种培育和推广、养殖技术培训、种公羊补贴、支持肉羊养殖合作社、对企业产业化经营的项目支持等方式，促进优良品种、科学饲喂管理等现代生产要素在肉羊养殖中普及，有助于提升肉羊品质。肉羊屠宰加工企业对于屠宰、分割、深加工等先进技术的应用以及产品研发，有助于羊肉品质的保留和改进，更好地满足消费者的需求。巴彦淖尔市草原鑫河、蒙羊等肉羊屠宰加工企业都已延伸到羊肉深加工领域，通过精细化分割、熟食及预调理产品研发等方式生产差异化产品满足消费者多样化、专业化的需求。但是巴彦淖尔市作为一个肉羊产业集聚的一个典型区域，也是全国肉羊和羊肉的一个集散地。外地羊源调入和进口羊肉流入等容易带来肉羊品种和羊肉品质混杂，外调羊源在屠宰加工，部分企业进口羊胴体等在当地分割加工后销往全国。在产品市场上当地肉羊所产羊肉、外地羊源所产羊肉和进口羊肉同时存在，且基本上都以巴盟羊肉的名义出售，混淆了当地的羊肉品质，而且由于信息不对称，消费者多以新鲜程度、颜色等外观来判断羊肉的质量，而对于羊肉的营养等更深层次的品质属性难以做出准确判断。羊源和羊肉的混杂使得在羊肉市场上实现优质优价变得更为困难。

在安全性方面，产业集聚对于安全的影响是混合的。产业集聚区域主体数量多、产业规模大、活羊及羊肉流动频繁使得政府对于病死羊、疫病防控、饲料、兽药、屠宰加工、储运等方面的监管难度加大，安全风险增加。与此同时，肉羊产业集聚也为病死羊集中无害化处理提供了可能性，有利于安全性改善。在企业品牌化运营的过程中，羊肉的安全性对其品牌信誉至关重要，因此很多大中型企业加强了对于羊源和屠宰加工过程中的安全控制，其中草原宏宝等企业已经通过了危害分析与关键控制点（HACCP）体系认证，提升羊肉产品的安全保障能力。产业集聚区域肉羊养殖场和养殖小区发展迅速，成为肉羊养殖规模扩张的重要形式之一，同时地理上的临近也为同类主体间和上下游主体间加强协作提供了有利条件，而主体间紧密的纵向协作有助于养殖户改善安全控制行为。表 8-3 对不同组织形式肉羊养殖户休药期执行和病死羊无害化处理进行了统计，由统计数据可以看出，场区式养殖在休药期执行方面好于庭院式养殖，但是在病死羊无害化处理方面略差于后者，而加入合作社和与公司签订合同的养殖户在休药期执行和病死羊无害化处理方面都显著好于未加入合作社和未签订合同的养殖户，产业集聚可以通过紧密主体间的协作改善羊肉产品安全性。

表 8-3　不同组织形式养殖户休药期执行和病死羊无害化处理的比例统计表

	休药期严格或基本执行的比例（%）	病死羊全部无害化处理的比例（%）
庭院式养殖	60.71	55.17
场区式养殖	71.60	54.22
未加入合作社	60.15	44.12
加入合作社	76.79	78.95
未签订合同	62.82	51.55
签订合同	86.67	76.67

注：数据来源于实地调研

8.3.4　市场冲击对肉羊产业集聚区域的影响

2014—2016 年羊肉价格持续下滑，对我国肉羊产业造成了较大冲击，内蒙古肉羊生产规模大且产品以外销为主，因而损失严重。此次羊肉价格的大幅下滑是小反刍兽疫疫情、政策因素、国内羊肉产量与进口数量稳定增长共同作用的结果，相关主体的心理预期则加剧了羊肉价格的下滑。羊肉价格持续下跌对肉羊产业不同环节主体的影响存在差异性，其中肉羊养殖者损失最为惨重，使得羊存栏数量大幅减少。与此同时，此次市场冲击也迫使生产经营主体调整生产经营活动，政府完善监管，在应对市场和产业升级方面，政府和企业逐渐成长，促进了产业进一步成长成熟。

（1）养殖环节受市场冲击的影响更为明显

2014—2016 年，羊肉价格下降对于内蒙古肉羊产业影响较大。但是与终端消费环节相比，养殖户（企业）受活羊收购价格下降的影响更为明显。2014 年至 2016 年 8 月，羊肉零售价格由 63.68 元/千克下降到 53.4 元/千克，累计下降 16.14%；活羊收购价格由 31.24 元/千克下降到 16.38 元/千克，累计下降 47.57%[①]。调研时发现 2015 年上半年巴彦淖尔市屠宰加工企业对胴体的收购价格从每千克 42.6 元降到谷底时每千克 30 元，下降了 29.58%，架子羊收购价格降到每千克 17 元，而正常年份的价格是每千克 32 元，下降了近一半。面对市场冲击，前期以高价收购架子羊的育肥户大量亏损，银行收紧了对养殖户的银行贷款，以及对该行业前景的担忧等多种因素作用下大量育肥户选择退出。2015 年 7 月对巴彦淖尔市调研发现，临河区两个以育肥为主 200 户左右的养殖小区有 80%左右的养羊户退出（常情等，2015）。与此同时，肉羊养殖成本却没有明显下降，肉羊繁育户无法将产品降价的影响通过降低生产成本的方式转移出去，而成为受影响最大的群体，因而部分繁育户为了止损连母羊带羔羊一起出售。

交易主体的地位受市场行情影响较大（时悦，2011）一方面是由于交易双方的市场结构决定的，养羊户规模小、数量多、分散，与屠宰企业博弈中本就处于弱势地位，议价能力低。54.74%的被调研户表示在活羊销售时讨价还价能力很弱。在肉羊产业市场行情较好时，屠宰企业为获得足够的羊源，制定相对较高的价格以吸引养羊户去卖羊，形成一种平衡。但是在市场行情不好时，屠宰企业对活羊的需求减少，供给过剩，平衡被打破，屠宰企业与农户的议价能力差异进一步加大，使得养羊户承担了羊肉价格下跌主要损失（常情，2015）。另一方面由交易双方的产品特性决定的，屠宰加工企业的产品羊肉和饲料企业的产品饲料都可以通过储存来平衡市场供求变动，而肉羊养殖的产品肉羊具有生物特性，其出栏时间相对固定，到期不出栏被迫压栏饲养时，不仅生产成本增加，而且也会因为肉羊养殖时间过长，造成肉羊品质降低，而在出售时只能降级以更低的价格出售。因此，与屠宰加工和饲料生产环节相比，肉羊养殖环节在生产开始后调节弹性更低，从而缓冲市场冲击的能力更弱。

---

① 注：资料来源于 http://www.mofcom.gov.cn/article/resume/n/201610/20161001417461.shtml

（2）为产业结构升级提供外在动力

此次市场冲击也暴露出对突发性疫病准备不足，广大养羊户抗风险能力弱，屠宰企业与养羊户议价能力差距突显，产品同质化严重、价格竞争激烈，相关主体间信息不对称等肉羊产业所存在的问题。这些问题因之前羊肉价格一路上扬，肉羊产业持续火热而被掩盖了，而在此次市场冲击将这些问题直接暴露出来，从而引发相关主体的深思，积极应对，这对于肉羊产业的进一步发展又具有积极意义。

第一，屠宰加工企业调整生产经营活动。羊肉消费需求增速放缓直接影响肉羊屠宰加工企业羊肉产品的销售，羊肉价格的持续下滑使得企业羊肉产品存货风险加大，而在短期内肉羊集中上市压力较大，活羊价格出现巨幅下滑，长期来看屠宰加工企业面临无羊可宰的局面，严重影响企业的稳定运转，干扰了产业的良性发展。为了拓展羊肉的消费市场、增加企业羊肉的出货数量，屠宰加工企业采取了多种措施对其生产经营活动进行调整，或研发新产品以促进品差异化，或建立与完善营销渠道以促进产品销售，或通过横向扩张、纵向延伸等方式改进产业组织方式。以内蒙古草原鑫河公司为例，在羊肉市场不景气的背景下，公司积极开发多种新产品，研发羊肉速食产品以及多种副产品的深加工，如胎盘粉等相关副产品拓宽了其产品品类，加大产品营销力度，增加直营店、网上销售等形式，发展模式与思路转变使该公司抗风险能力进一步加强。同时，屠宰加工企业还加大冷库等基础设施的建设力度，作为屠宰加工企业必备的设施，冷库的存储能力大大影响其生产弹性，特别是在羊肉价格不稳的背景下，冷库的建立有利于企业及时调整其生产经营策略，降低市场风险（常情等，2015）。

第二，政府对肉羊产业的宏观调控。一是降低相关主体间信息不对称。羊肉价格的持续下跌使肉羊产业相关主体产生恐慌，各主体依据自身掌握的信息与自身利益要求采取行动，各主体获得的信息都是不完全的，相互之间存在信息不对称，使得对各方来说是有利的行动，最后博弈的结果对各方来说又是不利的，使得相关产品的价格下跌愈演愈烈。2015年4月，在屠宰企业持续降价，造成养殖户恐慌竞相出栏的情况下，巴彦淖尔市临河区农牧局将饲料生产、肉羊养殖、屠宰加工等肉羊产业相关主体组织在一起进行协商，各方分享自身掌握的信息与所处的境地，从而使各自的信息更加完整，减少了主体间的信息不对称，减轻了各主体的恐慌心理，从产业的整体利益出发，约定大家携手共渡难关，从而对遏制主体间的恶性竞争等行为起到了非常重要的作用（常情等，2015）。二是强化免疫，保障羊肉安全。巴彦淖尔市从 2015 年 3 月 1 日至 4 月 30 日开展春季动物防疫大会战，其中重大动物疫病口蹄疫免疫羊 1 108 万只，小反刍兽疫补免新生羔羊和新补栏羊 518 万只。羊痘免疫注射羊 996 万只，羊三病免疫注射羊 1 028 万只。结合春防免疫工作开展消毒灭源专项行动，同步对饲养畜禽的圈舍、活动场地、环境及用具等区域进行了规范消毒，累计用药 33 吨，消毒面积达 4 258.3 万平方米。在 7 个旗县区 56 个苏木镇 15 个农牧场展开流行病学调查，其中涉及羊 386.6 万只。三是面向基层防疫员开展动物防疫技术培训，培训内容包括强制免疫、疫情普查、消毒、驱虫、副反应处理等技术，以及疫苗使用管理、牲畜耳标佩戴、免疫档案建立及无害化处理技术规范等内容，提升基层动物防疫人员操作水平[1]。四是支持产业化经营。促进肉羊养殖合作组织、企业带动农户养殖等利益联结体发展，通过产业组织创新提高肉羊养殖户抗风险能力。

8.4　小结

本部分首先对肉羊产业集聚特征进行统计分析，其次对肉羊产业集聚的概念和对相关主体效益与产品质量的影响机制进行理论分析，最后利用巴彦淖尔市的典型案例进行实证分析。研究结论主要包括以下几点。

（1）肉羊产业集聚特征

中国肉羊存栏和出栏，肉羊屠宰加工和饲料生产在地理分布上均呈现显著的集聚特征，且集中区域存在很大程度的重合。肉羊产业专业化程度呈现显著的区域差异，肉羊产业对新疆、青海、内蒙古、西藏等地区经济发展起着重要的作用。

（2）肉羊产业集聚对效益的影响

肉羊产业集聚给肉羊屠宰加工企业带来稳定羊源供给、分享熟练劳动力和知识技术、便于纵向协作、政府支持等好处的同时，也带来了产能过剩、竞争加剧等问题。肉羊产业集聚拉动了肉羊养殖业的发展，提高了肉羊养殖环节的经营效益，但同时也带来了养殖成本上升、疫病风险和粪污处理方面的挑战。对于政府而言，肉羊产业集聚促进了居民收入和地区生产总值增加的同时，也为检疫防疫、病死羊处理、环境治理等工作带来了挑战。

---

① 注：数据来源于巴彦淖尔市农牧业局 http：//nmyj. bynr. gov. cn/Document/Show/72963

（3）肉羊产业集聚对质量的影响

品质方面，知识、技术、资本的集聚促进了品质的提升，而活羊与羊肉混杂也容易造成市场上产品品质的混淆。产品安全方面，产业集聚加大了对于肉羊产业的监管难度，安全风险增加。与此同时，肉羊产业集聚也为病死羊集中无害化处理提供了可能性，肉羊产业集聚通过紧密主体间的协作关系也加强了肉羊产业各环节的安全控制。

（4）市场冲击对肉羊产业集聚区域的影响

市场冲击对肉羊产业不同环节主体的影响存在差异性，肉羊养殖户损失最为惨重。市场冲击也迫使生产经营主体调整生产经营活动，政府完善监管，为肉羊产业结构升级提供了外在动力。

9 产业组织对肉羊养殖效益与质量控制影响的计量分析

利用肉羊产业集聚区域肉羊养殖户的微观调研数据，采用计量模型实证检验产业组织对效益与质量的影响，有助于将产业组织的影响从多种因素的综合作用中剥离出来。为了更全面具体地理解肉羊养殖效益和质量控制，本研究从经营效益、生产特征、生产效率、资金和收益感知五个方面来衡量肉羊养殖效益，从品质和安全两个角度建立涉及多环节的指标体系来衡量肉羊生产质量控制。

9.1 数据来源与样本基本情况

9.1.1 数据来源

调研地点选择内蒙古自治区巴彦淖尔市。选择该地的主要原因是，该地肉羊产业集聚程度较高，是肉羊产业集聚的典型区域。如前面所述，内蒙古是中国肉羊存栏量、出栏量、羊肉产量和精料补充料产量最多的省份，是肉羊生产集中区域，也是肉羊屠宰加工和饲料生产集中区域。而巴彦淖尔市又是内蒙古肉羊生产的重要区域，该市肉羊产业规模大、发展迅速，拥有多家饲料企业、屠宰加工企业，形成了多种产业组织形式，为研究肉羊产业组织提供了丰富的素材。同时，该地区肉羊产业组织程度较全国平均水平高，对其研究具有前瞻性。

调查时间为 2015 年 6—9 月，地点为内蒙古巴彦淖尔市临河区、五原县、磴口县、杭锦后旗、乌拉特前旗和乌拉特中旗，调查对象是随机选取的肉羊养殖户，调查方式为问卷调查。调查内容包括养殖户家庭特征、肉羊养殖要素投入、生产管理、产业组织、养殖户认知和政府政策等。问卷调查针对养殖户家庭中从事肉羊养殖的主要人员进行一对一访谈。本次调查共获得213份问卷。因为种羊生产性能、遗传谱系等核心特性在主体间存在严重的信息不对称，且种羊的重要性和价值都更大，与普通商品羊的生产经营差异较大（常倩等，2016），所以接下来在具体统计与计量分析时，剔除了从事种羊生产的13个样本和存在大量空缺的3个样本，保留了197个样本。

9.1.2　样本基本情况

（1）养殖主体组织

按照羊场位置，肉羊养殖主体组织方式可以分为自家院落、养殖小区和远离村庄的养殖场。庭院式养殖是农户传统兼业养殖形成的组织形式，而养殖小区和养殖场（简称场区式养殖）是专业化、集约化肉羊养殖的重要组织形式，也是各级政府的重点支持方向。因此，本研究将主体组织形式分为庭院式养殖和场区式养殖。肉羊家庭经营仍以庭院式养殖为主，但场区式养殖尤其是养殖小区模式也已经有了一定程度的发展。调研样本中庭院式养殖占62.76%，场区式养殖占37.24%（表9-1）。

表9-1　调研肉羊养殖者羊场位置统计

	自家院落	养殖小区	远离村庄的养殖场
样本数	123	61	12
占比（%）	62.76	31.12	6.12

注：回答该问题的样本有196个，因此计算比例时以196为基准

（2）肉羊合作组织

被调查户中有25.54%加入养羊专业合作社。合作社为社员提供的服务主要包括贷款担保、指导培训、疫病防治、统一销售、统一采购、提供养殖场地和种羊串换，还有27.27%的调查户表示合作社没有提供服务（表9-2）。被调查户对于加入合作社整体满意程度较高，但仍有22.22%的被调查户表示不太满意或很不满意（表9-3）。被调查户没有加入合作社的主要原因是当地没有合作社，其次是不知道怎么加入合作社，也有部分被调查户参与后觉得作用不大从而退出，或是认为合作社不完善，还有部分被调查户认为不需要，或是因为外地人、要求高、手续繁琐等原因没有加入（表9-4）。被调查户加入肉羊养殖合作社的意愿较强，78.77%的被调查户表示愿意加入合作社。

表 9-2 合作社为社员提供的服务统计

多选	样本数	占比（%）
指导培训	15	34.09
疫病防治	14	31.82
统一采购	10	22.73
种羊串换	7	15.91
统一销售	12	27.27
贷款担保	17	38.64
提供养殖场地	8	18.18
其他	4	9.09
没有服务	12	27.27
合计	44	225.00

表 9-3 被调查户对加入合作社的满意程度统计

	很满意	较满意	一般	不太满意	很不满意
样本数	20	9	6	9	1
占比（%）	44.44	20.00	13.33	20.00	2.22

注：回答该问题的样本有 45 个，因此计算比例时以 45 为基准

表 9-4 被调查户没有加入合作社的主要原因统计

多选	本地没有合作社	合作社不完善	缴费过高	参与后作用不大	不知道怎么加入合作社	其他	合计
样本数	71	8	0	16	28	12	128
占比（%）	55.47	6.25	0.00	12.50	21.88	9.38	105.47

（3）纵向组织

被调查户中与企业签订合同的占 16.48%。合同中规定违约处罚和赔偿的占 53.33%。企业为合同养殖户提供的优惠主要包括指导培训、饲料兽药种羊采购优惠、贷款担保、疫病防治、回收价格优惠和提供养殖场地，也有 7.14%的被调查户表示没有优惠（表 9-5）。被调查户与企业签订合同的初衷主要是稳定活羊出售价格、获得养殖技术指导和疫病防控服务、稳定活羊出售渠道以及其他（使用场地、保证饲料质量、提供饲料价格优惠等）。实际获得

的好处也主要包括这几项，此外 12% 的被调查户表示没有获得好处（表 9-6）。企业对合同养殖户提出的要求主要在出栏体重、肉羊品种、养殖档案和耳标使用、防疫与兽药使用、饲草料、饲养周期、病死羊处理等方面，也有对其他（卖给合同企业，只能用合同企业的饲料，养殖数量等）方面提出要求的。此外，20.69% 的被调查户表示企业对其没有要求（表 9-7）。被调查户对于与企业签订合同的满意程度整体较高，表示很满意或较满意的占 65.52%，但也有 13.79% 表示不太满意或很不满意（表 9-8）。

表 9-5 企业为合同养殖户提供的优惠统计

多选	样本数	占比（%）
指导培训	12	42.86
疫病防治	8	28.57
饲料、兽药、种羊采购优惠	12	42.86
贷款担保	12	42.86
回收价格优惠	8	28.57
提供养殖场地	7	25.00
其他优惠	2	7.14
没有优惠	2	7.14
合计	28	225.00

表 9-6 被调查户与企业签订合同的初衷与实际获得好处统计

多选	初衷		实际获得好处	
	样本数	占比（%）	样本数	占比（%）
养殖技术指导	12	41.38	8	32.00
疫病防控服务	8	27.59	8	32.00
降低活羊销售费用	5	17.24	3	12.00
稳定活羊出售价格	14	48.28	9	36.00
及时掌握行业信息	4	13.79	3	12.00
稳定活羊出售渠道	7	24.14	5	20.00
其他（使用场地、保证饲料质量、提供饲料价格优惠等）	10	34.48	7	28.00
无	—	—	3	12.00
合计	29	206.90	25	184.00

表9-7 企业对合同养殖户提出的要求统计

多选	样本数	占比（%）
品种	12	41.38
饲养周期	7	24.14
出栏体重	16	55.17
饲草料	7	24.14
防疫与兽药使用	9	31.03
养殖档案、耳标使用	11	37.93
养殖设施	1	3.45
病死羊处理	5	17.24
其他（卖给合同企业，只能用合同企业的饲料，养殖数量）	6	20.69
无要求	6	20.69
合计	29	275.86

表9-8 被调查户对与企业签订合同满意程度统计

	很满意	较满意	一般	不太满意	很不满意
样本数	9	10	6	3	1
占比（%）	31.03	34.48	20.69	10.34	3.45

（4）主要生产要素获得

绝大部分肉羊养殖者（68.65%）养羊资金部分或全部通过借贷方式获得，借贷对象主要是信用社及银行（70.87%）和亲戚朋友（30.71%），其次是高利贷（7.87%），也有来自公司和合作社（2.36%）。贷款担保方式主要是养羊户之间联保（59.06%），也有公司或合作社担保的，占3.15%。架子羊主要是自己去买（78.40%），品种基本相同（52.21%）。种公羊主要从种羊场购买，农户串换也是一个重要途径，还有部分养殖户自留种公羊，也有小部分养殖户种公羊来自公司或合作社串换（表9-9）；能繁母羊以自留为主（67.71%），购买为辅（40.63%）。肉羊养殖户购买种公羊时主要以品种和外貌来判断种公羊质量，其次是价格，看种羊场资质的较少（表9-10）。配种方式仍以本交为主（95.05%）。兽药主要来源于兽药店（80.42%）和兽医站（25.40%），也有来自合同公司的（1.59%）。玉米、牧草和秸秆购买对象主要是其他农户和个体贩子，加工饲料购买对象主要是饲料门市部（53.70%）和饲料企业（46.91%），75%以上的被调查户表示外购饲草料可以送货上门。肉羊养殖户配制或购买精饲料时主要关心的营养和价格，其次是安全和服务（表9-11）。被调查户判断精饲料质量的标准主要是饲喂经验，其次是肉眼观察，最后才是企业宣传（表9-12）。

表 9-9　被调查户种公羊来源统计

多选	自留	从种羊场买	公司或合作社串换	农户串换	其他（活羊市场、农户购买、政府采购、国外等）	合计
样本数	15	45	3	34	14	99
占比（%）	15.15	45.45	3.03	34.34	14.14	112.12

表 9-10　被调查户购买种公羊时判断种公羊质量标准统计

多选	看价格	看品种	看外貌	种羊场资质	合计
样本数	25	74	64	10	94
占比（%）	26.60	78.72	68.09	10.64	184.04

表 9-11　被调查户配制或购买精饲料时主要关心的问题统计

多选	价格	营养	安全	服务	合计
样本数	166	177	138	113	185
占比（%）	89.73	95.68	74.59	61.08	321.08

表 9-12　被调查户判断精饲料质量标准统计

多选	肉眼观察	企业宣传	饲喂经验	其他	合计
样本数	52	36	158	6	185
占比（%）	28.11	19.46	85.41	3.24	136.22

（5）育肥羊销售

被调查户育肥羊销售时主要选择直接卖给屠宰企业，其次是通过经纪人卖给屠宰企业，再次是在家卖给中间商，到活羊市场出售或自宰的已经很少了（表9-13）。被调查户选择该销售渠道的主要原因是付款有保障，其次是出售习惯和没有其他渠道，再次是价格更高，也有 9.60% 的养殖户是因为合同或章程约定（表 9-14）。客户对肉羊抽检方面，每次都抽检占 69.64%，偶尔抽检占 14.88%，不抽检占 15.48%。问及出售的肉羊能否达到客户的要求时，79.76% 的被访者表示完全能，20.24% 的被访者表示基本能，没有人回答不能（对于该问题，养殖户有可能隐瞒自己出售肉羊被拒绝的情况）。在问及活羊销售时可选择的渠道是否较多时，48.85% 的被访者回答是，51.15% 的被访者回答否。大多数养殖户表示不能马上收到货款（60.00%）。肉羊养殖户在活羊销售时讨价还价能力较弱，55.56% 的被访者表示很弱，只有 14.45% 的被访者表示很强或较强（表 9-15）。肉羊养殖户在销售活羊时面临最主要的风险就是价格下跌，或者是没有贩子收购（表 9-16）。

表 9-13　被调查户育肥羊销售渠道统计

多选	直接卖给屠宰企业	通过经纪人卖给屠宰企业	在家卖给中间商	到活羊市场出售	其他（不卖，自宰）	合计
样本数	151	26	15	2	2	181
占比（%）	83.43	14.36	8.29	1.10	1.10	108.29

表 9-14　被调查户选择育肥羊销售渠道的主要原因统计

多选	没有其他渠道	习惯	付款有保障	价格更高	合同或章程约定	熟人关系	方便	合计
样本数	51	53	70	37	17	17	4	177
占比（%）	28.81	29.94	39.55	20.90	9.60	9.60	2.26	140.68

表 9-15　被调查户在活羊销售时讨价还价能力统计

	很强	较强	一般	较弱	很弱	合计
样本数	5	21	38	16	100	180
占比（%）	2.78	11.67	21.11	8.89	55.56	100.00

表 9-16　被调查户在销售活羊时面临的主要风险统计

多选	价格下跌	没有贩子收购	企业违约	质量问题	其他（赊账、疫情、屠宰损耗）	合计
频数（个）	179	15	6	3	6	187

（续表）

多选	价格下跌	没有贩子收购	企业违约	质量问题	其他（赊账、疫情、屠宰损耗）	合计
频率（%）	95.72	8.02	3.21	1.60	3.21	111.76

9.2 产业组织对肉羊养殖效益影响的计量分析

9.2.1 研究假说

（1）肉羊产业组织与养殖效益

基于前文的分析，预期肉羊产业组织会对养殖效益产生影响。为将产业组织纳入计量模型进行分析，这里将产业组织定义为是否场区式养殖、是否加入合作社和是否与企业签订合同三个变量。与庭院式养殖相比，场区式养殖生产成本更高，但更容易实现规模化标准化养殖，提升产品质量，其效益取决于成本收益增加的幅度，因此对养殖效益的最终影响方向不确定。基于此，本研究提出以下假说：

假说1：是否场区式养殖对肉羊养殖效益有影响，但最终作用方向不确定。

第五章的分析发现，肉羊养殖合作社可以突破家庭经营的瓶颈，实现生产和交易的规模经济，改善市场地位，提高议价能力，因而预期加入合作社对肉羊养殖效益具有正向作用。根据第七章对不同纵向协作形式相关主体效益的分析，合同协作有助于降低肉羊养殖的市场风险，且企业为肉羊养殖户提供的服务与优惠，有助于肉羊养殖户提高生产效率与经营收益。基于此，本研究提出以下假说：

假说2：加入合作社和与企业签订合同对肉羊养殖效益具有正向影响。

（2）影响肉羊养殖效益的其他因素

除了肉羊产业组织，肉羊养殖户个人特征、生产特征和外部环境等因素也会对肉羊养殖效益产生影响。个人特征在这里特指肉羊养殖主要决策者和参与者的个体特征，包括年龄、受教育程度、养殖年限。调研中肉羊养殖者年龄偏大，平均为46.20岁，年龄增长对于肉羊生产投入会更加保守，获得更高收入的能力变差，但是低投入也伴随着低市场风险，因此对效益的最终影响不确定。受教育程度更高的养殖户学习、应用新技术、成本收益核算、市场应对等方面的能力都更强，因而有助于效益的提高。从事肉羊生产的时间较长的农户生产经验更丰富，从而可以更好地控制肉羊生产的自然风险，有助于降低肉羊病死等带来的成本。基于此，预期受教育程度和养殖年限对肉羊养殖效益具有正向影响，年龄对肉羊养殖效益的作用方向不确定。

生产特征包括技术水平、养殖规模、是否为短期育肥、生产成本。技术水平提高和养殖规模的扩大有助于提高养羊养殖收入。与自繁自育相比，短期育肥资金周转快，自然风险低，但是市场风险高，最终影响不确定。对生产成本的控制是提高效益的一个重要途径，生产成本的降低有助于提高纯收入。基于此，本研究预期技术水平、养殖规模对肉羊养殖效益具有正向影响，生产成本对肉羊养殖效益具有负向影响，短期育肥对肉羊养殖效益的作用方向不确定。

外部环境包括借贷占比、胴体价格、政府补贴。肉羊养殖户肉羊生产投入资金中借贷占比反映了其面临的金融环境，可以获得更多民间或金融机构贷款的肉羊养殖户可以在生产中投入更多，从而实现更大规模的生产，从而获得更多的人均纯收入。胴体销售价格直接影响肉羊养殖户的销售收入。政府补贴构成了肉羊养殖收入的一部分，获得更多政府补贴有助于养殖效益的提高。基于此，本研究预期借贷占比、胴体价格和政府补贴对肉羊养殖效益具有正向影响。

9.2.2　肉羊养殖效益的衡量

生产者的经营效益体现在大小、稳定性、风险大小、应对风险的能力等多个方面，因此为了更全面具体地理解肉羊养殖效益，本研究从经营效益、生产特征、生产效率、资金和收益感知 5 个方面来衡量肉羊养殖户生产效益。经营效益用 2014 年养羊纯收入、养羊纯收入是否为正、只均养羊纯收入、只均成本、胴体销售价格、人均养羊纯收入和获得政府补贴金额几个反映肉羊养殖成本和收入的指标衡量，2014 年后半年肉羊产业受挫，出栏受阻，在此市场情形下肉羊养殖是否盈利显示了肉羊养殖户的抗市场风险能力。生产特征采用出栏规模、自繁自育、场区式养殖和技术培训，出栏规模反映了肉羊养殖的产出水平，自繁自育与短期育肥生产的自然风险和市场风险不同，场区式养殖更容易实现规模化标准化养殖，技术培训是肉羊养殖者获得肉羊养殖技术的重要途径之一，反映了其面临的技术环境。生产效率采用肉羊生产周期、种群结构、产羔率、羔羊存活率几个指标，缩短生产周期可以加快资金周转速度，提高种公羊的利用效率可以降低种公羊成本，提高产羔率和羔羊存活率对于自繁自育户提高收益至关重要。资金是肉羊生产过程中最重要的投入要素，是否能够及时获得足够的资金，或者能放松资金约束，对于肉羊养殖者扩大生产规模、投入再生产具有重要意义。资金方面采用借贷占比、借贷对象、买饲草是否可赊账、货款获得是否及时几个指标衡量。此外，考虑到这里主要分析产业组织对肉羊养殖效益的影响，因此对肉羊养殖者对"龙头企业或合作社提出的要求和提供的服务对肉羊养殖者提高肉羊质量、提高养羊收入、降低肉羊养殖风险的帮助大小"的感知与态度也进行统计。表9-17列出了这些指标的具体定义与赋值方式。

表9-17　肉羊养殖效益衡量指标定义与赋值

指标名称	指标定义与赋值	单位
经营效益		
养羊纯收入	2014年肉羊养殖户养羊的纯收入 养羊纯收入＝养羊收入－养羊成本＋政府补贴 其中，养羊收入＝肉羊销售收入＋羊粪销售收入 养羊成本[a]＝固定资产折旧＋雇工成本＋仔畜成本＋饲草料成本＋其他成本	元
纯收入为正	2014年养羊纯收入为正＝1，其他＝0	
只均纯收入	2014年养羊纯收入除以2014年出栏肉羊只数	元/只
只均成本	2014年养羊成本除以2014年出栏肉羊只数	元/只
胴体价格	2014年出栏肉羊平均胴体价格	元/千克
人均纯收入	2014年养羊纯收入除以养羊自有劳动力投入	元/人
政府补贴	2014年获得政府各项补贴金额之和	元
生产特征		
出栏规模	2014年出栏羊只数	只
自繁自育	自繁自育＝1，短期育肥或二者皆有＝0	
场区式养殖	养殖小区或远离村庄的养殖场＝1；庭院式养殖＝0	
技术培训	2014年参加肉羊养殖技术培训的次数，0次＝1，1次＝2，2次＝3，3次＝4，4次及以上＝5	
生产效率		
繁育周期	羔羊从出生到出栏屠宰的周期，7个月及以下＝1，8个月及以上＝0	
短育周期	短期育肥的周期，3.5月及以下＝1，4个月及以上＝0	
种群结构	能繁母羊数量除以种公羊数量	
产羔率	2014年产羔数量÷能繁母羊数量×100	%
羔羊存活率	2014年存栏羔羊数量÷产羔数量×100	%

（续表）

指标名称	指标定义与赋值	单位
资金		
借贷占比	2014 年你家养羊资金中借贷资金占比	%
借贷对象	有从信用社及银行、公司、养羊合作社等机构借贷＝1；只从亲戚朋友和高利贷等民间借贷＝0	
买饲草赊账	购买饲草料是否可以赊账？可以，同样价格＝1；价格更高或不可以＝0	
货款获得	卖羊时是否能马上收到货款？是＝1；否＝0	
收益感知		
质量提升	龙头企业或合作社提出的要求和提供的服务对你提高肉羊质量的帮助？ 很小＝1；不大＝2；一般＝3；较大＝4；很大＝5	
收入提高	龙头企业或合作社提出的要求和提供的服务对你提高养羊收入的帮助？ 很小＝1；不大＝2；一般＝3；较大＝4；很大＝5	
风险降低	加入合作社、与企业签订合同对你降低肉羊养殖风险的帮助？ 很小＝1；不大＝2；一般＝3；较大＝4；很大＝5	

注：a 固定资产折旧＝（固定资产造（买或估）价－获得补贴）÷预计使用年限，总固定资产折旧为各项固定资产折旧之和，固定资产包括种公羊、能繁母羊、羊舍、运输车辆、饲草收割机械、铡草机、饲料粉碎机、饲料混合机和青贮窖。仔畜成本＝架子羊购入只数＊每只价格；饲草料成本＝饲喂量×购买或市场价格，总饲草料成本为各项饲草成本之和，饲草料包括加工饲料、玉米、豆粕、麸皮、酒糟、葵花、秸秆、牧草和青贮，其中秸秆自产无法计量时采取了 0 处理。其他成本＝饲盐费＋水电燃料费＋医疗防疫费＋死亡损失费＋修理维护费＋草场建设维护费＋养殖场地租赁成本

9.2.3 产业组织与肉羊养殖效益

对不同产业组织形式与上述衡量肉羊养殖效益的指标进行描述性统计分析，并进行均值差异 t 检验，结果如表 9-18 所示。分析发现，场区式养殖、加入合作社和与公司签订合同的肉羊养殖户在多个指标上与庭院式养殖、未加入合作社和未与公司签订合同的肉羊养殖户差异显著，总体上前者肉羊养殖效益高于后者。

①经营效益方面，场区式养殖养羊纯收入为正的比例、只均成本和胴体销售价格都显著高于庭院式养殖，而在养羊纯收入、只均纯收入、人均纯收入和政府补贴方面的差异都不显著。加入合作社的肉羊养殖户在养羊纯收入、纯收入为正的比例、人均养羊纯收入和获得的政府补贴都显著高于未加入合作社的肉羊养殖户，而在只均纯收入、只均成本和胴体价格方面的差异不显著。与公司签订合同的肉羊养殖户在养羊纯收入、人均养羊纯收入和获得政府补贴都显

著高于未与公司签订合同的肉羊养殖户，而在纯收入为正的比例、只均纯收入、只均成本、胴体价格方面差异不显著。

②生产特征方面，场区式养殖在出栏规模和获得技术培训的次数都显著高于庭院式养殖，自繁自育的比例显著低于后者。加入合作社和与公司签订合同的肉羊养殖户的出栏规模、场区式养殖的比例、获得技术培训的次数都显著高于未加入合作社和未与公司签订合同的肉羊养殖户，而自繁自育的比例显著低于后者。

③生产效率方面，庭院式养殖与场区式养殖差异不显著。加入合作社的肉羊养殖户在短期育肥周期和种群结构方面效率显著高于未加入合作社的肉羊养殖户，在自繁自育周期、产羔率和羔羊成活率方面差异不显著。与公司签订合同的肉羊养殖户短期育肥的周期显著短于未签订合同的肉羊养殖户，而在自繁自育周期、种群结构、产羔率和羔羊成活率方面差异不显著。

④资金方面，庭院式养殖货款获得及时性显著高于场区式养殖，二者在借贷资金占比、借贷对象、购买饲草赊账方面差异不显著。是否加入合作社和是否签订合同的肉羊养殖户在借贷资金占比、购买饲草赊账和卖羊货款获得及时性方面差异不显著，但在贷款对象方面，加入合作社和签订合同的肉羊养殖户获得信用社及银行、公司、养羊合作社等机构贷款的比例显著高于未加入合作社和签订合同的肉羊养殖户。

⑤收益感知方面，庭院式养殖与场区式养殖差异不显著。加入合作社和与公司签订合同的肉羊养殖户对企业或合作社提出的要求和提供的服务对肉羊养殖者提高肉羊质量、提高养羊收入都显著高于未加入合作社和与公司签订合同的肉羊养殖户，与公司签订合同的肉羊养殖户对于降低肉羊养殖风险的评价显著高于未签订合同者。

从交叉统计的结果来看，场区式养殖生产成本和胴体销售价格都高于庭院式养殖，而最终效益高低取决于成本和收益的比较。场区式养殖以短期育肥为主，而庭院式养殖以自繁自育为主，前者的出栏规模显著大于后者。庭院式养殖销售肉羊时马上获得货款的比例显著高于场区式养殖与其育肥羊销售途径有关，调研中发现庭院式养殖仅选择将肉羊直接卖给屠宰加工企业的仅占65.42%，而场区式养殖该比例高达93.06%，很多庭院式养殖的养殖户仍选择经纪人、中间商上门收购、活羊市场等销售方式，一手交钱一手交货的现金结算是这些销售方式最主要的结算方式，而屠宰加工企业往往会延时支付，且逐渐转向银行转账的支付方式。

与未签订合同的肉羊养殖户相比，签订合同的肉羊养殖户多为短期育肥或二者皆有，以场区式养殖为主，获得了更多的技术培训，短期育肥周期更短，通过企业提供的贷款担保，从银行、信用社等机构获得了更多的贷款，可以在肉羊养殖中投入更多，实现更大的出栏规模，加上获得了政府更多的补贴，从而可以实现更高的养羊纯收入和人均纯收入。2014 年肉羊出栏受阻，很多肉羊养殖户到期要出栏的肉羊卖不出去，只能被迫压栏继续饲养，而与屠宰企业签订合同的肉羊养殖户可以依据合同按时出栏，这也是 2014 年签订合同肉羊养殖户饲养周期更短的原因之一。与企业签订合同的肉羊养殖户在销售肉羊时的胴体价格并没有显著高于未签订合同者，但企业通过提供养殖场地、贷款担保、技术培训等方式为肉羊养殖户生产规模扩大和生产质量提高提供了有利条件，通过产品回收稳定了肉羊销售渠道，降低了肉羊养殖风险，提高了养羊收入。

与未加入合作社的肉羊养殖户相比，加入合作社的肉羊养殖户多为短期育肥或二者皆有，以场区式养殖为主，合作社提供的技术培训、种羊串换、贷款担保等服务使社员获得了更多的技术培训，短期育肥的周期更短，种公羊的利用效率更高，获得信用社、银行等机构贷款的比例更高，出栏规模更大，获得了更多政府补贴，从而实现了更高的养羊纯收入和人均纯收入，2014 年纯收入为正的比例也更高，参与合作社对提高肉羊质量和养羊收入的帮助的评价也更高。但是，合作社并没有稳定肉羊销售渠道，从而对降低肉羊养殖的市场风险效果不显著。

表 9-18 产业组织与肉羊养殖效益

指标	庭院式均值 A	场区式均值 B	均值差异 H_0: A−B=0 t 值	未加合作社均值 C	加入合作社均值 D	均值差异 H_0: C−D=0 t 值	未签合同均值 E	签订合同均值 F	均值差异 H_0: E−F=0 t 值
经营效益									
养羊纯收入	264 583	217 933	0.234	90 326	711 309	−2.727 ***	110 947	876 148	−2.982 ***
纯收入为正	0.51	0.68	−2.039 **	0.55	0.75	−2.079 **	0.58	0.64	−0.526
只均纯收入	6.08	69.80	−1.293	31.81	87.51	−0.968	34.22	75.54	−0.640
只均成本	885	979	−1.740 *	907	987	−1.293	933	917	0.233
胴体价格	38.32	39.47	−1.971 *	38.86	38.95	−0.133	38.91	38.88	0.034
人均纯收入	146 907	182 561	−0.274	61 982	473 606	−2.793 ***	68 270	622 328	−3.345 ***
政府补贴	14 189	24 861	−0.693	333	74 295	−4.382 ***	7397	80 174	−3.573 ***
生产特征									
出栏规模	935	2115	−2.829 ***	828	3 418	−5.603 ***	1167	2821	−2.981 ***

（续表）

指标	庭院式均值 A	场区式均值 B	均值差异 H_0：A-B=0 t 值	未加合作社均值 C	加入合作社均值 D	均值差异 H_0：C-D=0 t 值	未签合同均值 E	签订合同均值 F	均值差异 H_0：E-F=0 t 值
自繁自育	0.56	0.06	8.057***	0.42	0.17	3.139***	0.38	0.20	1.872*
场区式养殖	–	–	–	0.35	0.53	-2.274**	0.34	0.67	-3.379***
技术培训	2.65	3.19	-2.382**	2.67	3.38	-2.819***	2.70	3.83	-3.858***
生产效率									
繁育周期	0.36	0.50	-0.946	0.39	0.38	0.105	0.37	0.46	-0.607
短育周期	0.29	0.42	-1.487	0.22	0.64	-4.723***	0.30	0.54	-2.230**
种群结构	32.46	38.20	-1.057	30.20	44.22	-3.252***	33.04	34.70	-0.287
产羔率	193	199	-0.287	195	203	-0.436	194	209	-0.718
羔羊存活率	78.55	74.09	1.015	76.45	82.25	-1.524	77.98	80.29	-0.541
资金									
借贷占比	31.30	38.09	-1.447	33.32	38.96	-1.038	34.56	37.05	-0.387
借贷对象	0.73	0.72	0.132	0.65	0.87	-2.479**	0.68	0.86	-1.706*
买饲草赊账	0.50	0.61	-1.341	0.59	0.46	1.569	0.56	0.53	0.275
贷款获得	0.47	0.29	2.356**	0.42	0.31	1.221	0.38	0.43	-0.504
收益感知									
质量提升	2.83	3.17	-1.552	2.82	3.36	-2.173**	2.83	3.61	-2.621***
收入提高	2.79	3.04	-1.124	2.75	3.34	-2.418**	2.80	3.36	-1.882*
风险降低	2.76	3.04	-1.263	2.81	3.02	-0.826	2.75	3.46	-2.401**

注：***、**和*分别代表在1%、5%和10%的水平上统计显著

9.2.4 变量设定与模型选择

统计分析发现，不同产业组织形式在肉羊养殖效益的多个方面差异显著，接下来本研究通过计量模型进一步分析产业组织对肉羊养殖效益的具体影响。目前肉羊养殖主要是以销售为目的的商品化生产，因此这里假定肉羊养殖户以养羊纯收入最大化为最主要的生产经营目标是合理的。考虑到不同肉羊养殖户在肉羊生产经营中投入的自有劳动力数量不同，而获得与其他行业相当的人均纯收入是解决谁来养羊问题的关键，被解释变量选择人均养羊纯收入。除了产业组织变量，个体特征、生产特征、外部环境等其他因素也会对肉羊养殖效益产生影响，因此将它们作为控制变量纳入模型。这些变量的具体设定与描述统

计如表 9-19 所示。为了消除可能的异方差性，对养殖规模、只均成本和政府补贴取自然对数。由于被解释变量人均纯收入是连续变量，选择一般线性回归模型进行拟合。

表 9-19　肉羊养殖人均纯收入影响因素变量设定与描述性统计

变量名称	变量定义与赋值	均值	标准差	预期
人均养羊纯收入	养羊纯收入除以养羊自有劳动力投入，单位：万元/人	18.62	82.12	
是否场区式养殖	养殖小区或远离村庄的养殖场 = 1；庭院式养殖 = 0	0.55	0.50	？
是否加入合作社	加入养羊合作社 = 1；未加入养羊合作社 = 0	0.28	0.45	+
是否签订合同	与屠宰企业或饲料企业签订合同 = 1；未与屠宰企业或饲料企业签订合同 = 0	0.19	0.39	+
年龄	受访者年龄，单位：岁	46.20	8.67	？
受教育程度	受访者受教育程度：小学及以下 = 1；初中 = 2；高中（中专、职高、技校）= 3；大专及以上 = 4	2.12	0.81	+
养殖年限	养殖户从事肉羊养殖的年限，单位：年	8.60	5.63	+
技术水平	按家中是否有人从事兽医兽药、饲料、畜牧技术推广等工作：是 = 1；否 = 0	0.11	0.32	+
养殖规模	2014 年出栏羊只数的自然对数	6.85	1.31	+
短期育肥	短期育肥 = 1，自繁自育和二者皆有 = 0	0.68	0.47	？
借贷比重	2014 年养羊投入中借贷资金占比（%）	38.75	29.55	+
只均成本	2014 年出栏羊只均成本的自然对数	6.84	0.28	－
胴体价格	2014 年出栏羊胴体的平均价格（元/千克）	39.23	3.25	+
政府补贴	2014 年获得政府补贴元数加 1 的自然对数	1.09	3.45	+

9.2.5　模型回归结果分析

在模型回归之前，对解释变量的多重共线性问题进行了检验，发现受访者学历初中与高中之间相关系数的绝对值大于 0.5，可能存在多种共线性问题；进一步计算方差膨胀因子（VIF），发现所有自变量的平均 VIF 值为 1.63，最大为 2.40，因此判断多重共线性问题并不严重，模型仍可以接受。采用 Stata11.1 软件对模型进行拟合，结果见表 9-20。

（1）产业组织对肉羊养殖人均纯收入的影响

在控制了其他因素的影响后，是否签订合同对人均纯收入的影响在 10% 的显著性水平上显著，且方向为正，与预期相符。而是否场区式养殖和是否加入合作社的影响在 10% 的显著性水平上不显著。可能的原因是，与公司签订合同稳定了肉羊养殖者的产品市场，虽然销售的胴体价格并没有显著高于其他肉羊养殖户，但是旱涝保收，到期需要出栏的肉羊可以保证能销售出去，有效地降低了肉羊销售时面临的市场风险。而合作社虽然给农户提供了生产技术、贷款担保、种羊串换等服务，但是合作社不从事肉羊屠宰加工，在 2014 年市场行情不好的情况下，也难以解决销售难问题。此外，如前所述，企业为签约养殖户提供贷款担保，虽然借贷占比并没有显著高于未签约的养殖户，但是考虑到签约养殖户的肉羊养殖规模显著高于未签约户，其获得的借贷资金在数量上显著多于未签约户，而且其获得银行、信用社等机构贷款的比重显著高于未签约户，这些贷款来源比亲戚朋友、高利贷等民间借贷更稳定，肉羊养殖户可以借此扩大生产经营规模，从而获得更高的人均纯收入。由前面交叉统计发现，场区式养殖胴体销售价格更高，但同时只均成本也更高，二者作用相抵消，致使最终对人均纯收入的影响不显著。

（2）控制变量对肉羊养殖人均纯收入的影响

个人特征方面，养殖年限对人均纯收入的影响在 10% 的显著性水平上显著且方向为正，与预期相符，年龄和受教育程度的影响不显著。生产特征方面，养殖规模对人均纯收入的影响在 10% 的显著性水平上显著且方向为正，只均成本对人均纯收入的影响在 5% 的显著性水平上显著且方向为负，与预期相符，技术水平和短期育肥的最终影响不显著。外部环境方面，借贷占比和政府补贴的影响在 10% 的显著性水平上显著且方向为正，胴体价格的影响在 5% 的显著性水平上显著且方向为正，均与预期相符。从回归结果来看，增加养殖经验，获得更多资金，扩大肉羊养殖规模，控制肉羊生产成本，以及提高胴体销售价格是提高肉羊养殖人均纯收入的重要途径。

表 9-20 肉羊养殖人均纯收入影响因素回归结果

变量名称	回归系数	异方差稳健的标准误	t 值
是否加入合作社	−13.54	12.91	−1.05
是否签订合同	41.19*	22.28	1.85
是否场区式养殖	15.42	19.78	0.78
年龄	0.34	0.72	0.47
受教育程度（参考组：小学及以下）			
初中	−6.88	9.84	−0.70
高中	11.19	23.02	0.49

（续表）

变量名称	回归系数	异方差稳健的标准误	t 值
大专及以上	−63.34	46.87	−1.35
养殖年限	2.45 *	1.28	1.91
技术水平	−2.34	29.76	−0.08
养殖规模	13.20 *	7.51	1.76
短期育肥	−37.63	24.42	−1.54
借贷比重	0.52 *	0.26	1.98
只均成本	−54.91 **	25.33	−2.17
胴体价格	4.72 **	1.95	2.43
政府补贴	10.94 *	5.61	1.95
常数项	69.61	186.17	0.37
样本量	108		
R^2	0.5213		

注：** 和 * 分别代表在 5% 和 10% 水平上统计显著

9.3　产业组织对肉羊质量控制影响的计量分析

9.3.1　研究假说

（1）农产品质量与生产者质量控制

产品质量的属性较为复杂，如何通过指标选取将质量定量化是本研究中有关计量分析的基础，也是一个难点。质量控制是生产者为生产达到一定质量标准的产品，对其要素投入和生产管理等过程进行的规范和约束。由于农产品质量包括品质属性和安全属性，因此，假定农产品质量（Q）是农产品品质属性（q）和安全属性（s）的组合。农产品品质属性是一系列品质控制（q_i）的结果，即 $q = F(q_1, q_2 \cdots q_i \cdots)$；而农产品安全属性是一系列安全控制（$s_i$）的结果，即 $s = G(s_1, s_2 \cdots s_i \cdots)$。假定 $\dfrac{\partial q}{\partial q_i} > 0$，$\dfrac{\partial s}{\partial s_i} > 0$，即良好的质量控制行为有助于生产出质量更高的农产品。换句话说，在更好的质量控制条件下，生产者生产高质量农产品的概率更高。因此，可以通过研究肉羊养殖质量控制行为间接探讨肉羊产业组织对肉羊质量的影响。

一般而言，食品安全问题的来源分为两种：一是在现有技术条件下，行为人完全履行了法律与道德义务也无法避免的，例如，检测手段落后、某些动物疫病等；二是在食品生产过程中，行为人因利益驱动而在投入品的选择及用量上违背诚信道德而导致的（周应恒、霍丽玥，2003）。前一种在实践中难以把握，而后一种无论是在认知还是操作性方面，都是生产者进行安全控制的重点，包括饲料添加剂、兽药等投入品是否安全，是否过量使用，病死畜禽是否无害化处理等。由于食品是经过一系列生产加工运销环节最终才提供给消费者的，因此，食品品质也是这一系列过程中品质控制的结果。对于生产者来说，其品质控制既包括设施条件，也包括管理规范，既包括原料控制，也包括过程控制。

（2）产业组织对生产者质量控制的作用机制

农产品质量包括安全属性和品质属性两个方面。安全属性主要表现为信任品特性，在上下游主体之间往往存在信息不对称，易引发市场失灵，导致较多政府干预；而品质属性则更多地体现为搜寻品和经验品特性，主要依靠市场机制、声誉机制以及纵向控制等机制予以约束，政府干预较少。食品安全问题虽然具有隐蔽性，但是，一旦发生食品安全事件，涉事企业的信誉会严重受损，甚至给其带来毁灭性打击。因此，企业也通过加强原料和生产过程的安全控制以保障产品安全。

基于前面的分析，预期肉羊产业组织会对养殖者质量控制产生影响。为将产业组织纳入计量模型进行分析，这里同样将肉羊产业组织定义为是否场区式养殖、是否加入合作社和是否与企业签订合同三个变量。相对于庭院式养殖，养殖小区和养殖场（简称"场区式养殖"）的基础设施更完善，生产管理更规范，实施良好质量控制行为的能力更强。但是，场区式养殖对于兽药和加工饲料的需求更多，从而其安全方面面临的风险更大。生产者行为选择是对其成本收益权衡的结果。对信息严重不对称的产品安全进行控制在交易时难以实现合理的回报，而产品品质则更容易实现"优质优价"。基于此，本研究提出以下假说：

假说1：场区式养殖对生产者品质控制有正向作用，对生产者安全控制有负向作用。

肉羊养殖合作社提供的服务有助于社员突破自身认知水平、资源条件的制约，从而对其生产实行更好的质量控制。农产品市场接近于完全竞争市场，每次交易为非重复博弈。而紧密的纵向组织可将非重复博弈变为重复博弈，加上长期合作中形成的信任等非正式关系，可以增强声誉机制的约束力（蒋永穆、高杰，2013）。随着纵向控制程度的加深，合同协作时，企业不仅能对产品价格、数量、交易时间进行控制，也可以对要素投入和生产过程进行约束，从而促进肉羊养殖户改进质量控制。

假说2：与企业签订合同、加入合作社对生产者实施更好的品质控制和安全控制均具有正向作用。

（3）影响生产者质量控制的其他因素

已有研究发现，生产者的质量控制行为也会受到个体特征、生产特征、环境特征、认知水平、预期收益和风险态度等多种因素的影响（周洁红，2006；吴秀敏，2007；胡浩等，2009；孙世民等，2012；刘庆博，2013；周力、薛莘绮，2014；吴学兵、乔娟，2014）。个体特征包括年龄、受教育程度、生产年限等，生产特征包括生产规模、生产专业化程度、技术水平等。年龄较大的生产者学习和采纳新技术的能力较弱。良好的教育背景有助于生产者改善知识学习和信息分析能力。较长的生产年限一方面有助于减少生产者因认知不足或技术操作不熟练产生的不良质量控制行为，而另一方面却容易使生产者依赖其长期的生产习惯，从而不利于良好质量控制技术的推广应用。生产规模扩大可以降低平均成本，实现规模经济，也使产品售价微高带来的收益提升更为可观。生产者的生产专业化程度越高，所从事的生产对其收入影响越大，生产者在生产经营中会更重视风险降低和收益提高。生产者掌握的生产技术水平越高，越有能力实行更好的质量控制。基于此，本研究预期个体特征和生产特征影响生产者质量控制。其中，年龄具有负向影响，生产年限的影响方向不确定，受教育程度、生产规模、生产专业化程度和技术水平对生产者实行更好的质量控制具有正向影响。

环境包括市场环境、技术环境和政策环境。收购方对农产品质量进行检测以剔除不合格产品，可以促使生产者加强质量控制。生产者技术选择空间取决于其面临的技术环境，掌握更多技术的生产者可能选择更好的质量控制技术。政府可以通过监管影响生产者的质量控制行为。基于此，本研究预期外部环境影响生产者质量控制。具体而言，收购方抽检、技术环境和政策监管对生产者实行更好的质量控制具有正向影响。

生产者质量控制行为还受其对相关知识认知水平的制约。禁用的饲料添加剂与兽药、兽药休药期等知识专业性较强，农业生产者难以掌握，因此，认知水平较低的生产者容易在无意中产生不良的质量控制行为。生产者实行良好质量控制的成本是当期的，而收益是未来的，当成本一定时，生产者对提供高质量农产品的预期收益越高，越倾向于实施更好的质量控制行为。此外，风险态度也会影响生产者的生产经营决策。相对于风险厌恶者，风险偏好者会为了未来获得更高的收益，更愿意采取更好的质量控制行为。基于此，本研究预期生产者认知水平、预期收益和风险态度影响生产者质量控制。生产者认知水平越高、预期收益越大和越偏好风险，生产者质量控制越好。

9.3.2　肉羊质量控制的衡量

品质与安全控制是肉羊养殖户质量控制的两个重要维度。在品质控制方面，参考肉羊生产流程和肉羊标准化养殖示范场验收评分标准，作者认为，肉羊品质控制的关键点包括设施环境、生产管理、品种控制和饲料营养 4 个方面。在设施环境方面，本文选择"羊舍是否通风干燥、向阳透光"，"羊场水电供应是否能够满足养羊需求"，"生活区、生产区与粪污处理区是否相隔离"和"排水排污设施是否能够满足养殖需求" 4 项指标来衡量（下文中分别简称为"羊舍通风""水电供应""区域隔离"和"排水排污"）。在生产管理方面，本研究采用"是否建有养殖档案"，"肉羊是否佩戴耳标"，"是否定期防疫"和"能繁母羊、羔羊、育肥羊是否分舍饲养" 4 项指标来度量（分别简称为"养殖档案""佩戴耳标""定期防疫"和"分舍饲养"）。品种控制方面包括"是否选择良种（巴美肉羊①）"，"集中育肥户购进架子羊是否为同一品种"和"自繁自育户的种公羊是否来自种羊场、公司、合作社和政府" 3 个指标（分别简称为"良种采纳""架子羊"和"种公羊"）。饲料营养方面以"在配制或购买精饲料时是否将营养作为首要关心的问题"作为衡量指标。这些指标均将"是"定义为 1，"否"定义为 0，样本养殖户达到相关要求，代表其品质控制更好一些。

在安全控制方面，考虑到养殖户对于是否使用违禁兽药和饲料添加剂等问题比较敏感从而具有隐藏真实情况的动机，因此，本研究采用"休药期执行""病死羊处理"和"是否所有人员进入养殖区域前都要消毒"（简称为"人员消毒"） 3 个指标进行度量。将基本或严格执行兽药休药期的定义为 1，其他为 0；将全部病死羊做无害化处理的定义为 1，其他为 0；将全部人员进入养殖区域前都消毒的定义为 1，其他为 0。样本养殖户达到相关要求，代表其安全控制更好一些。

---

①　巴美肉羊是巴彦淖尔市经过多年培育而成的适于当地生长的肉用羊优良品种，其品质较当地一般羊高

9.3.3   肉羊产业组织与养殖户质量控制

在计量分析肉羊产业组织对养殖户质量控制的影响之前，首先对不同产业组织形式下肉羊养殖户的质量控制行为进行描述性统计分析，并进行均值差异t检验，结果如表9-21所示。分析发现，不同组织形式下养殖户在设施环境（羊舍通风、水电供应）和生产管理（佩戴耳标、定期防疫、分舍饲养）方面均表现良好，达标养殖户的占比均在89%及以上，而在良种采纳方面则表现较差，养殖巴美肉羊的养殖户比例均在13%及以下。

通过均值差异t检验发现：在品质控制方面，场区式养殖在设施环境（羊舍通风、区域隔离）和生产管理（养殖档案）方面显著优于庭院式养殖。在安全控制方面，场区式养殖执行兽药休药期的程度显著高于庭院式养殖，而在人员消毒方面优于后者但差异不显著。

加入合作社的养殖户在品质控制和安全控制方面的多个指标上均显著优于未加入合作社的养殖户。在品质控制方面，加入合作社的养殖户在区域隔离、排水排污、养殖档案和种公羊4个指标上都显著优于未加入合作社的养殖户。在安全控制方面，加入合作社的养殖户在人员消毒、休药期执行和病死羊处理方面都显著优于未加入合作社的养殖户。签订合同的肉羊养殖户在水电供应、区域隔离、排水排污、养殖档案、人员消毒、休药期执行和病死羊处理方面都显著优于未签订合同的肉羊养殖户。

表 9-21   产业组织与肉羊养殖户质量控制

指标		庭院式（115 户）	场区式（71 户）	均值差异 H_0: A-B=0	未加入合作社（140 户）	加入合作社（46 户）	均值差异 H_0: C-D=0	未签合同（159 户）	签订合同（27 户）	均值差异 H_0: E-F=0
		均值（A）	均值（B）	t 值	均值（C）	均值（D）	t 值	均值（E）	均值（F）	t 值
品质控制										
设施环境	羊舍通风	0.96	1.00	-1.795 *	0.96	1.00	-1.303	0.97	1.00	-0.934
	水电供应	0.94	0.89	1.259	0.91	0.96	-1.065	0.91	1.00	-1.668 *
	区域隔离	0.63	0.82	-2.762 ***	0.64	0.87	-2.934 ***	0.67	0.89	-2.329 **
	排水排污	0.54	0.61	-0.938	0.50	0.74	-2.836 ***	0.53	0.78	-2.471 **

（续表）

指标	庭院式 (115户) 均值(A)	场区式 (71户) 均值(B)	均值差异 H₀: A-B=0 t值	未加入合作社 (140户) 均值(C)	加入合作社 (46户) 均值(D)	均值差异 H₀: C-D=0 t值	未签合同 (159户) 均值(E)	签订合同 (27户) 均值(F)	均值差异 H₀: E-F=0 t值
	均值 (A)	均值 (B)	t值	均值 (C)	均值 (D)	t值	均值 (E)	均值 (F)	t值
生产管理 养殖档案	0.13	0.27	−2.397**	0.10	0.44	−5.554***	0.15	0.37	−2.729***
佩戴耳标	0.90	0.92	−0.443	0.90	0.91	−0.258	0.89	0.96	−1.133
定期防疫	0.99	0.99	0.344	0.99	0.98	0.830	0.99	1.00	−0.583
分舍饲养	0.89	0.91	−0.469	0.90	0.89	0.256	0.89	0.96	−1.165
品种控制 良种采纳	0.07	0.08	−0.373	0.06	0.13	−1.638	0.08	0.07	0.025
架子羊	0.32	0.34	−0.267	0.30	0.41	−1.128	0.30	0.46	−1.341
种公羊	0.46	0.64	−1.238	0.40	0.81	−3.490***	0.47	0.70	−1.406
饲料营养	0.52	0.57	−0.709	0.56	0.49	0.805	0.52	0.67	−1.452
安全控制 人员消毒	0.50	0.55	−0.650	0.45	0.74	−3.546***	0.49	0.67	−1.666*
休药期执行	0.60	0.75	−2.025**	0.60	0.83	−2.826***	0.62	0.85	−2.324**
病死羊处理	0.55	0.51	0.602	0.45	0.80	−4.419***	0.49	0.78	−2.777***

注：***、**和*分别代表在1%、5%和10%的水平上统计显著

9.3.4 模型选择与变量定义

前面的统计分析发现，不同组织形式下的养殖户品质控制和安全控制的多个方面差异显著，接下来本研究通过计量模型进一步分析肉羊产业组织对养殖户质量控制行为的具体影响。因变量的选择主要考虑两个方面：一是选择前文的统计分析中在不同组织形式间差异显著的指标，包括羊舍通风、水电供应、区域隔离、排水排污、养殖档案、种公羊、人员消毒、休药期执行和病死羊处理；二是选择可以通过计量回归分析的指标，场区式养殖羊舍通风的比例，和签订合同养殖户水电供应满足需求的比例均为100%，计量回归时会自动剔除这两个变量，无法通过计量回归分析场区式养殖对羊舍通风，和签订合同对水电供应的影响，因此不将羊舍通风和水电供应作为计量分析的因变量。此外，考虑到肉羊养殖户品质控制的4个关键点中除饲料营养外，其余3个关键点均有指标满足上述两个方面，虽然饲料营养在不同组织形式间差异不显著，本研

究仍将其作为计量分析的因变量之一。因此，选择区域隔离、排水排污、养殖档案、种公羊、饲料营养、人员消毒、休药期执行和病死羊处理 8 个指标作为计量分析的因变量。自变量选择方面，除了产业组织变量，本研究也将其他影响养殖户质量控制的因素作为控制变量纳入模型，具体的变量设定与描述性统计如表 9-22 所示。考虑到这些质量控制指标均为二元变量，故采用二元 Logit 模型进行拟合。

表 9-22　肉羊养殖户质量控制影响因素变量设定与描述性统计

变量名称	变量定义与赋值	均值	标准差
是否场区式养殖	养殖小区或远离村庄的养殖场＝1；庭院式养殖＝0	0.38	0.49
是否加入合作社	加入养羊合作社＝1；未加入养羊合作社＝0	0.25	0.43
是否签订合同	与屠宰企业或饲料企业签订合同＝1；未与屠宰企业或饲料企业签订合同＝0	0.15	0.35
年龄	受访者年龄，单位：岁	46.94	9.80
受教育程度	受访者受教育程度：小学及以下＝1；初中＝2；高中（中专、职高、技校）＝3；大专及以上＝4	2.08	0.74
养殖年限	养殖户从事肉羊养殖的年限，单位：年	9.42	7.01
技术水平	按家中是否有人从事兽医兽药、饲料、畜牧技术推广等工作：是＝1；否＝0	0.09	0.28
养殖规模	2014 年出栏羊只数的自然对数	5.93	1.77
专业化程度[a]	按养羊纯收入占家庭纯收入的比重	0.71	0.32
技术培训	按是否参加政府、合作社和相关企业提供的技术培训：是＝1；否＝0	0.71	0.45
政府监管	政府监管对养殖户质量控制的影响：很小＝1；不大＝2；一般＝3；较大＝4；很大＝5	3.36	1.37
收购方抽检	不抽检＝1；偶尔抽检＝2；每次都抽检＝3	2.51	0.77
禁用兽药和饲料添加剂认知	对禁用兽药和饲料添加剂的了解程度：很不了解＝1；不太了解＝2；一般＝3；比较了解＝4；非常了解＝5	2.87	1.24
兽药休药期认知	对兽药休药期的了解程度：很不了解＝1；不太了解＝2；一般＝3；比较了解＝4；非常了解＝5	3.20	1.29
药残影响认知	兽药残留对人体健康的影响：很小＝1；不大＝2；一般＝3；较大＝4；很大＝5	3.33	1.26
收入影响预期	生产更高品质、更安全活羊对养殖户收入的影响：很小＝1；不大＝2；一般＝3；较大＝4；很大＝5	2.33	1.30
风险态度	不喜欢冒险＝1；风险居中＝2；喜欢冒险＝3	1.34	0.63

注：a 由于 2014 年羊肉价格下跌，屠宰企业收购价格和架子羊价格都随之大幅下降，在巴彦淖尔市表现尤为显著，大量养殖户养羊不赚钱甚至赔钱，从而其养羊纯收入所占比重不能代表其对收入的真实贡献。考虑到农户短期内较少改变收入结构，此处专业化程度以 2013 年收入结构为基准，对于从 2014 年开始养羊的养殖户则采用 2014 年的比重

9.3.5 模型回归结果分析

在模型回归之前，对自变量的多重共线性问题进行了检验，发现是否场区式养殖与养殖规模之间、专业化程度与养殖规模之间、初中与高中之间、禁用兽药和饲料添加剂认知与兽药休药期认知之间相关系数的绝对值都大于0.5，可能存在多种共线性问题；进一步计算方差膨胀因子（VIF），发现所有自变量的平均 VIF 值为 1.61，最大为 2.79，因此判断多重共线性问题并不严重，模型仍可以接受。本研究采用 Stata11.1 软件对模型进行拟合，结果见表 9-23。

（1）产业组织对养殖户质量控制的影响

在控制了其他因素的影响后，是否场区式养殖对种公羊的影响在 10% 的水平上显著且方向为正；而对人员消毒和病死羊处理的影响均在 5% 的水平上显著且方向为负。这与假说 1 的预期一致。传统庭院式养殖户大多自留种公羊或者与周边农户串换，从而以低成本的方式获得种公羊，而场区式养殖户市场观念更强，从而更愿意从种羊场、公司、合作社和政府获得高品质种公羊，以提升肉羊品质，增加销售收入。场区式养殖对人员消毒的概率较庭院式养殖低可能的原因是，场区式养殖情况下人员更多更杂，难以对所有进入养殖区域的人员进行消毒。与庭院式养殖相比，场区式养殖情况下病死羊数量更大更集中，无害化处理成本更高，如果没有外部强制性要求，场区式养殖户更不愿意对病死羊全部无害化处理。

在控制了其他因素的影响后，品质控制方面，是否加入合作社对养殖户区域隔离和种公羊的影响均在 1% 的水平上显著且方向为正，对养殖户排水排污和养殖档案的影响均在 5% 的水平上显著且方向为正。安全控制方面，是否加入合作社对养殖户进行人员消毒、休药期执行的影响均在 10% 的水平上显著且方向为正，对病死羊处理的影响在 1% 的水平上显著且方向为正。这与假说 2 的预期一致，表明加入合作社对养殖户从多方面改善品质控制和安全控制均具有积极作用。这与合作社为社员提供多方面的服务是分不开的，调查发现合作社为社员提供的服务包含贷款担保、指导培训、疫病防治、统一销售、统一采购、种羊串换和提供养殖场地等，这些服务有助于养殖户克服自身条件的局限性，从而在生产中实行更好的品质控制和安全控制。

在控制了其他因素的影响后，是否签订合同对饲料营养和病死羊无害化处理的影响均在 10% 的水平上显著且方向为正，与假说 2 的预期一致。这说明，与企业签订合同有助于养殖户实现饲料营养方面品质控制和病死羊无害化处理方面安全控制的改善。养殖户与企业签订合同后，企业对养殖户提供肉羊养殖相关技术指导与培训等，提高了养殖户对肉羊饲料营养的认知水平，从而使养殖户认识到饲料营养对肉羊养殖经营效益的重要性。企业在为合同养殖户提供服务的同时，也对肉羊养殖进行相应的规范性要求，病死羊处理就是其中重要的一个方面，在企业的要求与监督下，养殖户对病死羊进行无害化处理的概率提高。

（2）控制变量对养殖户质量控制的影响

个体特征方面，受访者年龄越大，建立肉羊养殖档案的概率越低，从种羊场、政府等渠道获得种公羊的概率也越低；与受教育程度为小学及以下的受访者相比，受教育程度为初中和高中的受访者在休药期执行方面表现更好，受教育程度为初中的受访者在病死羊无害化处理方面表现较小学及以下的受访者好；养殖年限增长不利于区域隔离。生产特征方面，技术水平高的养殖户更愿意从种羊场、政府等渠道获得种公羊；养殖规模对饲料营养和人员消毒具有正向影响，对种公羊的影响为负。专业化程度对休药期执行有正向影响，但对养殖档案的影响为负。环境特征方面，技术培训对排水排污的影响为正，收购方抽检有助于促进养殖户人员消毒。认知方面，养殖户对兽药休药期的认知有助于促进养殖档案建立和休药期执行。收益预期与风险态度方面，收入影响预期对人员消毒的影响为正。上述计量分析结果除专业化程度对养殖档案的影响，与养殖规模对种公羊的影响外，其余结果与前面预期相一致。专业化程度对养殖档案影响为负，可能的原因是，从事兼业化经营的人（尤其是从事第二、三产业的人）养羊收入占其总收入比重较低，但往往对生产的成本收益更加敏感，从而更愿意建立养殖档案，为成本收益核算提供便利。养殖规模对种公羊的影响与预期不一致，可能的原因是，只从事自繁自育的养殖户规模相对较小，而规模较大养殖户多以集中育肥为主，种公羊对其重要性较低，从而对改善种公羊品质的积极性不高（常倩等，2016）。

表 9-23　肉羊养殖户质量控制影响因素回归结果

变量名称	区域隔离	排水排污	养殖档案	种公羊	饲料营养	人员消毒	休药期执行	病死羊处理
是否场区式养殖	0.49 (0.98)	0.28 (0.65)	0.94 (1.35)	2.16 * (1.81)	−0.34 (−0.81)	−1.01 ** (−2.12)	−0.75 (−1.30)	−0.91 ** (−1.98)
是否加入合作社	1.78 *** (2.64)	1.13 ** (2.38)	1.33 ** (2.16)	3.12 *** (3.01)	−0.49 (−1.11)	0.79 * (1.66)	1.28 * (1.83)	1.67 *** (3.22)
是否签订合同	0.48 (0.69)	0.85 (1.48)	0.62 (0.93)	−0.61 (−0.56)	1.03 * (1.93)	0.31 (0.57)	0.78 (0.94)	1.06 * (1.80)

（续表）

变量名称	区域隔离	排水排污	养殖档案	种公羊	饲料营养	人员消毒	休药期 执行	病死羊 处理
年龄	-0.001 (-0.04)	0.004 (0.16)	-0.08 ** (-2.09)	-0.06 * (-1.81)	0.03 (1.23)	0.03 (1.15)	-0.02 (-0.77)	-0.01 (-0.64)
受教育程度（参照组：小学及以下）								
初中	0.43 (0.80)	-0.24 (-0.50)	-0.73 (-0.76)	-0.66 (-0.84)	-0.07 (-0.14)	-0.19 (-0.37)	1.16 * (1.80)	0.83 * (1.65)
高中	0.22 (0.32)	-0.34 (-0.56)	-0.44 (-0.41)	-1.55 (-1.37)	-0.03 (-0.05)	-0.48 (-0.76)	1.50 * (1.68)	0.73 (1.15)
大专及以上	0.37 (0.29)	-1.12 (-1.20)	-1.33 (-0.90)	-1.22 (-0.70)	-0.72 (-0.80)	0.65 (0.62)	2.54 (1.58)	1.70 (1.59)
养殖年限	-0.11 *** (-2.63)	-0.04 (-1.14)	0.09 (1.36)	0.07 (1.54)	-0.004 (-0.13)	-0.01 (-0.28)	-0.01 (-0.21)	0.03 (0.94)
技术水平	-0.28 (-0.43)	-0.19 (-0.30)	0.79 (0.90)	2.38 ** (2.06)	0.33 (0.55)	-0.29 (-0.41)	0.68 (0.81)	-0.10 (-0.14)
养殖规模	-0.29 (-1.52)	-0.002 (-0.01)	0.28 (1.08)	-0.60 ** (-2.15)	0.32 * (1.94)	0.51 ** * (2.61)	-0.34 (-1.58)	0.12 (0.66)
专业化程度	0.99 (1.14)	-1.06 (-1.35)	-3.57 *** (-2.80)	0.20 (0.19)	0.42 (0.57)	-0.65 (-0.76)	2.05 * * (2.13)	-1.03 (-1.26)
技术培训	0.54 (1.21)	1.00 ** (2.46)	0.64 (0.78)	0.73 (1.06)	-0.01 (-0.01)	-0.20 (-0.48)	-0.53 (-0.95)	0.15 (0.36)
政府监管	0.08 (0.54)	0.21 (1.54)	0.19 (0.92)	0.13 (0.58)	-0.13 (-0.97)	-0.03 (-0.18)	0.14 (0.77)	0.05 (0.39)
收购方抽检	-0.006 (-0.02)	0.01 (0.02)	-0.26 (-0.62)	0.36 (0.93)	-0.12 (-0.48)	0.84 *** (3.08)	0.33 (1.04)	0.25 (0.99)
禁用兽药与饲料 添加剂认知	— —	— —	-0.37 (-1.35)	— —	-0.13 (-0.90)	— —	-0.56 (-1.54)	— —
兽药休药期认知	— —	— —	1.23 *** (3.22)	— —	— —	— —	1.56 *** (4.14)	— —
药残影响认知	— —	— —	0.37 (1.59)	— —	— —	— —	0.08 (0.42)	— —
收入影响预期	0.13 (0.86)	0.06 (0.47)	-0.32 (-1.41)	-0.31 (-1.11)	-0.09 (-0.66)	0.35 ** (2.34)	-0.10 (-0.52)	-0.04 (-0.25)
风险态度	0.26 (0.72)	-0.18 (-0.63)	0.57 (1.35)	0.64 (1.29)	0.07 (0.24)	-0.14 (-0.45)	-0.22 (-0.60)	-0.21 (-0.71)
样本量	166	167	165	79	167	167	165	167
对数似然值	-80.05	-100.22	-50.82	-42.11	-107.59	-92.12	-64.38	-96.13
准 R^2	0.166	0.129	0.374	0.227	0.068	0.203	0.364	0.162

注：①括号内数字为相应的 z 值；② ***、** 和 * 分别代表在1%、5%和10%水平上统计显著；③调查样本包含自繁自育的养殖户和集中育肥的养殖户，其中自繁自育的养殖户才需要购买种公羊，因此在种公羊模型中所用的样本量小于其他模型

9.4 小结

本部分基于内蒙古巴彦淖尔市肉羊养殖户的调查数据，采用计量模型分析了产业组织对肉羊养殖效益与质量控制的影响，主要研究结论如下：

（1）对不同产业组织形式与肉羊养殖效益的指标进行均值差异 t 检验

发现，场区式养殖与庭院式养殖在生产成本、销售价格、出栏规模、技术培训、自繁自育比例和货款获得方面存在显著差异。加入合作社和与公司签订合同的肉羊养殖户在经营效益、生产特征、生产效率、资金获得和收益感知等多个方面的指标与未加入合作社和未与公司签订合同的肉羊养殖户差异显著，整体上前者肉羊养殖效益高于后者。

（2）对肉羊养殖人均纯收入影响因素进行计量分析

发现，与公司签订合同对肉羊养殖人均纯收入的具有显著的正向影响，而场区式养殖与加入合作社的影响不显著。此外，养殖年限等个人特征，养殖规模、只均成本等生产特征，借贷占比、胴体价格和政府补贴等外部环境也会对肉羊养殖效益产生影响。

（3）对不同产业组织形式下肉羊养殖户的质量控制行为进行均值差异 t 检验

发现，场区式养殖、加入合作社和签订合同的肉羊养殖户在品质控制和安全控制的多个指标上均显著优于庭院式养殖、未加入合作社和未签订合同的肉羊养殖户，整体上前者质量控制好于后者。

（4）对肉羊养殖户质量控制影响因素的计量分析

发现主体组织对生产者质量控制的影响是混合的，相对于庭院式养殖，场区式养殖在品质控制方面做得更好，但在安全控制方面却做得相对较差。紧密的主体间组织对生产者质量控制有显著的促进作用。加入合作社对养殖户品质控制和安全控制的多个方面均具有显著的促进作用。此外，养殖户个体特征、生产特征、环境特征、认知水平和预期收益也会对其质量控制行为产生影响。

10 提升肉羊产业组织效益与质量的运行机制优化分析

在对肉羊产业组织及其对效益与质量的影响进行了具体的理论研究与实证分析的基础上，需要我们针对我国肉羊产业发展的现状和存在的主要问题，探讨如何优化肉羊产业组织运行机制，以实现相关主体效益与产品质量的提升。本部分主要从肉羊产业主体组织、纵向协作和产业集聚三个角度来探讨提升肉羊产业组织效益与质量的运行机制优化问题。

10.1 提升肉羊产业主体组织效益与质量的运行机制优化分析

10.1.1 肉羊养殖环节

肉羊养殖组织形式可以从以下几个方面影响养殖效益和产品质量：不同组织形式投入生产的要素机会成本不同，从而影响生产成本，进而作用于养殖效益；在不同组织形式下，生产者掌握的生产要素的种类和数量不同，获得外部生产要素的能力也存在差异，从而影响产品差异化，进而作用于养殖效益；生产者掌握的生产要素数量和质量通过影响生产者质量控制能力和动力而作用于肉羊质量；家庭经营以家庭劳动力为主，合作社的劳动力以社员为主或者以雇工为主，而公司制肉羊养殖以雇工生产为主，家庭劳动力和雇工的激励机制不同，从而影响监督管理成本，进而作用于养殖效益（图10-1）。

对肉羊养殖环节的三种主要组织形式肉羊家庭经营、肉羊养殖合作社和公司制肉羊养殖的研究发现，三种组织形式各有其优势和局限性（表10-1），因此其肉羊养殖效益与质量也存在差异性（表10-2）。从肉羊家庭经营到肉羊养

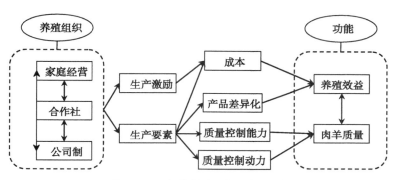

图 10-1 肉羊养殖组织运行机制

殖合作社，再到公司制肉羊养殖，养殖主体投入生产的要素机会成本增加，对生产者的激励成本增加，从而成本优势降低；可以在生产中投入更多更现代的生产要素，从而产品差异化优势提升；生产者掌握的要素数量和质量增加，在市场交易时议价能力增强，质量控制能力和动力得以增强，从而产品质量更高。

表 10-1 不同肉羊养殖组织的优势与局限性

	优势	局限性
肉羊家庭经营	传统生产要素生产激励最强	现代生产要素稀缺市场交易地位弱
肉羊养殖合作社	统一经营与分散经营灵活结合 突破家庭经营的资源瓶颈 生产和交易的规模经济 改善市场地位，提高议价能力	效率问题："搭便车"、激励 受到社员资源的制约 可持续发展问题
公司制肉羊养殖	可以获得更多更现代的生产要素 市场交易地位和议价能力强	员工激励问题 生产成本高

表 10-2 不同肉羊养殖组织的效益与产品质量

	效益		质量	
	成本优势	产品差异化优势	质量控制能力	质量控制动力
肉羊家庭经营	最强	较弱	较弱	较弱
肉羊养殖合作社	较强	较强	较强	较强
公司制肉羊养殖	较弱	最强	最强	最强

三种组织形式适用于不同的条件，组建肉羊养殖合作社需要满足一定的条

件，公司制肉羊养殖的实现要求更高。因此，肉羊家庭经营在未来很长一段时期仍将占据主体地位。根据木桶原理，一个木桶盛水的多少是由桶壁上最短的那块木板决定的，提升肉羊产业组织效益与质量也应从其面临的局限条件出发。因此，提升肉羊产业主体组织效益与质量的运行机制优化首先便是解决其面临的短板即局限条件。具体而言，体现在以下几方面：第一，改善肉羊家庭经营面临的要素条件。可以通过多种途径为肉羊养殖户提供其稀缺的生产技术、资金、知识等生产要素，包括将这些生产要素作为商品提供肉羊养殖户，政府给予技术培训与转移支付，以及肉羊养殖户间横向联合成立为其服务的合作社等。第二，促进合作社可持续发展。为合作社发展提供完善的制度环境，组织对合作社管理团队的培训，帮助合作社建立科学管理体制等。第三，促进降低生产成本和管理成本的技术研发与应用。

10.1.2　肉羊屠宰加工环节

对于肉羊屠宰加工环节，本研究从两个角度研究了肉羊屠宰加工的组织及其对效益与质量的影响。从肉羊屠宰加工发展角度来看，不同发展阶段肉羊屠宰加工的生产成本和产品差异化存在差异性，从而作用于经营效益；从肉羊屠宰加工的生产规模来看，生产规模可以通过影响生产成本和产品差异化而作用于经营效益，不同生产规模企业质量控制的能力和动力也存在差异性，进而对羊肉及其产品质量产生影响（图10-2）。

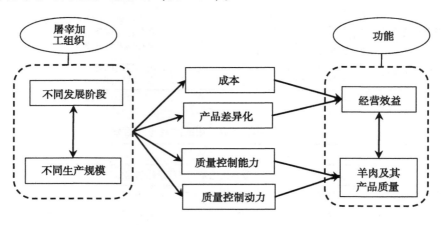

图10-2　肉羊屠宰加工组织运行机制

对不同发展阶段肉羊屠宰加工的研究发现，从以肉羊屠宰为主到羊肉分割分级，再到羊肉及其副产品深加工的发展，肉羊屠宰加工企业的成本优势逐渐降低，而产品差异化优势凸显，质量控制能力和动力也随之增强。对不同生产规模肉羊屠宰加工的研究发现，小型企业产品差异化弱，质量控制能力和动力都不足，但是成本优势较强；而大中型企业产品差异化优势、质量控制能力和动力均较小型企业强，但是往往生产成本要高于后者（表10-3）。

表10-3 不同发展阶段和生产规模肉羊屠宰加工企业的效益与产品质量

		效益		质量	
		成本优势	产品差异化优势	质量控制能力	质量控制动力
发展阶段	以肉羊屠宰为主的阶段	最强	较弱	较弱	较弱
	羊肉分割分级发展的阶段	较强	较强	较强	较强
	羊肉及其副产品深加工发展的阶段	较弱	最强	最强	最强
生产规模	小型	较强	较弱	较弱	较弱
	大中型	较弱	较强	较强	较强

从提升产品质量角度来看，应促进大中型肉羊屠宰加工企业的发展，加速小型企业退出，提高肉羊屠宰加工行业的集中度。从提升效益的角度来看，小型企业和大中型企业均有其存在的经济合理性。综合来看，促进大中型企业发展，提高肉羊屠宰加工行业集中度是提升肉羊屠宰加工环节组织效益与质量运行机制优化的重要路径。同时，由于小型企业和以肉羊屠宰为主的企业质量控制能力和动力都较弱，应对其质量控制过程进行重点监督与管理。

10.2 提升肉羊产业纵向协作效益与质量的运行机制优化分析

肉羊养殖与屠宰加工环节间的纵向协作包括公开市场交易、生产合同、纵向一体化等多种协作形式，肉羊养殖和屠宰加工主体可以选择这些纵向协作形式中的一种或多种用于衔接肉羊养殖与屠宰加工环节，也可以根据现实条件变化从一种协作形式转向另一种协作形式。不同纵向协作形式下生产成本、对生产人员的监督管理成本和交易成本不同，产品差异化程度也不同，从而影响主体的经营效益。肉羊产业纵向协作通过影响肉羊质量控制能力和动力而影响肉羊及羊肉质量（图 10-3）。

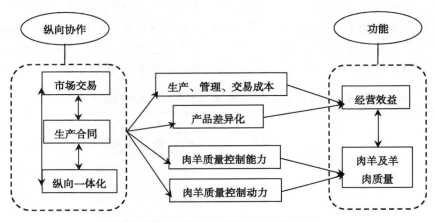

图 10-3　肉羊产业纵向协作运行机制

对肉羊产业纵向协作的研究发现，从市场交易到生产合同，再到纵向一体化，随着纵向协作紧密程度的增强，肉羊屠宰加工主体对肉羊养殖环节质量控制的能力和动力都增强，从而产品质量得以提升。纵向协作对相关主体效益的影响则更为复杂，随着纵向协作紧密程度的增强，生产成本和管理成本提高，而交易成本降低，与此同时产品差异化优势增强，最终影响不确定。研究发现，不同产品质量和生产规模情况下生产成本、管理成本和交易成本存在差异性，从而适合的协作方式也有所不同（表 10-4）。

表 10-4　肉羊产业纵向协作效益与质量

	效益			质量		
	生产成本	管理成本	交易成本	产品差异化	质量控制能力	质量控制动力
市场交易	较低	较低	最高	较弱	较弱	较弱
生产合同	较低/较高	较高	较高	较强	较强	较强
纵向一体化	最高	最高	较低	最强	最强	最强

从提升产品质量的角度来看，肉羊养殖与屠宰加工环节间纵向协作越紧密越好。从提升效益的角度来看，紧密纵向协作的产品差异化优势显著，对于主体长期经营效益提升具有重要作用，但纵向一体化的生产成本和管理成本都较为突出，企业羊源全部自给的成本过高。因此综合来看，肉羊屠宰加工企业与肉羊养殖者通过各种生产合同，建立长期合作生产关系，一方面有助于提高肉

羊养殖者质量控制能力和动力，保障肉羊及羊肉质量；另一方面有助于降低企业获得优质肉羊的成本，是提升肉羊产业纵向协作效益与质量的重要路径之一。

10.3 提升肉羊产业集聚效益与质量的运行机制优化分析

对于肉羊产业集聚，其构成要素包含与肉羊产业相关的多个主体、组织与机构，主体间形成了复杂的关系网络，但是从根本上来说，肉羊产业集聚体现为总体规模大和主体间地理临近两个基本特征，因此本研究从两个基本特征出发，分析了肉羊产业集聚对主体效益与产品质量的作用机制（图 10-4）。

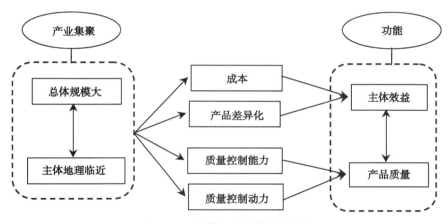

图 10-4 肉羊产业集聚运行机制

对肉羊产业集聚的研究表明，肉羊产业集聚对相关主体效益和产品质量的影响既有正效应，也有负效应（表 10-5）。因此，可以从两个方面努力提升肉羊产业集聚效益与质量：其一，通过加强针对肉羊产业集聚区域的政策支持等促进肉羊产业集聚正效应的发挥；其二，合理调控肉羊产业，解决好肉羊产业集聚可能带来的负效应。

表 10-5　肉羊产业集聚效益与质量

<table>
<tr><td colspan="2"></td><td>正效应</td><td>负效应</td></tr>
<tr><td rowspan="3">主体效益</td><td>肉羊屠宰加工</td><td>羊源保障、熟练劳动力、企业间相互学习、政府支持、纵向协作、外部服务</td><td>产能过剩、竞争加剧</td></tr>
<tr><td>肉羊养殖</td><td>规模养殖、需求增加、组织化、信贷、改善市场地位、政府支持</td><td>养殖成本上升、疫病防控难度加大、粪污处理问题</td></tr>
<tr><td>政府</td><td>农牧民增收</td><td>检疫防疫和病死羊处理压力加大</td></tr>
<tr><td rowspan="2">产品质量</td><td>品质</td><td>技术与产品创新、现代生产要素</td><td>羊源与羊肉混杂</td></tr>
<tr><td>安全</td><td>紧密纵向协作有助于改善安全控制行为</td><td>安全监管难度加大</td></tr>
</table>

10.4　小结

本部分从肉羊产业主体组织、纵向协作和产业集聚三个角度探讨了提升肉羊产业主体效益与产品质量的运行机制优化，得出以下几点主要结论。

（1）提升肉羊养殖环节组织效益与质量的运行机制优化

可以从改善肉羊家庭经营面临的要素条件、促进合作社可持续发展、促进降低生产成本和管理成本的技术研发与应用几个方面展开。

（2）促进大中型企业发展，提高肉羊屠宰加工行业集中度是提升肉羊屠宰加工环节组织效益与质量运行机制优化的重要路径

同时，应对小型企业和以肉羊屠宰为主的企业质量控制过程进行重点监督与管理。

（3）肉羊屠宰加工企业与肉羊养殖者通过各种生产合同，建立长期合作生产关系

一方面有助于提高肉羊养殖者质量控制能力和动力，保障肉羊及羊肉质量；另一方面有助于降低企业获得优质肉羊的成本，是提升肉羊纵向协作效益与质量的重要路径。

（4）提升肉羊产业集聚效益与质量的运行机制优化

一方面可以通过加强针对肉羊产业集聚区域的政策支持等促进肉羊产业集聚正效应的发挥；另一方面需要合理调控肉羊产业，解决好肉羊产业集聚可能带来的负效应。

11 主要研究结论与对策建议

11.1 主要研究结论

11.1.1 产业组织是影响肉羊产业效益与产品质量的重要因素

肉羊产业是以一定的形式组织起来的，每个环节因生产特点的差异而形成了不同的组织形式，肉羊养殖环节的自然生产属性使得家庭经营占据绝对优势，屠宰加工环节则更多地体现为工业生产的特性，以企业经营为主。环节间不同的衔接方式构成了肉羊产业纵向组织，表现为市场交易、合同生产、纵向一体化等多种协作形式。肉羊产业相关主体的空间组织形态体现为不同程度的产业集聚。成本和产品差异化是影响生产者效益的两个关键因素，产业组织可以通过影响成本和产品差异化作用于效益。产品质量是生产者一系列质量控制行为的结果，实施良好的质量控制需要投入更多生产要素，而对于生产者而言，只有产品质量提升能提高效益时才具有提升质量的动机。因而产业组织对质量的作用也主要体现为对质量控制能力和动力的影响。

11.1.2 肉羊养殖环节组织效率是生产要素和生产激励综合作用的结果

随着肉羊产业的发展，虽然传统生产要素在肉羊生产中仍占据重要地位，但是现代生产要素的作用越来越大，这一点在肉羊标准化规模养殖方面表现尤为突出。肉羊家庭经营的优势在于可以充分利用传统生产要素，适应肉羊养殖的自然属性和季节性等产业特点，化解肉羊养殖的劳动监督难题，从而可以用较企业更低的成本生产肉羊。但是，肉羊家庭经营缺乏现代生产要素，在提升产品质量、实现产品差异化方面受到限制。建立在家庭经营基础上的肉羊养殖合作社一方面有助于实现资源共享和规模经济，帮助社员改善质量控制行为、提高经营效益；另一方面可能面临"搭便车"的内部效率问题，且发展受到社员资源的制约，难以建立可持续发展的组织管理制度。公司制肉羊养殖可以比前两者整合更多的资源，因而实施产品差异化、进行质量控制的能力更强。但公司制肉羊养殖面临雇工激励问题，且生产要素的机会成本更高，因而，公司制养殖多选择高价值产品，且呈现技术进步和政府支持推动的特征。

11.1.3 肉羊屠宰加工是产品差异化与价值提升的关键环节

肉羊屠宰加工企业受到制度环境、资金壁垒、技术壁垒、专业人员壁垒、品牌壁垒，以及活羊生产的区域性、季节性和自然风险等多种因素的影响。随着社会经济与肉羊产业的发展，肉羊屠宰加工发展呈现不同的阶段。从以肉羊屠宰为主，到羊肉分割分级的发展，再到羊肉及其副产品深加工的发展，这个过程不断满足了消费者多样化需求，也实现了产品差异化深化和产品价值提升。肉羊屠宰加工行业以中小企业为主，大型企业较少。小型企业主要体现为成本优势，而大中型企业提升产品质量的能力和激励更强，生产成本也显著高于前者。由于羊肉质量属性在生产者和消费者间存在严重的信息不对称，因此，生产高质量产品的企业一方面需要加强质量控制活动；另一方面需要将高质量信号传递给消费者，而这对于小型企业来说成本过高而收益较少。在实际生产中，更多的质量投入并不必然带来更好的经营效益，因此企业需要根据成本收益来选择能为其带来最大利润的质量水平，而非最高的质量水平。

11.1.4 肉羊产业纵向协作形式是企业对生产成本、管理成本和交易成本权衡的结果

肉羊养殖与屠宰加工环节之间的纵向协作可以分为公开市场交易、生产合同和纵向一体化三种形式，每种协作形式都有其适用的情形。紧密的纵向协作有助于提高肉羊养殖主体质量控制的能力和动力，从而促进产品质量提升，也为企业实施产品差异化奠定了基础。但是紧密的纵向协作往往意味着更高的生产成本和管理成本，企业能否取得更高的效益取决于其成本和收益增加的相对幅度。具体来说，肉羊养殖与肉羊屠宰加工两个环节的具体协作形式取决于生产成本、管理成本与交易成本的权衡。对典型案例的分析发现，企业生产的产品质量和生产规模对于企业选择紧密的纵向协作具有正向作用，但随着肉羊屠

宰加工规模的进一步扩大，企业养羊的管理成本上升迅速，使得企业羊源自给程度会呈现先增加后降低的倒 U 型结构。对蒙羊羊联体模式的分析发现，谨慎的合同设计有助于实现质量保障和双方效益的提升并且降低违约率，计量分析也发现与企业签订合同对人均养羊纯收入具有显著的正向影响，但是企业多选择规模较大的养殖户，而将小养殖户排除在外。

11.1.5 肉羊产业集聚对相关主体效益和产品质量的影响是混合的

中国肉羊产业存在显著的地理集聚现象，肉羊存栏、出栏、屠宰加工和饲料生产均呈现显著的集聚特征，且集中区域存在较多重合。肉羊产业集聚有助于降低运输成本、交易成本，同时也为企业产品差异化提供了更好的要素条件和更大的竞争压力，但是也会增加要素稀缺性，促使生产成本提高，同时生产负外部性也会累积带来更大的危害。肉羊产业集聚有助于改善生产主体质量控制的能力，但是对于质量控制动力的影响是混合的。品质方面，一方面肉羊产业相关主体在地理上临近，沟通频繁，纵向协作更为紧密，加强了品质控制的外部激励；另一方面，产业集聚区域活羊与羊肉混杂也容易造成市场上产品品质的混淆。安全方面，一方面地理临近有助于上下游主体间加强生产的安全控制；另一方面主体数量多、产业规模大也加大了政府对肉羊产业的监管难度，安全风险增加。与产业集聚程度低的区域相比，外部冲击对于产业集聚区域的整体影响更大，由于肉羊产业不同环节主体市场势力不同，因而受到市场冲击的影响具有差异性。

11.2 完善肉羊产业组织、促进效益与质量提升的对策建议

中国肉羊产业肉羊养殖环节形成了以家庭经营为主体，多种组织形式并存的局面；肉羊屠宰加工以中小企业为主，大型企业也有所发展；肉羊产业纵向协作以公开市场交易为主，紧密的纵向协作也有了初步发展；在地理分布上，呈现显著的区域集中特征，政策支持也逐渐向优势区域集中。但是，当前肉羊产业组织仍面临一些问题，需要进一步完善。肉羊家庭经营提升产品质量的能力和动力都不足，肉羊养殖合作社面临可持续发展问题，公司制肉羊养殖则需要解决员工激励问题；屠宰加工行业鱼龙混杂，需要进一步规范；肉羊纵向协作程度还较低，还没有建立紧密的利益联结机制；肉羊产业集聚区域存在产能过剩、负外部性累积等问题，需要进一步升级产业结构。因此，建议从以下几

个方面完善肉羊产业组织、促进效益与质量提升。

11.2.1 坚持以肉羊家庭经营为基础，促进多种组织形式的合理发展

家庭经营的成本和效率优势决定了肉羊家庭经营在将来很长时间内仍然是肉羊生产主要的组织形式，因此对于肉羊养殖的支持仍要以肉羊家庭经营为重点。针对肉羊家庭经营现代生产要素缺乏和交易劣势的问题，一个思路是发展社会化服务业，为肉羊家庭经营提供其所缺乏的技术、资金等要素；另一个思路是促进肉羊养殖合作经济组织的发展，通过统一服务突破养殖户的资源瓶颈，使其向现代畜牧业的方向发展。此外，政府可以加大对养羊户的技术培训力度，引导养羊户转变养殖观念，增进对病死羊无害化处理、兽药休药期、安全兽药使用等方面的认知，强化肉羊养殖成本收益核算理念。对于合作社，一方面对合作社进行规范，使其符合专业合作社法的规定，重点支持真正为社员服务、发挥作用的肉羊养殖合作社；另一方面，加大对肉羊养殖合作社的支持力度，促进合作社的公共积累，组织对合作社管理团队的培训，从而促进合作社的可持续发展。公司制肉羊养殖适合于养殖高价值的肉羊，通过技术创新与应用以降低管理成本和生产成本变得非常重要。

11.2.2 加强肉羊产业纵向协作，完善上下游主体间的利益联结机制

研究发现肉羊养殖与屠宰加工环节紧密的纵向协作一方面有助于改善肉羊养殖户实施良好质量控制行为的能力和动力，从而提升产品质量；另一方面通过建立紧密的利益联结机制，可以降低交易成本，通过分担风险、共享利益，双方都可以实现效益提升。但是企业实施完全纵向一体化面临较高的管理成本，因而建立各种形式的合同生产关系加强纵向协作与控制是最主要的途径。政府可以通过支持肉羊产业化经营，将分散的肉羊养殖户与肉羊产业相关企业联结起来，发挥相关企业的带动作用，以促进相关主体效益与产品质量的提升。

11.2.3 对肉羊产品品质和安全采用不同的治理机制，普遍监管与重点监管相结合

肉羊产业主体组织对产品品质和安全的影响是混合的，相对于庭院式养殖，场区式养殖在品质控制方面做得更好，但在安全控制方面却做得相对较

差，其原因在于，质量是一个综合指标，羊肉品质属于"显性"指标，即人们通过观察、品尝可以大致判断羊肉的品质状况；而羊肉质量安全属于"隐性"指标，在一般情况下人们不能通过感官判断羊肉是否安全。养殖户对羊肉品质的改善比较容易获得市场回报，而质量安全改善方面的信息透明度差，让消费者相信并愿意支付更高价格的难度大。肉羊养殖户无论是加入合作社还是与企业签订合同，除了可以获得规模经济效益和价格优惠等好处外，还必须遵守合作社和企业所提出的一系列品质要求和安全要求，因而有助于羊肉的质量控制。由于羊肉品质和安全的属性不同，因而质量控制的机理也有所差别。羊肉品质具有搜寻品和经验品特性，品质控制可以通过市场机制，特别是通过质量认证和品牌塑造来实现；而安全控制容易出现市场失灵，特别是在重大疫病防控、病死羊无害化处理等方面，政府要发挥主导作用。由于小规模兼业农户可以通过农牧结合的方式合理利用养殖粪污，规模较大的养殖场、养殖小区则需要集中或分别配备废弃物处理设备，以实现养殖废弃物的综合利用和无害化处理，处理难度更大，成本更高。因而，在废弃物治理方面，应在对肉羊养殖主体普遍监管的基础上，重点监管场区式养殖。

11.2.4　建立全国范围的肉羊定点屠宰制度，加强对肉羊屠宰加工的监管与调控

肉羊屠宰加工是提高肉羊产业效益与产品质量的关键环节。肉羊屠宰加工以中小企业为主，产品同质化严重，还存在私屠滥宰现象，使得羊肉及其产品价格竞争激烈，产品质量难以保障。有实力的企业可以通过产品差异化提高其市场势力，缓解价格竞争的压力。建议一方面建立全国范围的肉羊定点屠宰条例，推进肉羊屠宰加工标准的完善和实施，加强对肉羊屠宰加工过程监督与管理，从而提高羊肉及其产品质量保障水平；另一方面规范市场竞争体系，适当减少中小企业的审批，促进肉羊屠宰加工大中型企业的发展，提高肉羊屠宰加工行业的集中度，鼓励企业提高产品质量、加大品牌建设力度。

11.2.5　政策支持重点在向优势地区倾斜的同时，处理好产能过剩、负外部性等问题

随着肉羊优势区域的进一步明晰，肉羊产业进一步向优势区域集聚，因此对于肉羊产业的政策支持重点应向优势区域倾斜，肉羊产业相关检验检疫、监管人员也应适当增加，以满足产业规模的需求。对于肉羊产业集聚区域出现的屠宰加工产能过剩问题，一方面可以提高市场准入门槛，通过规范屠宰加工行

业标准，促使私屠滥宰以及生产安全没有保障的生产退出；另一方面鼓励肉羊屠宰加工企业通过兼并等方式提高市场集中度，加速一些生产效率低、处于停产和半停产状态的企业退出。对于产业集聚区域负外部性累积问题，一方面加大对疫病防控、环境污染等的监督与管理；另一方面，在有条件的地区发展有机肥生产、病死羊集中处理等方式创新负外部性处理方式。为避免市场冲击给肉羊产业集聚区域带来重大影响，建议一方面相关企业通过产品差异化、品牌运营等方式获得一定的市场势力，稳定产品市场；另一方面上下游主体间建立紧密的合作关系，产业链共同应对市场冲击，避免市场冲击对弱势群体的严重打击，从而促进肉羊产业的可持续发展。

11.3 研究不足与展望

本研究从肉羊产业关键环节组织、纵向协作与产业集聚几个方面对肉羊产业运行机制进行了相对系统的研究，搭建了一个产业组织研究的框架，得出了一定的结论，但是需要研究的问题很多，受研究时间和精力的限制，只能留作未来的研究方向。首先，对于肉羊产业各环节组织的研究，只对肉羊养殖与屠宰加工这两个关键环节进行了分析，而肉羊育种、饲料生产等环节的组织形式也对肉羊产业效益与质量提升至关重要，需要进一步研究。其次，对于肉羊产业纵向协作主要考虑的是肉羊养殖和屠宰加工环节间的协作，对于饲料生产与肉羊养殖环节的分析较少，而调研中发现，很多饲料企业与肉羊养殖户建立了紧密的协作关系，甚至有些饲料企业延伸到肉羊养殖环节，二者的协作关系需要更进一步的研究。再次，本研究对肉羊产业组织运行机制的研究以肉羊产业组织构成要素发挥功能的作用原理与方式为重点，对于肉羊产业组织构成要素的相互关系在文中多处提到，没有集中分析，对该问题未来需要更进一步的深入研究。最后，由于受研究时间和精力的限制，本研究对于羊肉流通组织的分析较少，仅在相关研究部分提到，但其对肉羊产业质量效益实现又非常重要，因此需要进一步加以研究。

参考文献

安岚. 1988. 中国古代畜牧业发展简史 [J]. 农业考古 (1): 360-367, 161.

安岚. 1988. 中国古代畜牧业发展简史 (续) [J]. 农业考古 (2): 365-375.

安岚. 1989. 中国古代畜牧业发展简史 (续) [J]. 农业考古 (1): 356-361, 365.

安岚. 1989. 中国古代畜牧业发展简史 (续) [J]. 农业考古 (2): 341-350.

安娜, 盖志毅. 2012. 草原牧区肉羊产业链组织模式研究 [J]. 北方经济 (14): 50-52.

本杰明·克莱因, 基思·莱弗勒. 2009. 市场力量在确保契约绩效中的作用 [M] (第2版). 见: 陈郁, 编. 企业制度与市场组织——交易费用经济学文选. 上海: 格致出版社.

卜国琴, 张耀辉, 卢云峰. 2005. 产业组织理论演变与实验经济学的影响 [J]. 产业经济评论 (1): 133-142.

曹休宁, 戴振. 2009. 产业集聚环境中的企业合作创新行为分析 [J]. 经济地理 (8): 1 323-1 326.

常倩, 王士权, 李秉龙. 2016. 农业产业组织对生产者质量控制的影响分析——来自内蒙古肉羊养殖户的经验证据 [J]. 中国农村经济 (3): 54-64.

常倩, 王士权, 李秉龙. 2016. 畜牧业纵向协作特征及其影响因素分析——来自内蒙古养羊户的经验证据 [J]. 中国农业大学学报, 21 (7): 152-160.

常倩, 王士权, 乔娟. 2015. 2014—2015 年我国羊肉价格下跌原因及其影响分析 [J]. 现代畜牧兽医 (9): 50-55.

常倩. 2013. 肉羊规模经营影响因素及其效应研究 [D]. 北京: 中国农业大学.

陈汉平. 2015. 转型与升级：我国农业家庭经营的必由之路——基于农业现代化的视角 [J]. 江苏师范大学学报（哲学社会科学版）（4）：132-137.

陈楠，郝庆升. 2012. 国外农业组织化模式比较分析及对中国的启示 [J]. 世界农业（8）：57-61.

陈旭，邱斌，刘修岩. 2016. 空间集聚与企业出口：基于中国工业企业数据的经验研究 [J]. 世界经济（8）：94-117.

陈勇，罗海玲，刘学良，等. 2015. 不同放牧时间对滩羊血液生化指标和肌肉代谢的影响 [J]. 中国畜牧杂志（21）：67-71.

陈志祥，马士华. 2001. 供应链中的企业合作关系 [J]. 南开管理评论（2）：56-59.

仇焕广，井月，廖绍攀，等. 2013. 我国畜禽污染现状与治理政策的有效性分析 [J]. 中国环境科学（12）：2 268-2 273.

道良佐. 1981. 哈萨克斯坦养羊业生产专业化的情况 [J]. 国外畜牧学（草食家畜）（1）：13-16.

丁洪. 1995. 论原始社会的非公有关系 [J]. 郑州大学学报（哲学社会科学版）（3）：14-18.

丁丽娜. 2014. 中国羊肉市场供求现状及未来趋势研究 [D]. 北京：中国农业大学.

董谦. 2015. 中国羊肉品牌化及其效应研究 [D]. 北京：中国农业大学.

杜燕，张佳，胡铁军，等. 2009. 宰前因素对黑切牛肉发生率及牛肉品质的影响 [J]. 农业工程学报，5（12）：125-131.

冯凯慧. 2013. 中国羊毛产业链研究 [D]. 北京：中国农业大学.

高翠玲. 2014. 内蒙古草原畜牧业生产组织制度创新研究 [D]. 呼和浩特：内蒙古农业大学.

耿宁，李秉龙，王士权. 2014. 我国肉羊种业发展的运行机理研究 [J]. 农业现代化研究（6）：737-742.

耿宁. 2015. 基于质量与效益提升的肉羊产业标准化研究 [D]. 中国农业大学.

耿献辉，周应恒. 2012. 现代销售渠道增加农民收益了吗？——来自我国梨主产区的调查 [J]. 农业经济问题（8）：90-97.

韩朝华. 2017. 个体农户和农业规模化经营：家庭农场理论评述 [J]. 经济研究（7）：184-199.

何秀荣. 2009. 公司农场：中国农业微观组织的未来选择 ［J］？中国农村经济（11）：4-16.

胡浩，张晖，黄士新. 2009. 规模养殖户健康养殖行为研究——以上海市为例 ［J］. 农业经济问题（8）：25-31.

黄金玉，焦金真，冉涛，等. 2015. 放牧与舍饲条件下山羊肌肉发育和抗氧化能力变化研究 ［J］. 中国农业科学（14）：2 827-2 838.

黄祖辉. 2014. 必须坚持农业家庭经营 ［J］. 中国合作经济（4）：4.

贾志刚. 2001. 唐代羊业研究 ［J］. 中国农史，21（1）：47-54.

姜长云. 2013. 农户家庭经营与发展现代农业 ［J］. 江淮论坛（6）：75-80.

蒋永穆，高杰. 2013. 不同农业经营组织结构中的农户行为与农产品质量安全 ［J］. 云南财经大学学报（1）：142-148.

金碚. 1999. 产业组织经济学 ［M］. 北京：经济管理出版社.

康娟. 2011. 基于 SCP 分析的我国肉制品加工产业组织研究 ［D］. 郑州：河南农业大学.

孔祥智，张利庠，钟真，等. 2010. 中国奶业经济组织模式研究 ［M］. 北京：中国农业科学技术出版社.

雷霏霏，吴薇，曹文广，等. 2013. 美国、日本农业合作组织发展对中国内蒙古自治区新型牧民合作社发展的启示 ［J］. 世界农业（10）：48-51.

李秉龙，李金亚. 2012. 我国肉羊产业的区域化布局、规模化经营与标准化生产 ［J］. 中国畜牧杂志，48（2）：56-58.

李秉龙，王建国，李金亚，等. 2013. 压畜增效生态养殖，机制创新持续发展——关于内蒙古四子王旗杜蒙杂交肉羊产业发展的调查 ［M］. 见：李秉龙，常倩等. 中国肉羊规模经营研究. 北京：中国农业科学技术出版社.

李秉龙，薛兴利. 2009. 农业经济学 ［M］（第 2 版）. 北京：中国农业大学出版社.

李春海，张文，彭牧青. 2011. 农业产业集群的研究现状及其导向：组织创新视角 ［J］. 中国农村经济（3）：49-58.

李金亚. 2014. 中国草原肉羊产业可持续发展政策研究 ［D］. 北京：中国农业大学.

李瑾. 2010. 畜产品消费转型与生产调控问题研究 ［M］. 北京：中国农业科学技术出版社.

李军，李秉龙. 2012. 中国传统社会养羊业发展影响因素研究——技术之外的探讨 [J]. 古今农业 (2)：25-34.

李群. 2003. 中国近代畜牧业发展研究 [D]. 南京：南京农业大学.

李顺. 2010. 中国畜牧业发展历程分析及趋势预测 [J]. 中国畜牧杂志 (12)：25-28.

李助南，刘长森，朱再春. 2002. 舍饲与放牧方式对山羊性能的影响研究 [J]. 黑龙江畜牧兽医 (7)：20-21.

林毅夫. 2008. 制度、技术与中国农业发展 [M]. 上海：格致出版社.

林毅夫. 2012. 解读中国经济 [M]. 北京：北京大学出版社.

刘贵富. 2006. 产业链基本理论研究 [D]. 长春：吉林大学.

刘贵富. 2007. 产业链运行机制模型研究 [J]. 财经问题研究 (8)：38-42.

刘奇. 2013. 构建新型农业经营体系必须以家庭经营为主体 [J]. 中国发展观察 (5)：38-41.

刘庆博. 2013. 纵向协作与宁夏枸杞种植户质量控制行为研究 [D]. 北京：北京林业大学.

刘学良，罗海玲，陈勇，等. 2013. 限时放牧对滩羊消化道发育的影响 [J]. 中国畜牧兽医 (11)：97-101.

刘增金. 2015. 基于质量安全的中国猪肉可追溯体系运行机制研究 [D]. 中国农业大学.

马歇尔 (1890). 2007. 经济学原理 (英汉对照全译本) (刘生龙译) [M]. 北京：中国社会科学出版社.

马苑. 2016. 肉羊产业集聚影响因素及效应研究——以内蒙古巴彦淖尔市为例 [D]. 北京：中国农业大学.

迈克尔·波特 (1985). 2001. 竞争优势 (陈小悦译) [M]. 北京：华夏出版社.

毛建文，徐恢仲，赵永聚. 2012. 高档羊肉发展现状及生产技术要点 [J]. 黑龙江畜牧兽医 (10)：64-65.

闵师，白军飞，仇焕广，等. 2014. 城市家庭在外肉类消费研究——基于全国六城市的家庭饮食消费调查 [J]. 农业经济问题 (3)：90-95.

Marvin L H. 1999. 美国与其他 OECD 主要成员国猪肉生产加工：结构变化的趋势与问题 [M]. 见：万宝瑞. 农产品加工品业的发展与政策. 北京：中国农业出版社.

宁攸凉. 2012. 生猪产业链主体纵向协作行为研究——以北京市为例

［D］. 北京：中国农业大学.

牛若峰. 2006. 农业产业化经营发展的观察和评论［J］. 农业经济问题
（3）：8-15.

潘斌. 2009. 荷兰乳业产业链纵向组织关系研究——基于利益关联视角
［J］. 科学与管理（2）：71-73.

潘春玲. 2004. 我国畜产品质量安全的现状及原因分析［J］. 农业经济
（9）：46-47.

彭新宇. 2007. 畜禽养殖污染防治的沼气技术采纳行为及绿色补贴政策研
究：以养猪专业户为例［D］. 北京：中国农业科学院.

彭颖. 2010. 产业组织理论演进及其对我国产业组织的启示［J］. 资源与
产业，12（5）：174-179.

乔娟，潘春玲. 2010. 畜牧业经济管理学（第 2 版）［M］. 北京：中国农
业大学出版社.

桑福德·格罗斯曼，奥利弗·哈特（1986）. 2009. 所有权的成本和收益：
纵向一体化和横向一体化的理论（第 2 版）［M］. 见：陈郁，编. 企业
制度与市场组织——交易费用经济学文选. 上海：格致出版社.

尚旭东. 2013. 我国农产品地理标志运行机制研究——以四川简阳羊肉为
例［D］. 北京：中国农业大学.

盛文军，廖晓燕. 2001. 产品差异化战略：企业获得竞争优势的新途径
［J］. 当代经济研究（11）：32-35.

石恂如，张俊仁. 1987. 土地生产率是衡量农业规模经营的主要技术经济
指标［J］. 农业经济问题（12）：21-25.

时悦. 2011. 中国肉羊产业集聚形成机制与效应研究［D］. 北京：中国农
业大学.

世界银行. 2008. 2008 年世界发展报告：以农业促发展［M］. 北京：清华
大学出版社.

斯蒂芬·马丁. 2003. 高级产业经济学（第 2 版）（史东辉等译）［M］. 上
海：上海财经大学出版社.

苏东水. 2005. 产业经济学（第二版）［M］. 北京：高等教育出版社.

孙淼. 2012. 内蒙古牧区肉羊产业化经营模式研究［D］. 呼和浩特：内蒙
古农业大学.

孙世民，张媛媛，张健如. 2012. 基于 Logit-ISM 模型的养猪场（户）良
好质量安全行为实施意愿影响因素的实证分析［J］. 中国农村经济

（10）：24-36.

孙世民. 2003. 大城市高档猪肉有效供给的产业组织模式和机理研究 [D]. 北京：中国农业大学.

孙艳华，刘湘辉. 2009. 紧密纵向协作与农产品质量安全控制的机理分析 [J]. 科学决策（6）：29-33.

谭明杰，李秉龙. 2010. 中国肉禽产业集聚现状与其主要影响因素分析 [J]. 中国畜牧杂志（20）：3-7.

谭明杰，李秉龙. 2011. 基于质量控制的国际肉鸡产业组织形式比较分析 [J]. 世界农业（10）：4-7.

谭智心，孔祥智. 2012. 不完全契约、内部监督与合作社中小社员激励——合作社内部"搭便车"行为分析及政策含义 [J]. 中国农村经济（7）：17-28.

田金梅，袁合庆，张秀娟. 2013. 产业链整合、喂养料、饲养方式对猪肉消费影响的实证研究 [J]. 农业技术经济（3）：82-88.

汪普庆，周德翼，吕志轩. 2009. 农产品供应链的组织模式与食品安全 [J]. 农业经济问题（3）：8-12.

王柏辉，杨蕾，苏日娜，等. 2017. 不同饲养方式对苏尼特羊屠宰性能、羊肉品质及脂质氧化性能的影响 [J]. 食品科学：1-7.

王承权. 1981. 论母系氏族公社向父系氏族公社过渡的几个问题 [J]. 民族学研究（2）：13-30.

王桂霞，霍灵光，张越杰. 2006. 我国肉牛养殖户纵向协作形式选择的影响因素分析 [J]. 农业经济问题（8）：54-58.

王国刚，王明利，杨春. 2014. 中国畜牧业地理集聚特征及其演化机制 [J]. 自然资源学报（12）：2 137-2 146.

王建华，李辉. 2014. 农业家庭经营的现代化发展路径探析 [J]. 农业现代化研究（3）：317-321.

王晶晶，陈永福. 2014. 美国生猪产业发展：合约生产和纵向一体化 [J]. 世界农业（01）：119-123.

王可山，李秉龙，李想，等. 2006. 畜产食品质量安全：理论分析与对策思考 [J]. 中国食物与营养（4）：13-16.

王丽娟，刘莉，叶得明. 2013. 甘肃省肉羊产业组织模式选择的影响因素 [J]. 干旱区地理（11）：1 170-1 176.

王明利，王济民，申秋红. 2007. 畜牧业增长方式转变：现状评价与实现

对策 [J]. 农业经济问题 (8)：49-54.

王书成. 2009. 冷鲜肉的特点及其生产工艺流程 [J]. 养殖技术顾问 (6)：160.

王素霞. 2007. 农产品质量安全长效机制问题研究 [J]. 农业经济问题 (增刊)：32-36.

王秀清, 孙云峰. 2002. 我国食品市场上的质量信号问题 [J]. 中国农村经济 (5)：28-32.

王雅洁. 2012. 纵向产业组织对信任品质量的影响研究 [D]. 大连：东北财经大学.

王艳荣, 刘业政. 2011. 农业产业集聚形成机制的结构验证 [J]. 中国农村经济 (10)：77-85.

王瑜. 2008. 垂直协作与农户质量控制行为研究 [D]. 南京：南京农业大学.

卫龙宝, 卢光明. 2004. 农业专业合作组织实施农产品质量控制的运作机制探析——以浙江省部分农业专业合作组织为例 [J]. 中国农村经济 (7)：36-40.

卫龙宝, 阮建青. 2009. 产业集群与企业家才能——基于濮院羊毛衫产业的案例研究 [J]. 浙江社会科学 (7)：25-31.

卫志民. 2003. 近70年来产业组织理论的演进 [J]. 经济评论 (1)：86-90.

文娟. 2009. 中国乳品产业纵向一体化问题研究 [D]. 四川：西南财经大学.

吴健安. 2000. 市场营销学 [M]. 北京：高等教育出版社.

吴秀敏. 2007. 养猪户采用安全兽药的意愿及其影响因素——基于四川省养猪户的实证分析 [J]. 中国农村经济 (9)：17-24.

吴学兵, 乔娟, 刘增金. 2014. 养猪场（户）纵向协作形式选择及影响因素分析：基于北京市养猪场（户）的调研数据 [J]. 中国农业大学学报, 19 (3)：229-235.

吴学兵, 乔娟. 2014. 养殖场（户）生猪质量安全控制行为分析 [J]. 华南农业大学学报（社会科学版）(1)：20-27.

吴学兵. 2014. 基于质量安全的生猪产业链纵向关系研究——以北京市为例 [D]. 北京：中国农业大学.

吴瑛. 2013. 蛋鸭产业组织行为分析与组织创新研究 [D]. 武汉：华中农业大学.

夏晓平, 李秉龙, 隋艳颖. 2009. 中国肉羊生产的区域优势分析与政策建议 [J]. 农业现代化研究 (11)：719-723.

夏晓平，李秉龙，隋艳颖. 2011. 中国肉羊产地移动的经济分析——从自然性布局向经济性布局转变 ［J］. 农业现代化研究（1）：32-35.

夏晓平. 2011. 我国肉羊产业发展动力机制研究 ［D］. 北京：中国农业大学.

夏英. 2009. 农民专业合作社与农产品质量安全保障分析 ［J］. 农村经营管理（2）：24-26.

肖云，陈涛，朱治菊. 2012. 农民专业合作社成员"搭便车"现象探析——基于公共治理的视角 ［J］. 中国农村观察（5）：47-53.

谢成侠. 1985. 中国养牛羊史（附养鹿简史）［M］. 北京：农业出版社.

徐晨晨，罗海玲. 2017. 胴体分割与羊肉品质的关系研究 ［J］. 现代畜牧兽医（10）：24-28.

徐雪高，陈洁，李靖. 2011. 中国畜牧业发展的历程与特征 ［J］. 中国畜牧杂志（20）：14-17.

薛建良，李秉龙. 2012. 中国草原肉羊产业的发展历程、现状和特征 ［J］. 农业部管理干部学院学报（4）：29-35.

闫逢柱. 2011. 中国食品制造业集聚对产业竞争力的影响研究 ［D］. 北京：中国农业大学.

闫凯. 2012. 昌吉州农区肉羊产业组织发展研究 ［D］. 乌鲁木齐：新疆农业大学.

颜玉怀，邹德秀，肖斌. 2003. 中国古代农业生产组织与经营形式选择 ［J］. 西北大学学报（哲学社会科学版），33（4）：125-128.

姚军. 2005. 中国肉羊新品种培育的研究 ［J］. 中国草食动物（3）：50-52.

叶云，李金亚，李秉龙. 2013. 技术引领合作化经营，减畜增效标准化生产——关于内蒙古赛诺草原羊业有限公司生态养殖模式的调查 ［M］. 李秉龙，常倩，等. 中国肉羊规模经营研究. 北京：中国农业科学技术出版社.

叶云. 2015. 基于市场导向的肉羊产业链优化研究 ［D］. 北京：中国农业大学.

应瑞瑶，王瑜. 2009. 交易成本对养猪户垂直协作方式选择的影响：基于江苏省542户农户的调查数据 ［J］. 中国农村观察（2）：46-56，85.

余政. 1999. 综合经济利益论 ［M］. 上海：复旦大学出版社.

约伦·巴泽尔. 2009. 考核费用与市场组织（第2版）［M］. 见：陈郁，

编. 企业制度与市场组织——交易费用经济学文选. 上海：格致出版社.

张锋. 2013. 中国饲料加工业产业组织研究 [D]. 石河子：石河子大学，2013.

张宏升，赵云平. 2007. 农业产业集聚对提升竞争力的效应探析——基于呼和浩特市奶业产业集聚的分析 [J]. 调研世界（7）：18-20.

张维迎. 1998. 产业组织理论的新发展——兼评吉恩·泰勒尔的《产业组织理论》[J]. 教学与研究（7）：26-31.

张显运. 2007. 宋代牧羊业及其在社会经济生活中的作用 [J]. 河南大学学报（社会科学版）（3）：46-51.

张显运. 2008. 北宋官营牧羊业初探 [J]. 辽宁大学学报（哲学社会科学版），36（5）：82-86.

张晓宁，惠宁. 2010. 新中国 60 年农业组织形式变迁研究 [J]. 经济纵横（3）：78-81.

赵佳，姜长云. 2015. 兼业小农抑或家庭农场——中国农业家庭经营组织变迁的路径选择 [J]. 农业经济问题（3）：11-18.

赵天章，张慧鲜，王文义，等. 2014. 集约化饲养模式下巴美肉羊与小尾寒羊产肉性能的比较研究 [J]. 中国农业大学学报（4）：121-128.

赵伟. 2016. 产业集群与产业集聚的分界 [J]. 浙江经济（12）：13.

钟真，孔祥智. 2012. 产业组织模式对农产品质量安全的影响：来自奶业的例证 [J]. 管理世界（1）：79-92.

钟真，孔祥智. 2013. 市场信号、农户类型与农业生产经营行为的逻辑——来自鲁、晋、宁千余农户调查的证据 [J]. 中国人民大学学报（5）：62-75.

钟真，雷丰善，刘同山. 2013. 质量经济学的一般性框架构建——兼论食品质量安全的基本内涵 [J]. 软科学（1）：69-73.

周洁红. 2006. 农户蔬菜质量安全控制行为及其影响因素分析——基于浙江省 396 户菜农的实证分析 [J]. 中国农村经济（11）：25-34.

周力，薛荤绮. 2014. 基于纵向协作关系的农户清洁生产行为研究——以生猪养殖为例 [J]. 南京农业大学学报（社会科学版）（3）：29-36.

周力. 2011. 产业集聚、环境规制与畜禽养殖半点源污染 [J]. 中国农村经济（2）：60-73.

周立群，曹利群. 2002. 商品契约优于要素契约——以农业产业化经营中的契约选择为例 [J]. 经济研究（1）：14-19.

周应恒，耿献辉. 2003. 发达国家的畜牧业产业组织结构特征 [J]. 世界农业（1）：18-20.

周应恒，耿献辉. 2005. 培育产业组织是提高我国畜牧业竞争力的关键 [J]. 产业经济研究（1）：64-70.

周应恒，胡凌啸，严斌剑. 2015. 农业经营主体和经营规模演化的国际经验分析 [J]. 中国农村经济（9）：80-95.

周应恒，霍丽玥. 2003. 食品质量安全问题的经济学思考 [J]. 南京农业大学学报（3）：91-95.

周忠丽，夏英. 2014. 国外"家庭农场"发展探析 [J]. 广东农业科学，41（5）：22-25.

Antle J M. 2000. No such thing as a free safe lunch：the cost of food safety regulation in the meat industry [J]. American Journal of Agricultural Economics，82（2）：310-322.

Barkley D L，Henry M S，Kim Y. 1999. Industry agglomerations and employment change in non-metropolitan areas [J]. Review of Urban and Regional Development Studies，11（31）：168-186.

Bhuyan S. 2002. Impact ofvertical mergers on food industry profitability：an empirical evaluaion [J]. Review of Industrial Organization（20）：61-79.

Boger S. 2001. Quality andcontractual choice：atransaction cost approach to the polish hog market [J]. European Review of Agricultural Economics，28（3）：241-261.

Bogetoft P，Olesen H B. 2004. Quality incentives and supply chains：managing salmonella in pork production [J]. American Journal of Agricultural Economics，86（3）：829-834.

Carriquiry M，Babcock B A. 2007. Reputations，market structure，and the choice of quality assurance system in the food industry [J]. American Journal of Agricultural Economics，89（1）：12-23.

Caswell J，Bredahl M，Hooker N. 1998. How quality management metasystems are affecting the food industry [J]. Review of Agricultural Economics，20（2）：547-557.

Chavas J P. 2001. Structural change in agricultural production：economics，technology and policy [J]. In Gardner B L，Rausser G C，eds. Handbook of Agricultural Economics. Amsterdam：Elsevier，263-285.

Douglas W A, Dean L. 1998. The nature of the farm [J]. Journal of Law and Economics, 41 (2): 343–386.

George A A. 1970. The market for "lemons": quality uncertainty and the market mechanism [J]. The Quarterly Journal of Economics, 84 (3): 488–500.

George J S. 1958. The economies of scale [J]. Journal of Law and Economics, 1: 54–71.

Graeub B E, Chappell M J, Wittman H, et al. 2016. The state of family farms in the world [J]. World Development, 87: 1–15.

Grunert K G, Bredahl L, Brunsø K. 2004. Consumer perception of meat quality and implications for product development in the meat sector—a review [J]. Meat Science, 66 (2): 259–272.

Jang J, Sykuta M. 2008. Contracting for consistency: hog quality and the use of marketing contracts [J]. Orlando: The American Agricultural Economics Association Annual Meeting, 7: 27–19.

Key N, Mcbride W. 2003. Productioncontracts and productivity in the U. S. hog sector [J]. American Journal of Economics, 85 (1): 121–133.

Lawrence J D. 2010. Hog marketing practices and competition questions, Choices: The Magazine of Food, Farm, and Resource Issues [J]. Agricultural and Applied Economics Association, 25 (2): 1–11.

Martinez S W, Smith K E, Zering K D. 1998. Analysis of changing methods of vertical coordination in the pork industry [J]. Journal of Agricultural and Applied Economics (12): 301–311.

Mishara D P, Heide J B, Cort S G. 1998. Information asymmetry and levels of agency relationship [J]. Journal of Marketing Research, 35: 75–96.

Mora C, Menozzi D. 2005. Vertical contractual relations in the italian beef supply chain [J]. Agribusiness, 21 (2): 213–235.

Rehber E. 2000. Verticalcoordination in the agro – Food industry and contract farming: acomparative study of Turkey and the USA [J]. Food Marketing Policy Center, Research Report (2): 1–39.

Reimer J J. 2006. Vertical integration in the pork industry [J]. American Journal of Agricultural Economics, 88 (1): 234–248.

Ricks D, Woods T, Sterns J. 1999. Improving vertical coordination of agricultural industries through supply chain management [J]. Department of Agricultural Economics Michigan State University East Lansing, Michigan, Staff Paper (10): 56-99.

Starbird S A. 2005. Supply chain contracts and food safety [J]. Choices, 20 (2): 123-127.

Theuven L, Franz A. 2007. The role and success factors of livestock trading cooperatives: lessons from german pork production [J]. International Food and Agribusiness Management Review, 10 (3): 90-112.

Valentinov V. 2007. Why are cooperatives important in agriculture? an organizational economics perspective [J]. Journal of Institutional Economics, 3 (1): 55-69.

附　录

地点县（旗）乡/镇（苏木）村（嘎查）时间调查员问卷编号。

肉羊养殖户肉羊养殖行为调查问卷

你好！我们是"国家现代肉羊产业技术体系"的研究人员，正在进行肉羊养殖户行为的研究。我们保证将你提供的信息仅用作学术研究，不会对你产生任何不利影响。你的回答对我们的研究非常关键，请你按照你的真实情况填写这份问卷。衷心感谢你的支持与配合！

一、养殖户基本信息

1. 你的年龄：岁（　）、性别（　）、民族（　）、养羊年限____年。

2. 文化程度：①小学及以下；②初中；③高中/中专/职高/技校；④大专及以上

3. 2014年家庭纯收入为_____元，其中养羊纯收入为_____元；

2013年家庭纯收入为_____元，其中养羊纯收入为_____元。

4. 你家收入从多到少依次来源于_____。

①养羊收入；②种植业收入；③打工收入；④非农业经营收入；⑤其他

5. 你家是否有人在村委会、政府及事业单位工作？①是；②否

6. 你家是否有人从事兽医兽药、饲料、畜牧技术推广等工作？①是；②否

二、生产要素投入情况

1. 2014年你家养羊资金中借贷资金占____%。

如果有，借贷对象为：①亲戚朋友；②信用社及银行；③公司；④养羊等合作社

借款担保方式：①养羊户之间联保；②资产抵押；③无需担保或抵押；④其他

2. 你家总人口为＿＿＿人，劳动力＿＿＿人，其中从事养羊＿＿＿人。

2014 年养羊雇工＿＿＿人，共雇佣＿＿＿月，每月人均工资为＿＿＿元。

受雇者来自：①本村；②本镇其他村；③本县（旗）；④本县（旗）以外

受雇者是否有养羊经验：①是；②否

3. 你家羊场在哪里？①自家院落；②养殖小区；③远离村庄

羊场离最近的公路＿＿＿米，离最近的羊场＿＿＿米。

4. 你家养羊所用饲草料主要有？（可多选）

①玉米；②豆粕、豆饼；③麸皮；④酒糟；⑤葵花皮、粕、粉；⑥秸秆；⑦牧草；⑧青贮玉米；⑨番茄皮青贮；⑩全混日粮；⑪预混料；⑫浓缩料

5. 2014 年你家养羊过程中各种饲草料的总饲喂量、购买数量和购买价格

	加工饲料	玉米	豆粕	麸皮	酒糟	葵花	秸秆	牧草	青贮
总饲喂量（千克）									
购买数量（千克）									
购买价格或市场价格（元/千克）									

6. 玉米购买对象＿＿＿，加工饲料购买对象＿＿＿，牧草和秸秆购买对象＿＿＿。

①饲料门市部；②饲料企业；③合作社；④其他农户；⑤个体贩子

7. 外购饲草料的获得方式：玉米＿＿＿，加工饲料＿＿＿，牧草＿＿＿和秸秆＿＿＿。

①送货上门；②自运

8. 你在配制或购买精饲料时主要关心的问题是（请排序）（可多选）：

①价格；②营养；③安全；④服务

9. 你如何保证精饲料质量？（可多选）

①肉眼观察；②企业宣传；③饲喂经验；④其他

10. 如果买到质量不满意的饲料会怎么办？（可多选）

①找经销商或生产企业处理；②找法律部门投诉；③自认倒霉；④下次不买该家饲料；⑤告诫周围人该企业饲料不好；⑥继续购买该家饲料；⑦其他

11. 购买饲草料可以赊账吗？

①可以，同样的价格；②可以，但价格更高；③不可以

12. 你家羊场是都满足以下条件（在对应的地方打√）

	是	否
羊场所处位置交通便利		
羊舍通风干燥，向阳透光		
水电供应充足，能够满足养羊需求		
生活区、生产区与粪污处理区相隔离		
排水排污设施能够满足养殖需求		
能繁母羊、羔羊、育肥羊分舍饲养		
所有人员进入养殖区域前都要消毒		

13. 你在养羊过程中对下列要素、技术或服务的需求程度？（在对应的地方打√）

	非常需要	比较需要	一般	不太需要	不需要
资金					
劳动力					
养殖场地					
饲草料					
良种					
繁殖技术					
育肥技术					
疫病防治技术					
饲料配置技术					
粪污处理技术					
肉羊养殖保险					
重大疫病保险补贴					

14. 你家养羊固定资产投入情况

项目	数量	造（买/估）价（元）	预计使用年限（年）	获得补贴（元）
种公羊	头			
能繁母羊	头			
羊舍	栋			

（续表）

项目	数量	造（买/估）价（元）	预计使用年限（年）	获得补贴（元）
运输车辆	辆			
饲草收割机械	台			
铡草机	台			
饲料粉碎机	台			
饲料混合机	台			
青贮窖	个			

15. 你家2014年养羊的其他成本

其他成本项目	金额（元）
饲盐费	
水电燃料费	
医疗防疫费	
死亡损失费	
修理维护费（圈舍、机械维修等）	
草场建设维护费	
养殖场地租赁成本	

三、肉羊养殖生产管理情况

1. 你家饲养的肉羊品种是（可多选）：①小尾寒羊；②巴美肉羊；③其他杂交羊；④山羊

近三年是否更换过肉羊品种？①是；②否

2. 饲养方式：①舍饲；②半舍饲半放牧；③放牧

3. 养殖模式：①短期育肥（答4~5题）；②自繁自育（答6~12题）；③二者都有

4. 你获得架子羊的方式是：①委托别人代买；②同有经验人一起去买；③自己去买

2014年购进架子羊____只，平均为____月龄，平均每只____千克，每千克____元。

是否为同一品种？①不同；②基本相同；③相同

5. 短期育肥的时间为：①两个半月；②三个月；③三个半月；④四个月

及以上

6. 种公羊来源于：①自留；②从种羊场买；③公司或合作社串换；④政府赠送；⑤其他

能繁母羊来源于：①自留；②购买；③其他

2014 年购进种公羊＿＿只，每只＿＿元；购进母羊＿＿只，每只＿＿元。

7. 购买种公羊时如何判断种公羊质量？（可多选）

①看价格；②看品种；③看外貌；④种羊场资质

8. 配种方式？①本交；②人工授精；③二者都有

9. 2014 年有能繁母羊＿＿只，产羔＿＿只，死亡＿＿只。

10. 你家是否卖断奶羔羊？①是；②否（直接答 12 题）

11. 你家自产的羔羊养几个月卖掉？

①两个半月；②三个月；③三个半月；④四个月及以上

12. 你家羔羊从出生到可出售屠宰的时间为：

①六个月及以下；②七个月；③八个月；④九个月及以上

13. 你家肉羊育肥所用的饲料搭配方式主要是：

①全价混合日粮；②粗料为主，精料为辅；③精料为主，粗料为辅

14. 是否建有肉羊养殖档案？①是；②否

如果是，都记录哪些信息？①父母本；②防疫；③饲料；④销售；⑤其他

15. 你饲养的肉羊是否带有耳标？①是；②否

如果有，耳标是由谁配发的？①政府；②企业；③合作社；④其他

16. 你饲养的羊是否进行定期防疫？①是；②否

17. 羊发生疫病如何解决？

①自己解决；②找兽医站；③找合作社或合同公司；④熟人或同行

18. 兽药来源于：①兽药店；②兽医站；③合同公司；④合作社；⑤其他

19. 2013 年羊因病死亡＿＿只；2014 年羊因病死亡＿＿只。

羊死亡之后如何处理？

①卖掉；②吃掉；③无害化处理（焚化炉、化尸池或掩埋）；④扔掉

20. 你对禁用饲料添加剂和兽药的了解程度；对兽药休药期的了解程度。

①很不了解；②不太了解；③一般；④比较了解；⑤非常了解

21. 你对兽药休药期的执行程度？

①严格执行；②基本执行；③一般；④不怎么执行；⑤不清楚

22. 你 2014 年参加了几次肉羊养殖技术培训？

①0 次；②1 次；③2 次；④3 次；⑤4 次及以上

培训内容包括哪些方面？（可多选）

①繁殖；②育肥；③防疫；④饲料；⑤经营管理；⑥其他

获得的技术培训来自于？（可多选）①畜牧兽医部门；②屠宰企业；③饲料企业；④合作社或协会；⑤育种企业；⑥兽药、疫苗生产厂家或经销商；⑦其他

你对参加的培训满意吗？①很满意；②较满意；③一般；④不满意；⑤很不满意

如果没有参加技术培训，主要原因是（可多选）：

①不需要；②没机会；③时间冲突；④其他

四、养羊户产业组织情况

1. 是否加入养羊合作社？①是（回答2~3题）；②否（回答4题）

2. 你加入的合作社名称为，给你提供了下列哪些服务？（可多选）

①指导培训；②疫病防治；③统一采购；④种羊串换；⑤统一销售；⑥贷款担保；⑦提供养殖场地；⑧其他；⑨没有服务

3. 你对加入合作社的满意程度？

①很满意；②较满意；③一般；④不太满意；⑤很不满意

4. 如果没有加入合作社，主要原因是（可多选）：

①本地没有合作社；②合作社不完善；③缴费过高；④参与后作用不大；⑤其他

你是否愿意加入肉羊的养殖合作社？①是；②否

5. 你是否与公司签订合同？①是；②否（跳至10题）

合同中是否有违约处罚和赔偿？①是；②否

6. 与你签订合同的公司名称是，为你提供哪些优惠？（可多选）

①指导培训；②疫病防治；③饲料、兽药、种羊采购优惠；④贷款担保；⑤回收价格优惠；⑥提供养殖场地；⑦其他优惠；⑧没有优惠

7. 你与企业签订合同的初衷是____，实际得到了哪些好处？_____（可多选）

①养殖技术指导；②疫病防控服务；③降低活羊销售费用；④稳定活羊出售价格；⑤及时掌握行业信息；⑥稳定活羊出售渠道；⑦其他

8. 公司对你肉羊养殖提出哪些要求？（可多选）

①品种；②饲养周期；③出栏体重；④饲草料；⑤防疫与兽药使用；⑥养殖档案、耳标使用；⑦养殖设施；⑧病死羊处理；⑨其他；⑩无要求

9. 你对与公司签订合同满意吗？①很满意；②较满意；③一般；④不满

意；⑤很不满意

10. 你家育肥羊卖给：①直接卖给屠宰企业；②通过经纪人卖给屠宰企业；②在家卖给中间商；③到活羊市场出售

11. 你选择该渠道销售的主要原因有（可多选）：

①没有其他渠道；②习惯；③付款有保障；④价格更高；⑤合同或章程约定；⑥熟人关系

12. 客户对肉羊进行抽检吗？①每次都抽检；②偶尔抽检；③不抽检

你出售的肉羊质量能达到客户要求吗？①完全能；②基本能；③不能

13. 你在活羊销售时可选择的渠道是否较多？是否能马上收到货款？①是；②否

14. 你在活羊销售时，讨价还价的能力如何？①很强；②较强；③一般；④较弱；⑤很弱

15. 你家 2014 年初羊存栏_____只，2014 年出栏羊_____只，出栏_____批，每只羊纯收入_____元。

其中，出栏肉羊_____只，每只羊胴体重_____千克，胴体价格为_____元/千克，每张皮_____元。

出售断乳羔羊_____只，平均体重为_____千克，出售价格_____元/只。

16. 羊粪自用占_____%，出售_____%，送人_____%。2014 年羊粪销售收入共_____元。

17. 你通过什么途径获取活羊市场行情（可多选）：

①相关企业；②邻居养羊户；③合作社；④活羊市场；⑤羊贩子；⑥政府；⑦网络；⑧电视；⑨报刊杂志；⑩其他

其中你最信任的渠道是_____

18. 你在销售活羊时面临的主要风险是什么？（可多选）

①价格下跌；②没有贩子收购；③企业违约；④质量问题；⑤其他

19. 你觉得获得活羊市场当前价格信息的难易程度？

①非常容易；②比较容易；③一般；④比较难；⑤非常难

20. 你觉得肉羊市场前景如何？①很好；②较好；③一般；④不好；⑤很不好

21. 你养羊未来的决策是？①扩大规模；②维持现状；③缩减规模；④逐步退出

22. 你认为目前从事肉羊养殖所面临的主要困难有哪些？（可多选）

①肉羊价格偏低，收益不稳；②疫病风险较大；③饲料、兽药等质量没有

保证；④资金不足；⑤劳动力不足；⑥饲草料不足；⑦养殖场地限制；⑧缺乏技术与管理知识；⑨禁牧等政策限制；⑩政府扶持力度不够；⑪自然灾害多发；⑫其他

五、养殖户认知与政府政策情况

1. 你对养羊的风险态度是：①喜欢冒风险；②风险居中；③不喜欢冒风险

2. 你对下列问题的态度？（在对应的地方打√）

	很大	较大	一般	不大	很小
兽药残留对人体健康的影响					
生产更高品质、更安全的活羊对你收入的影响					
政府对疫病、兽药、饲料等的监管对你肉羊养殖质量控制的影响					
龙头企业或合作社提出的要求和提供的服务对提高肉羊质量的帮助					
龙头企业或合作社提出的要求和提供的服务对提高养羊收入的帮助					
加入合作社、与企业签订合同对你降低肉羊养殖风险的帮助					

3. 请从以下几个方面对你选择使用兽药和执行禁药期的影响。（在对应的地方打√）

项目	很大	较大	一般	不大	很小
肉羊出售价格有保障					
能够赢得更好的声誉					
肉羊质量有保障					
肉羊饲养成本更低					
有利于人体健康					
电视、网络等媒体宣传					
个人经验积累					
同行交流					
收购企业要求					
法律法规要求					

4. 你在养羊过程中得到了哪些优惠政策？（可多选）

①种公羊补贴；②人工授精补贴；③建羊舍补贴；④种草补贴；⑤建青贮窖补贴；⑥畜牧机械补贴；⑦贷款贴息；⑧饲养技术培训；⑨重大疫病防疫

5. 2014年你家养羊获得政府各项补贴总计大约为____元。

你的姓名_____，手机号_____。

后　记

　　肉羊产业采取什么样的经营组织形式，这是一个极具争议性的话题。肉羊产业采取什么样的经营组织形式与肉羊产业自身的自然与经济特性、发展水平、不同生产阶段的协作关系、科技发展水平等因素紧密相关，因此不仅要进行理论分析，而且还要进行实证检验，才能得出令人信服的答案。为了解决生产经营者对效益和消费者对质量的重点关注，从肉羊养殖和屠宰加工两个关键环节出发，本课题基于效益和质量的提升来研究肉羊产业组织的运行机制问题。

　　在肉羊养殖环节家庭经营占有主导地位。这是由于家庭经营可以充分利用家庭劳动力、饲草料资源和家庭院落等传统生产要素，更加适应肉羊养殖所依赖的自然环境复杂多变性和难以控制性，有助于化解肉羊养殖的劳动监督和劳动成果最后决定性的难题，因而家庭经营可以用较低的成本高效地生产肉羊。但由于家庭缺乏金融资本、人力资本、先进生产技术、经营管理技能等现代生产要素，难以实现标准化养殖、品牌化运营、产品价值提升，在市场交易时处于弱势地位，因此亟需通过组织形式变革、组织间的协作来突破肉羊家庭经营的发展瓶颈。在家庭经营基础上所建立的养羊合作社体现了统一经营和分散经营的有机结合，有助于资源共享以突破家庭经营的瓶颈，实现外部经营规模的扩大，节约交易费用，改善市场地位，提高议价能力。但由于肉羊产业分散、养羊户缺乏合作意识、合作社缺乏管理人才、资本和技术等，养羊合作社的发展受到诸多限制。研究发现公司制肉羊养殖多选择种羊繁育和集中育肥环节，公司制养羊的优势在于资本、技术、人才的雄厚，公司只有通过采纳优良品种、科学的饲养方式和管理方式，进而通过技术进步来提高生产效率、降低生产成本、提升肉羊品质和价格，才有可能实现可持续发展。但如果公司缺乏适用技术运用和科学管理，难以有效解决劳动监督和激励等问题，即使有政府的财政支持，也可能步履维艰。公司制肉羊养殖多选择市场价值高的品种或通过产业链延伸提升肉羊及其产品的附加值。

肉羊屠宰加工业的产业组织以公司制为主要形式。公司在资本及其设备方面具有优势，但公司常常会面临羊源不足、生产成本高、私屠乱宰、羊肉及其产品卖不上好价钱等问题。政府制定集中工厂化和标准化屠宰的法令是实现肉羊屠宰加工业走向有序竞争的前提，屠宰加工企业只有通过适度规模经营实现生产成本的降低和效率的提高，通过产品差异化和提升产品质量来实现增值，才能够走向可持续发展。

通过研究我们发现，产业组织是影响肉羊产业效益与产品质量的重要因素，可以通过影响成本和产品差异化而影响生产者效益，通过影响生产者质量控制的能力和动力而作用于产品质量；肉羊养殖环节组织效率是生产要素和生产激励综合作用的结果，从家庭经营到养殖合作社，再到公司制肉羊养殖，生产成本优势降低，而差异化优势凸显；肉羊屠宰加工是产品差异化与价值提升的关键环节，肉羊屠宰加工呈现从以肉羊屠宰为主，到羊肉分割分级，再到羊肉及其副产品深加工的不同发展阶段，产品差异化程度和价值逐渐提升；肉羊产业纵向协作是企业对生产成本、管理成本和交易成本权衡的结果，企业产品质量和生产规模是推动紧密纵向协作的重要因素。

常倩博士对本项研究做出了最主要的贡献，本书是在她博士学位论文的基础上修改完成的，同时本书也是团队合作的结晶。在此向本项研究做出贡献的所有人表示感谢！

我们要特别感谢国家自然科学基金"基于市场导向的畜牧业标准化运行机理与绩效研究（71573257）"和农业农村部、财政部重大课题"国家现代肉羊产业技术体系（CARS-38）"对本项研究的支持！

作　者

2018 年金秋于中国农业大学